U0818527

大学物理实验

主　编　顾艳妮　林季资
副主编　肖　沛　赵　越　杨　圆

中国矿业大学出版社

内容提要

本教材是按照教育部高等学校非物理类专业大学物理实验教学大纲，借鉴国内外近年来物理实验教学改革研究成果，并结合编者多年来取得的实验教学成果编写而成。全书系统介绍了与大学物理实验有关的数据处理知识，全面阐述了物理实验中常用的实验测量方法，安排了基础性实验12个、综合性和设计性实验20个。本书编写过程中注重理论联系实际，深入浅出，图文并茂，实用性和实践性强。

本书可作为高等学校理工科专业大学物理实验课程的教材或参考书。

图书在版编目(CIP)数据

大学物理实验/顾艳妮，林季资主编. 一徐州：中国矿业大学出版社，2017.8

ISBN 978-7-5646-3646-3

Ⅰ. ①大… Ⅱ. ①顾… ②林… Ⅲ. ①物理学一实验一高等学校一教材 Ⅳ. ①O4-33

中国版本图书馆 CIP 数据核字(2017)第185749号

书　　名　大学物理实验
主　　编　顾艳妮　林季资
责任编辑　王美柱
出版发行　中国矿业大学出版社有限责任公司
（江苏省徐州市解放南路　邮编 221008）
营销热线　(0516)83885307　83884995
出版服务　(0516)83885767　83884920
网　　址　http://www.cumtp.com　**E-mail**：cumtpvip@cumtp.com
印　　刷　江苏淮阴新华印刷厂
开　　本　787×960　1/16　**印张** 15.5　**字数** 295 千字
版次印次　2017 年 8 月第 1 版　2017 年 8 月第 1 次印刷
定　　价　29.80 元

前　言

大学物理实验是面向高等学校理工科学生的重要实践课程，对于培养学生从事科学研究的基本素养，锻炼学生的动手能力、观测能力、数据处理与分析能力，培养学生的创新意识与科研开发能力，具有不可替代的重要作用。

物理实验作为科学实验的基础实验，其研究方法、观察和分析手段、各种仪器设备已被广泛地应用在自然科学和工程技术的各个领域。因此，作为基础实验课，它既能让学生通过实验学习到科学实验的基础知识，又能使学生在实验方法的考虑、测量仪器的选择、实验误差的分析中受到训练，并为学生进行后续实验打下基础。

本教材是按照教育部高等学校非物理类专业大学物理实验教学大纲，借鉴国内外近年来物理实验教学改革研究成果，并结合本校物理实验中心教师多年来取得的实验教学成果编写而成。全书共四章，系统介绍了与大学物理实验有关的数据处理知识，全面阐述了物理实验中常用的实验测量方法，安排了基础性实验 12 个、综合性和设计性实验 20 个。

在本书的编写过程中，注意了以下几个方面：

（1）实验内容的编排突出实用性和实践性，有利于工科专业学生综合素质的形成和创新能力的培养。

（2）注重理论联系实际，力求深入浅出，图文并茂，便于学生理解。

（3）体现新知识、新技术、新方法，适当留有供自学和拓宽专业知识的内容。

（4）每个实验均配备了适量思考题，启迪学生思考。

本书由顾艳妮、林季资担任主编，肖沛、赵越、杨圆担任副主编。

本教材编写过程中参考了许多其他高等师范院校的实验教材，得到了我校许多长期从事实验教学工作老教师的大力支持，在此表示感谢！

由于编者的知识水平和教学经验所限，加之时间紧张，书中难免有缺点和不妥之处，恳请读者批评指正。

编　者

二〇一七年六月

目　录

绪　论

一、物理实验课的地位、作用和任务

物理学是研究物质的基本结构、相互作用和物质最基本、最普遍的运动形式及其规律的一门学科，是人类认识自然的基础。它的研究涉及物质运动的普遍形式，包括机械运动、分子热运动、电磁运动、原子和原子核内的运动等。物理学按其研究方法可分为理论物理和实验物理两大分支。实验是理论的源泉，物理理论的研究与学习都是以实验事实为基础，并不断接受物理实验的检验，当然物理实验也离不开物理理论的指导。

理论物理是从一系列基本原理出发，经过缜密的数学推导得出结果，并将结果和实验数据相比较，从而达到理解现象、预测未知的目的。实验物理是以观测和实验为手段来发现新的物理规律，验证理论结论，同时也为理论物理提供新的研究课题。因此，物理实验是研究自然规律的最基本的手段，是物理理论的源泉。

物理学从本质上说是一门实验学科。在物理学的建立和发展过程中，物理实验形成了一整套丰富的理论、技术、方法和思想，是各类科学实验顺利开展的基础。物理实验是各高等学校理工科专业独立开设的一门基础必修课程，在物理学的发展过程中起着举足轻重的作用，是理工科各专业大学生进入大学后受到系统实验方法和实验技能训练的开端，也是对学生进行科学实验训练的重要基础。物理实验课与物理理论课教学具有同等重要的地位。两者既有深刻的内在联系，又有各自的任务和作用。

根据国家教育部颁发的《高等工业学校物理实验课程教学基本要求》的规定，物理实验课的具体任务是：

(1) 学生通过对物理量的测量以及对物理实验现象的观察、分析、理解来掌握物理实验的基本知识、方法和技能，加深对物理学理论的理解。

① 掌握物理量的基本测量方法，常用实验测试方法及常用测量仪器的原理和使用等。这些测量方法及有关仪器在科学实验或日常工作中经常会

遇到。

② 学习误差理论，有效数字的读取、记录和运算方法以及正确处理实验数据的基本方法等，学习提高实验精度和减小实验误差的常用方法和技巧。

③ 了解并跟踪理论知识的有关应用，包括最新应用。这不但能加深对物理学原理的理解，反过来还可以增强学生学习理论课的兴趣及主动性，同时也可以拓宽知识面，开阔思路，丰富应用实践方面的经验。

(2) 培养与提高学生的科学实验能力，其中包括：

① 能够自行阅读、查阅实验教材和补充资料，做好实验前的准备。

② 能够借助教材或仪器说明书正确使用常用仪器。

③ 能够运用物理学理论对实验现象进行初步分析和判断。

④ 能够正确记录和处理实验数据，绘制曲线，说明实验结果，撰写合格的实验报告。

(3) 培养与提高学生的科学实验素养，提高动手能力。物理实验课程要求学生具有理论联系实际的能力，实事求是、严肃认真的学习态度，主动研究科学问题的探索精神以及遵守纪律、爱护公共财产的优良品德。

二、物理实验课程的基本教学程序及基本教学要求

大学物理实验是学生在教师指导下独立完成的一门动手操作课程。为实现物理实验课的教学目的，学生应该根据物理实验课的特点和要求认真对待实验教学的每个环节，潜心钻研，努力自觉地获取相关实验技能和物理知识。物理实验课程的学习一般分为以下三个主要环节进行。

1. 实验前的预习

预习工作是上好实验课的前提和基础。学生在进入实验室之前，必须认真阅读实验教材或相关的学习资料，充分做好预习工作。包括了解实验的基本原理和实验方法，明确实验目的，掌握实验的基本内容和步骤，并学会从中整理出主要实验条件、实验关键及实验注意事项等，根据实验任务画好记录数据的原始表格，为及时、准确地测得实验数据做好准备。通过预习，还要了解实验仪器的工作原理和使用方法，牢记注意事项及安全操作规程并认真思考思考题。由于实验课时间有限，课前做好预习是顺利完成实验，并取得较好效果的前提条件。实验指导教师要求学生进入实验室之前要写好预习报告，否则不允许进入实验室开展实验。

预习报告包括以下几方面的内容：

（1）实验目的——说明所做实验的目的和学习要求。

（2）实验原理——写出获得实验结果所依据的主要的物理公式，并说明公式中各物理量的意义、单位和测量方法及公式的适用条件。必要时应画出所需的原理图（如电路图、光路图或装置系统示意图等）。

（3）实验仪器——列出实验所用的主要仪器，对其结构、原理及性能有初步的了解。

（4）实验步骤——根据实验内容，简要拟定测量的实验步骤或操作顺序。

（5）数据表格——按照实验的要求，画好记录各项实验数据的表格。方便学生实验中及时、准确记录数据。

注意：预习报告必须使用学校统一的实验报告纸，将以上五点内容分别写在“实验原始记录”和“实验报告”的报告纸上，报告的具体形式可以参考附录一。

2. 课堂实验

学生应带好实验预习报告按时进入实验室，分组就位，并在实验原始记录的实验组号上写上实验桌上的编号，在同组人栏中写上合作同学的姓名。应认真听取老师对仪器的操作使用、实验主要内容、具体步骤和注意事项等方面所进行的简要讲解，为高效、准确地完成实验打好基础。

（1）学生动手实验前必须认真检查仪器、设备等是否完好、齐备，明确各部分的作用、使用方法和注意事项，确保准确无误后方可按步骤进行实验操作。实验过程中，要正确地调试仪器，仔细观察和分析实验现象，准确测量相关物理量。要根据仪器的精度和实验室条件正确运用有效数字，及时如实地记录测量原始数据，防止差错或遗漏。原始数据表格中注意将直接测量数据和间接测量的数据清楚分开。

牢记，实验的重点应放在实验能力的培养上，而不仅仅是测出几个数据，在实验中学生应有意识地培养自己的独立工作能力和团结合作能力。

（2）实验中记录的原始数据是后续分析实验结果及处理实验数据的依据。学生在实验操作过程中，应根据所使用仪器的精度和实验条件真实地读取和记录实验数据，保证数据的真实性及精确度。当测出不理想的数据时，应分析原因，改善条件，重新测量，不允许无根据地修改实验数据。明显错误的数据应轻轻划上一道，在旁边写上正确值，记录应尽量详细，以便在分析测量结果和误差时参考。

两人以上合作实验时要合理分工，充分交流，协调一致，共同达到实验要求。

实验完毕，应将所测量的数据交给任课老师审阅、签字。最后再仔细收拾整理仪器设备，保持实验室的清洁与整齐。保证不留事故隐患，然后才能离开实验室。

3. 撰写实验报告

实验结束后应及时处理实验数据，在预习报告的基础上补充写出完整的实验报告。实验报告是对实验过程及其实验结果的系统而全面的总结，要用简明的形式将实验结果完整而真实地表达出来。实验报告要按照实验室要求用统一规格的实验报告纸书写，即使同组的同学也必须各自独立地完成后期实验数据处理工作。数据处理应包括计算、作图、误差分析、思考题等。计算要有计算式，代入的数据都要有根据，便于老师批改，也便于自己检查。作图要用作图纸，按作图规则，图线要清楚、美观。

补充预习报告，写出完整的实验报告：

(1) 实验名称——实验项目或实验选题。

(2) 实验目的——实验所希望得到的结果和希望实现的目标。

(3) 实验原理——用简洁的语言对实验所依据的理论进行叙述，不要照抄书本。要给出实验所依据的定理、定律、线路、光路以及有关实验条件等。

(4) 实验内容和步骤——根据老师的具体要求简述实验的主要实验内容和步骤。设计性实验的步骤应详细写明，还要注明注意事项。

(5) 数据表格与数据处理——记录中要有仪器编号、规格及完整的实验数据。要完成数据计算、曲线图绘制、实验结果及误差分析(鼓励使用计算机软件处理)等。注意，计算过程需要提供数据带入的简单过程，并按照不确定理论评估测量结果，按照有效数字的运算法则进行。

(6) 分析与讨论——根据实验的具体情况对实验进行合理的评价，可以是实验中现象的分析，对实验关键问题的研究体会，实验误差主要来源分析，实验的收获和实验改进建议，解答思考题等。

三、实验的具体安排

(1) 大学物理实验课程分为上、下两个学期进行。

(2) 实验时每个教学班分成若干个实验小组，按小组编号顺序与仪器编号对号入座，两人一组。

(3) 有事须请假，假条必须有班主任老师签名盖章，否则按旷课处理。旷课时，本次实验成绩按零分计。

（4）实验报告上必须写明班级、学号及同组人姓名，实验报告不得抄袭，不交实验报告和出现雷同实验数据报告均按零分处理。

（5）大学物理实验成绩按等级记分制，共分为五个等级：优秀、良好、中等、及格和不及格。记录成绩的主要依据是实验报告、实验考试成绩及课堂实验情况等。

（6）学生实验过程中必须遵守实验室规章制度。实验结束后，各组必须将使用的仪器整理好，关闭电源。

四、实验室规则

（1）学生进入实验室需带上记录原始实验数据的表格，课前应完成指定的预习内容，经教师检查同意后方可进行实验。

（2）遵守课堂纪律，实验室内严禁喧闹，保持安静的实验环境。

（3）严格遵守实验室操作规程，切实注意安全。发生意外事件要及时报告任课老师。

（4）爱护仪器，节约用水用电。进入实验室不能擅自搬弄仪器，实验中严格按仪器说明书操作，如有损坏，照章赔偿。公用工具用完后应立即归还原处。

（5）做完实验后学生必须及时切断电源，整理还原仪器，将桌面和凳子收拾整齐。经教师审查测量数据和仪器还原情况并签字后，方可以离开实验室。

（6）实验室内一切物品，未经教师允许，一律不得私自带出。

第一章　误差理论与数据处理

第一节　测量与误差

一、测量及测量的分类

物理实验是以测量为基础的。所谓测量，是指借助于专门仪器设备，通过一定的实验方法，以确定物理量值为目的所进行的操作。它是一个实验比较的过程，即把一个量（待测量）与另外一个量（标准量）相比较。测量由测量过程与测量结果组成。测量过程是执行测量所需的一系列操作。包括建立单位、设计工具、设计测量方法、研究分析测量结果、寻找减小误差的途径等方面。测量结果表示由测量所获得的待测量的值，一般由数值、单位和精度评定三部分组成。

在人类的发展历史上，不同时期，不同的国家，乃至不同的地区，同一个物理量有着许多不同的计量单位。如长度单位就分别有码、英尺、市尺和米等。为了便于国际交流，国际计量大会于 1990 年确定了国际单位制（SI），它规定了以米、千克、秒、安（培）、开（尔文）、摩（尔）、坎（德拉）作为基本单位，其他物理量（如力、能量、电压、磁感应强度等）的单位均作为这些基本单位的导出单位。

1. 直接测量和间接测量

按测量方法的不同，测量可分为直接测量和间接测量两类。直接测量，是指直接将待测物理量与选定的同类物理量的标准单位相比较直接得到测量值的一种测量。它无须进行任何函数关系的辅助运算。如用尺测量长度、以秒表计时间、天平称质量、安培表测电流等。间接测量，是指被测量与直接测量的量之间需要通过一定函数关系的辅助运算，才能得到被测量物理量的量值的测量。如单摆测量重力加速度时，需先直接测量单摆长 l 和单摆的周

期 T，再应用公式 $g=\frac{4\pi^2 l}{T^2}$，求得重力加速度 g。物理量的测量中，绝大部分是间接测量；但直接测量是一切测量的基础。不论是直接测量，还是间接测量，都需要满足一定的实验条件，按照严格的方法及正确地使用仪器，才能得出应有的结果。因此实验过程中，一定要充分了解实验目的，正确使用仪器，细心地进行操作读数和记录，才能达到巩固理论知识和加强实验技能训练的目的。

2. 等精度测量和不等精度测量

同一个人，用同样的方法，使用同样的仪器，在相同的条件下对同一物理量进行多次测量，尽管各次测量并不完全相同，但没有任何充足的理由来判断某一次测量更为精确，只能认为它们测量的精确程度是完全相同的。把这种具有同样精确程度的测量称之为等精度测量。在所有的测量条件中，只要有一个发生变化，这时所进行的测量即为不等精度测量。在物理实验中，凡是要求多次测量均指等精度测量，应尽可能保持等精度测量的条件不变。严格地说，在实验过程中保持测量条件不变是很困难的。但当某一条件的变化对测量结果的影响不大时，仍可视为等精度测量。本书中，除了特别指明外，都作为等精度测量。

二、误差及误差的表示形式

1. 误差

物理量在客观上有着确定的数值，称为真值。测量的最终目的都是要获得物理量的真值。但由于测量仪器精度的局限性，测量方法或理论公式的不完善性和实验条件的不理想，测量人员不熟练等原因，使得测量结果与客观真值有一定的差异，这种差异称之为误差。若某物理量测量值为 x，真值为 x_0，则产生的误差 Δx 为：

$$\Delta x = x - x_0 \tag{1-1-1}$$

任何测量都不可避免地存在误差。在误差必然存在的条件下，物理量的真值是不可知的。所以在实际测量中计算误差时，通常所说的真值有如下几种类型：

(1) 理论真值或定义真值。如用平均值代替真值，如三角形内角和等于180°等。

(2) 计量约定真值。如前面所介绍的基本物理量的单位标准，以及国际大会约定的基本物理量。

(3) 标准器相对真值(或实际值)。用比被标准过的仪器高一级的标准器的量值作为标准器相对真值。例如,用0.5级的电流表测得某电路的电流为1.200 A,用0.2级电流表测得的电流为1.202 A,则后者可视为前者的真值。

2. 误差的表示形式

误差的表示形式有绝对误差和相对误差之分。绝对误差是测量值和真值的数值之差:

$$\delta = x - x_0 \tag{1-1-2}$$

根据绝对误差的大小难以评价一个测量结果的可靠程度,还需要考虑被测量量本身的大小,为此引入相对误差。相对误差 E 定义为绝对误差 δ 与被测量量的真值 x 的比值,即:

$$E = \frac{\delta}{x} \times 100\% \tag{1-1-3}$$

相对误差常用百分比表示。它表示绝对误差在整个物理量中所占的比重,它是无单位的一个纯数,所以既可以评价量值不同的同类物理量的测量,也可以评价不同物理量的测量,从而判断它们之间的优劣。

如果待测量有理论值或公认值,也可用百分差 E_0 来表示测量的好坏,即:

$$E_0 = \frac{|\text{测量值} - \text{公认值}|}{\text{公认值}} \times 100\% \tag{1-1-4}$$

【例】 测量两个长度量,测量值分别为 $L_1 = 100.0$ mm, $L_2 = 80.0$ mm,其测量误差分别为 $\delta_1 = 0.8$ mm, $\delta_2 = 0.7$ mm。试比较两个测量结果精度的高低。

解:

$$E_1 = \frac{\delta_1}{L_1} \times 100\% = \frac{0.8}{100.0} \times 100\% = 0.8\%$$

$$E_2 = \frac{\delta_2}{L_2} \times 100\% = \frac{0.7}{80.0} \times 100\% = 0.9\%$$

三、误差的分类

既然测量不能得到真值,那么怎样才能最大限度地减小测量误差并估算出误差的范围呢?要解决这个问题,首先要了解误差产生的原因及其性质。测量误差按其产生的原因与性质可分为系统误差、随机误差和过失误差。

1. 系统误差

在一定条件下（指仪器、方法和环境）对同一物理量进行多次测量时，其误差按一定的规律变化，测量结果都大于真值或都小于真值，这样的误差称为系统误差。系统误差产生的原因可能是已知的，也可能是未知的。产生系统误差的原因主要有：

（1）由于仪器本身存在一定的缺陷或使用不当造成的。如仪器零点不准、仪器水平或铅直未调整、砝码未校准等。

（2）实验方法不完善或这种方法所依据的理论本身具有近似性。例如，用单摆测量重力加速度时忽略空气对摆球阻力的影响，用安培表测量电阻时不考虑电表内阻的影响等所引入的误差。

（3）实验者生理或心理特点或缺乏经验所引入的误差。例如，有人读数时头习惯性地偏向一方向，按动秒表时习惯性地提前或滞后等。

2. 随机误差

同一物理量在多次测量过程中，误差的大小和符号以不可预知的方式变化的测量误差称为随机误差，随机误差不可修正。随机误差产生的原因很多，归纳起来大致可分为以下两个方面：

（1）由于观测者在对准目标、确定平衡（如天平）、估读数据时所引入的误差。

（2）实验中各种微小因素的变动。例如，实验装置和测量机构在各次调整操作上的变动性，实验中电源电压的波动、环境的温度、湿度、照度的变化所引起的误差。

随机误差的出现，单就某一次观测来说是没有规律的，其大小和方向是不可预知的。但对某一物理量进行足够多次测量，则会发现随机误差服从一定的统计规律，随机误差可用统计方法进行估算。

四、测量的精密度、准确度、精确度

常用精度反映测量结果中误差大小的程度。误差小的精度高，误差大的精度低，这里精度是一个笼统的概念，它并不明确表示描写的是哪一类误差，为描述更具体，把精度分为精密度、准确度和精确度。

1. 精密度

精密度表示测量结果中的随机误差大小的程度。它是指在一定条件下进行重复测量时，所得结果的相互接近程度。它用来描述测量的重复性。精密度高，即测量数据的重复性好，随机误差较小。

2. 准确度

准确度表示测量结果中系统误差大小的程度。用它来描述测量值接近真值的程度。准确度高，即测量结果接近真值的程度高，系统误差小。

3. 精确度

精确度是对测量结果中系统误差和随机误差的综合描述。它是指测量结果的重复性及接近真值的程度。

为了形象地说明这三个概念的区别和联系，以打靶为例说明(图 1-1-1)：

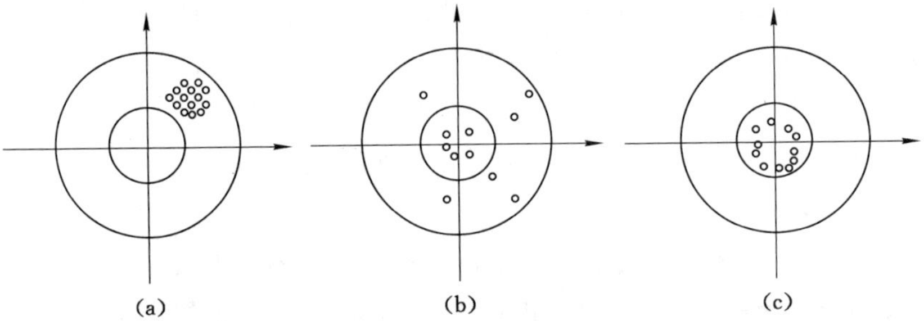

图 1-1-1 测量的精密度、准确度、精确度图示(以打靶为例)

(1) 如图 1-1-1(a)所示，精密度高而准确度较差；

(2) 如图 1-1-1(b)所示，准确度高而精密度较差；

(3) 如图 1-1-1(c)所示，精密度和准确度都很高，即精确度很高。

第二节 误差的处理

误差的产生有其必然性和普遍性，误差自始至终存在于一切科学实验中，一切测量结果都存在误差。本节主要介绍上述两类误差的处理方法。

一、系统误差

一个实验结果的优劣，往往在于系统误差是否已经被发现或尽可能消除，所以预见一切可能产生系统误差的因素，并设法减小它们是非常重要的。一般而言，对于系统误差可以在实验前对仪器进行校准，对实验方法进行改进，在实验时采取一定的措施对系统误差进行补偿和消除，实验后对结果进行修正等。

系统误差的处理是一个比较复杂的问题，它没有一个简单的公式，主要取决于实验者的经验和技巧并根据具体情况来处理。从实验者对系统误差掌握的程度来分，又可分为已定系统误差和未定系统误差两类。

1. 已定系统误差

已定系统误差是指绝对值和符号都已确定的，可以估算出的系统误差分量。例如，对一个标准值为 50 mg 的三等砝码，就无法知道该砝码的误差值是多少，只知道它对测量结果造成的未定系统误差限为±2 mg，但如果在使用前用高一级的砝码进行校准，就可得到已定系统误差的值。

2. 未定系统误差

未定系统误差是指符号或绝对值未经确定的系统误差分量。例如，仪器出厂时的准确度指标是用符号$\Delta_{仪}$表示的。它只给出该类仪器误差的极限范围。但实验者使用该仪器时并不知道该仪器误差的确切大小和正负，只知道该仪器的准确程度不会超过$\Delta_{仪}$的极限（如上面所举砝码中的±2 mg）。所以这种系统误差通常只能定出它的极限范围，由于不能知道它的确切大小和正负，故无法对其进行修正。对于未定系统误差，在物理实验中一般只考虑测量仪器的（最大）允许误差$\Delta_{仪}$（简称仪器误差）。

二、随机误差的估算

随机误差的特点是随机性。也就是说在相同条件下，对同一物理量进行多次重复测量，每次测量的误差的大小和正负无法预知，纯属偶然。但是实践和理论证明，如果测量次数足够多的话，大部分测量的随机误差都服从一定的统计规律。本书只着重介绍随机误差的正态分布。

1. 正态分布的特征与数学表达

遵从正态分布的随机误差有以下几点特征：

(1) 单峰性。绝对值大的误差出现的可能性（概率）比绝对值小的误差出现的概率小。

(2) 对称性。绝对值相等的正负误差出现的机会均等，对称分布于真值的两侧。

(3) 有界性。在一定的条件下，误差的绝对值不会超过一定的限度。

(4) 抵偿性。当测量次数很多时，随机误差的算术平均值趋于零，即$\lim\limits_{n\to\infty}\sum\limits_{i=1}^{n}\delta_i = 0$。

正态分布的特征可用正态分布曲线形象地表达，如图 1-2-1 所示。x 为测量值；x_0 为真值；δ 为误差；f 表示在 δ（或 x）附近单位区间内，被测量误差（或测量值）出现的概率。

$$f(\delta) = \frac{1}{\sigma\sqrt{2\pi}}e^{\frac{-\delta^2}{2\sigma^2}} \tag{1-2-1}$$

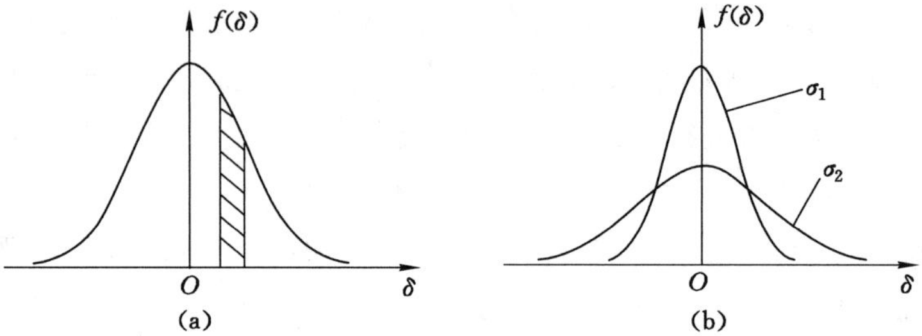

图 1-2-1　概率密度函数曲线图

测量值的随机误差出现在区间$(\delta, \delta+\mathrm{d}\delta)$内的可能性为 $f(\delta)\mathrm{d}\delta$，即图 1-2-1(a)中阴影所含的面积元。式(1-2-1)中，σ 是一个与实验条件有关的常数，称为标准误差，其值为：

$$\sigma = \lim_{n\to\infty}\sqrt{\frac{\sum_{i=1}^{n}\delta_i^2}{n}} \tag{1-2-2}$$

式中，n 为测量次数；δ_i 为各次测量的随机误差，$i=1,2,\cdots,n$。

2. 标准误差的物理意义

由式(1-2-1)可知，随机误差的正态分布曲线的形状与 σ 值有关，如图 1-2-1(b)所示，σ 值越小，分布曲线越尖锐，峰值 $f(\delta)$ 越高，说明绝对值小的误差占多数，且测量值的离散性较小，重复性好，测量精密度较高；反之，σ 值越大，则曲线越平坦，该组测量值的离散性大，测量精密度低。标准误差反映了测量值的离散程度。

由 $f(\delta)\mathrm{d}\delta$ 是测量值随机误差出现在区间$(\delta, \delta+\mathrm{d}\delta)$的可能性（概率），得到 n 次测量值误差出现在$(-\sigma, +\sigma)$内的概率为：

$$P(-\sigma < \delta < \sigma) = \int_{-\sigma}^{\sigma} f(\delta)\mathrm{d}\delta = \int_{-\sigma}^{\sigma}\frac{1}{\sqrt{2\pi}\sigma}e^{-\frac{\delta^2}{2\sigma^2}}\mathrm{d}\delta = 68.3\% \tag{1-2-3}$$

这说明对任一次测量，其测量值误差出现在区间$(-\sigma, \sigma)$内的概率为 68.3%。从概率密度分布函数的曲线图来看，设曲线下面积为 1 即 100%，则

$(-\sigma,+\sigma)$间的曲线下的面积为 68.3％。用同样的方法计算可得，$(-2\sigma,+2\sigma)$间的概率为 95.5％，$(-3\sigma,+3\sigma)$间的概率为 99.7％。显然，测量误差的绝对值大于 3σ 的概率仅为 0.3％。通常情况下的有限次测量，测量误差超出 $\pm 3\sigma$ 范围的情况几乎不会出现，所以把 3σ 称为极限误差。

3. 近真值——算术平均值

尽管一个物理量的真值是客观存在的，但由于误差的存在，企图得到真值的愿望仍然不能实现。那么是否能够得到一个测量结果的最佳值，或者说得到一个最接近真值的数值呢？根据随机误差具有抵偿性特点，可以求得真值的最佳估计值——近真值。

设在相同条件下对一个物理量进行多次测量，测量值分别为 x_1，x_2，x_3，…，x_n，则该测量值的算术平均值为：

$$\bar{x} = \frac{1}{n}\sum_{i=1}^{n} x_i (i = 1,2,3\cdots) \tag{1-2-4}$$

而各次测量的随机误差为：

$$\delta_i = x_i - x_0$$

式中，x_0 为真值；x_i 为第 i 次测量值。

对 n 次测量的绝对误差求和有：

$$\sum_{i=1}^{n}\delta_i = \sum_{i=1}^{n} x_i - nx_0$$

等式两边各除以 n 可得：

$$\frac{1}{n}\sum_{i=1}^{n}\delta_i = \frac{1}{n}\sum_{i=1}^{n} x_i - x_0 = \bar{x} - x_0$$

当测量次数 $n \to \infty$ 由随机误差具有抵偿性的特点，所以有：

$$\lim_{n\to\infty}\sum_{i=1}^{n}\delta_i = 0$$

故根据以上推导可得：

$$x_0 \to \bar{x}$$

由此可知，测量次数越多，算术平均值接近真值的可能性越大。当测量次数足够时，算术平均值是真值的最佳估计值。

三、标准误差的估算——标准偏差

由于真值不知道，误差 δ 无法计算，因而按照式(1-2-2)标准误差 σ 也无从估算。根据算术平均值是近真值的结论，在实际估算误算时采用算术平均值代替真值，用各次测量值与算术平均值的差值 $v_i = x_i - \bar{x}$ 来估算各次测量的误差，差值 v_i 称为残差。当测量次数 n 有限时，如用残差来表示误差时，其计算公式为：

$$S_x = \sqrt{\frac{1}{n-1}\sum_{i=1}^{n}(x_i - \bar{x})^2} = \sqrt{\frac{\sum_{i=1}^{n} v_i^2}{n-1}} \tag{1-2-5}$$

式中，S_x 称为任一次测量的标准偏差，它是测量次数有限多时，标准误差的一个估计值。其代表的物理意义为：如果多次测量的随机误差遵从正态分布，那么任一次测量的测量值误差落在 $(-S_x, +S_x)$ 区域的可能性（概率）为 68.3%。通过误差理论可以证明，平均值 $\bar{x}$ 的标准偏差为：

$$S_{\bar{x}} = \sqrt{\frac{\sum_{i=1}^{n}(x_i - \bar{x})^2}{n(n-1)}} \tag{1-2-6}$$

式(1-2-6)说明算术平均值的标准偏差是 n 次测量中的任意一次测量值标准偏差的 $\frac{1}{\sqrt{n}}$，$S_{\bar{x}}$ 小于 S_x，因为算术平均值是测量结果的最佳值，它比任意一次测量值 x_i 更接近真值，所以误差要小。$S_{\bar{x}}$ 的物理意义是在多次测量的随机误差遵从正态分布的条件下，真值处于 $\bar{x} \pm S_{\bar{x}}$ 区间内的概率为 68.3%。

第三节　不确定度与测量结果的表示

一、不确定度

由于真值的未知性，使得测量误差的大小与正负难以确定。因此，在对测量结果的质量进行定量评定时，往往只是给出误差以一定的概率出现的范围。而这个用来定量评定测量结果质量的参数，即为测量不确定度。

不确定度的分类是按评定方法进行的。它们都基于概率分布，用方差或标准差表征，称为标准不确定度。其中，A 类标准不确定度由观测列概率分布导出的概率密度函数得到；B 类标准不确定度由一个认定的或假定的概率分布函数得到。不确定度的分类方法与误差分类相比，避免了由于误差之间界限不绝对，在判断和计算时不易掌握的缺点。评定不确定度时，不考虑影响不确定度因素的来源与性质，只考虑评定方法，从而简化了分类，便于评定与计算。

1. A 类标准不确定度

由于偶然因素，在同一条件下对同一物理量 X 进行多次重复测量，测量值 $x_1, x_2, x_3, \cdots, x_n$ 是分散的，从分散的测量值出发用统计的方法评定标准不确定度，就是标准不确定度的 A 类评定。设 A 类标准不确定度为 $u_A(x)$，用统计的方法算出平均值的标准偏差为 $S_{\bar{x}}$，不确定度的 A 类分量就取为平均值的标准偏差，即：

$$u_A(x) = S_{\bar{x}} = \sqrt{\frac{\sum_{i=1}^{u}(x_i - \bar{x})^2}{n(n-1)}} \tag{1-3-1}$$

按误差理论的正态分布，如不存在其他影响，则测量值范围$[\bar{x} - u_A(x), \bar{x} + u_A(x)]$中包含真值的概率为 68.3%。

2. B 类标准不确定度

测量中凡是不符合统计规律的不确定度统称为 B 类不确定度。在实际计算时，有的依据计量仪器的说明书或鉴定书，有的依据仪器的准确度，有的则粗略地依据仪器的分度值或经验，从中获得仪器的极限误差$\Delta_{仪}$（或允许误差，或示值误差），此类误差一般可视为均匀分布，则 B 类评定不确定度为：

$$u_B(x) = \frac{\Delta_{仪}}{\sqrt{3}} \tag{1-3-2}$$

【例】 使用量程为 0～300 mm，分度值为 0.05 mm 的游标卡尺，测量长度时，其示值误差在±0.05 mm 以内，即极限误差为$\Delta_{仪} = 0.05$ mm，则由此游标卡尺引入的标准不确定度 $u_B(x)$为：

$$u_B(x) = \frac{\Delta_{仪}}{\sqrt{3}} = \frac{0.05}{\sqrt{3}} = 0.029 \text{ mm}$$

3. 合成标准不确定度

物理实验的测量结果表示中，总不确定度 $u(x)$的估算方法分为两类，即多次重复测量用统计方法算出的 A 类分量 $u_A(x)$和用其他方法估算出的 B 类分量 $u_B(x)$。用“方、和、根”的方法合成为总不确定度 $u(x)$：

$$u(x) = \sqrt{u_A^2(x) + u_B^2(x)} \tag{1-3-3}$$

【例】 已知游标卡尺($\Delta_{仪} = 0.005$ cm)的初始读数为 0.05 cm，测量圆环内径数据如表 1-3-1 所示，试求其测量的不确定度。

表 1-3-1 测量数据

测量次数	1	2	3	4	5	6
d/cm	3.255	3.250	3.260	3.255	3.250	3.255

解：

计算出：

$$\overline{d} = 3.254 \text{ cm}$$

则零点修正后：

$$\overline{d} = 3.254 - 0.05 = 3.249 \text{ cm}$$

$$S_{\overline{d}} = \sqrt{\frac{\sum_{i=1}^{n}(d_i - \overline{d})^2}{n(n-1)}} = 0.002 \text{ cm}$$

所以有：

$$u_A(d) = S_{\overline{d}} = 0.002 \text{ cm}$$

$$u_B(d) = \frac{\Delta_{仪}}{\sqrt{3}} = \frac{0.005}{\sqrt{3}} = 0.003 \text{ cm}$$

$$u(d) = \sqrt{u_A^2(d) + u_B^2(d)} = 0.004 \text{ cm}$$

4. 测量结果的表示

在得到测量值和合成标准不确定度后，测量结果通常写为：

$$x = \overline{x} \pm u(\text{单位})(P = 68.3\%) \tag{1-3-4}$$

相对不确定度为：

$$E = \frac{u}{\overline{x}}(\text{或} \times 100\%) \tag{1-3-5}$$

书写测量结果时应注意：

(1) 合成标准不确定度有效数字的取位

一般情况有效数字取 1～2 位，大学物理实验阶段，要求测量结果的不确定度有效数字取 1 位，为减小计算误差，中间过程的不确定度各分量有效数字可以多保留 1 位。相对不确定度的有效数字取 2 位。

按照这些约定对不确定度进行修约时，修约规则执行“1/3”原则，即如果要取舍的数字大于有效数字末位的 1/3 单位时，进位；否则，舍去。例如，不确定度计算数据为 0.023 4，有效数字取 1 位时，应为 0.03；若为 0.023 2，则应为 0.02。

（2）测量结果有效数字的取位

测量结果有效数字的最后一位应与不确定度的末位对齐。测量结果有效数字取位时，应遵循“四舍、大于五入、逢五凑偶”的修约规则。例如，对某长度量测量算术平均值为 2.543 1 cm，不确定度为 0.032 4 cm，结果表示为：

$$L = (2.54 \pm 0.03)\ \mathrm{cm}$$

二、直接测量的数据处理及举例

1. 数据处理步骤

根据上述内容，对直接测量列 $x_1, x_2, \cdots, x_n$ 进行处理的步骤可归纳为：

（1）判断测量数据中有无已定系统误差，并消除或尽量减小其影响。

（2）检验数据的合理性，发现含有粗大误差的测量数据后，将该数据剔除，再将剩余数据进行判别，直到没有粗大误差为止。（大学物理实验阶段主要在实验过程中进行判断，用统计法对数据的判断不做要求）

（3）对经过检验无已定系统误差和粗大误差的数据，求算术平均值作为测量结果的最佳值。

（4）求残差 $v_i = x_i - \bar{x}(i=1,2,\cdots,n)$，计算出算术平均值的标准差 $\sigma_{\bar{x}}$ 作为不确定度 A 类分量 u_A。

（5）根据仪器误差 $\Delta_{仪}$，由公式计算不确定度 B 类分量 u_B。

（6）由公式求合成标准不确定度 u、相对不确定度 E。

（7）结果表示：

$$x = \bar{x} \pm u(单位)(P = 68.3\%)$$

$$E = \frac{u}{\bar{x}}(或 \times 100\%)$$

2. 数据处理举例

【例】 用 0～100 mm 的一级千分尺测钢球的直径 6 次，测量数据为：

$$D'(\mathrm{mm}): 3.115, 3.122, 3.119, 3.117, 3.120, 3.118$$

若千分尺的零点读数为 −0.006 mm（即测量端对齐时，零刻度线在准线以上），测量数据中不存在粗大误差，求测量结果。

解：

（1）由于千分尺的零点不准，存在已定系统误差，按 $D=(D'+0.006)$ mm 进行修正，得：

D(mm):3.121,3.128,3.125,3.123,3.126,3.124

注:也可先求算术平均值,再进行修正。

(2) 修正后直径的算术平均值 $\overline{D}=3.124\ 5$ mm。

注:为防止计算误差过大,多取1位有效数字。

(3) 求不确定度A类分量:

$$u_A=\sigma_{\overline{D}}=\sqrt{\frac{\sum_{i=1}^{6}(D_i-\overline{D})^2}{n(n-1)}}=0.000\ 99\ \text{mm}$$

(4) 求不确定度B类分量:

按国家计量标准,测量范围为0～100 mm的一级千分尺的仪器极限误差$\Delta_{仪}=0.004$ mm,故:

$$u_B=\frac{\Delta_{仪}}{\sqrt{3}}=0.002\ 3\ \text{mm}$$

(5) 求合成标准不确定度:

$$u=\sqrt{u_A^2+u_B^2}=\sqrt{\sigma_{\overline{D}}^2+\left(\frac{\Delta_{仪}}{\sqrt{3}}\right)^2}=0.003\ \text{mm}$$

(6) 结果表示为:

$$\begin{cases}D=(3.124\pm0.003)\text{mm}(P=68.3\%)\\ E=\dfrac{0.003}{3.124}\times100\%=0.096\%=0.1\%\end{cases}$$

三、间接测量的数据处理及举例

设间接测量量 y 与直接测量量 $x_1,x_2,\cdots,x_k$ 的函数关系为:

$$y=f(x_1,x_2,\cdots,x_k) \tag{1-3-6}$$

各直接测量量按前述步骤处理后的结果为:

$$\begin{cases}x_1=\overline{x}_1\pm u_1\\ x_2=\overline{x}_2\pm u_2\\ \quad\vdots\\ x_k=\overline{x}_k\pm u_k\end{cases} \tag{1-3-7}$$

1. 间接测量量的最佳值

可以证明，间接测量量的最佳值可用式(1-3-8)求得：

$$\bar{y} = f(\bar{x}_1, \bar{x}_2, \cdots, \bar{x}_k) \tag{1-3-8}$$

2. 间接测量量不确定度合成

由于间接测量量 y 与 k 个直接测量量有关，间接测量量的不确定度由各直接测量量的不确定度决定。如果各直接测量量之间是相互独立的，由统计理论可推出：

$$u(y) = \sqrt{\left(\frac{\partial f}{\partial x_1}u_1\right)^2 + \left(\frac{\partial f}{\partial x_2}u_2\right)^2 + \cdots + \left(\frac{\partial f}{\partial x_k}u_k\right)^2} \tag{1-3-9}$$

$$E = \frac{u(y)}{\bar{y}} = \sqrt{\left(\frac{\partial \ln f}{\partial x_1}u_1\right)^2 + \left(\frac{\partial \ln f}{\partial x_2}u_2\right)^2 + \cdots + \left(\frac{\partial \ln f}{\partial x_k}u_k\right)^2} \tag{1-3-10}$$

式中，$\frac{\partial f}{\partial x_i}$及$\frac{\partial \ln f}{\partial x_i}$$(i=1,2,\cdots,k)$称为传播系数。

对于加减运算的函数，先用式(1-3-9)求不确定度 u，再用$\frac{u}{\bar{y}}$求相对不确定度 E 比较简单；而对于乘除运算的函数，先求相对不确定度 E，再用 $E \cdot \bar{y}$ 求不确定度 $u(y)$ 比较简单。

3. 间接测量数据处理步骤及举例

数据处理步骤：

(1) 按直接测量数据处理步骤，求出各直接测量量的测量结果 $\bar{x}_1$，$\bar{x}_2,\cdots,\bar{x}_k$ 和不确定度 $u_1,u_2,\cdots,u_k$。

(2) 求间接测量量的最佳估计值 $\bar{y}$。

(3) 用不确定度计算公式分别求出 y 的不确定度 u 和相对不确定度 E。

(4) 结果表示：

$$\begin{cases} y = (\bar{y} \pm u)\ \text{单位} \\ E = \dfrac{u}{\bar{y}}(\text{或} \times 100\%) \end{cases}$$

【例】 用 0～100 mm 的一级千分尺测圆柱体的直径和高度各 6 次，测量数据见表 1-3-2。若测量数据无已定系统误差和粗大误差，试求该圆柱体的体积。

表 1-3-2　　圆柱体直径和高度的测量数据

测量次数	1	2	3	4	5	6
直径 d/mm	6.075	6.087	6.091	6.060	6.085	6.080
高度 h/mm	10.105	10.107	10.103	10.110	10.100	10.108

解：显然，体积 V 为间接测量量，直径 d 与高度 h 为直接测量量，故应按间接测量数据处理方法来求测量结果。

（1）直径 d 的处理

① 最佳值 $\overline{d}$

$$\overline{d}=\frac{\sum_{i=1}^{6}d_i}{6}=6.0797\ \text{mm}$$

② 不确定度 u_d

A 类分量：

$$u_A(d)=\sigma_{\overline{d}}=\sqrt{\frac{\sum_{i=1}^{6}(d_i-\overline{d})^2}{6(6-1)}}=0.0045\ \text{mm}$$

按技术规程，所用一级千分尺的极限误差 $\Delta_{仪}=0.004$ mm，则 B 类分量：

$$u_B(d)=\frac{\Delta_{仪}}{\sqrt{3}}=0.0023\ \text{mm}$$

d 的合成不确定度为：

$$u_d=\sqrt{u_A^2+u_B^2}=\sqrt{\sigma_{\overline{d}}^2+\left(\frac{\Delta_{仪}}{\sqrt{3}}\right)^2}=0.0051\ \text{mm}$$

注：上述各计算结果的有效数字，都比有效数字运算规则和不确定度取位规则要求的位数多一位，目的是减小后续计算误差。以下类同。

（2）高度 h 的处理

① 最佳值 $\overline{h}$

$$\overline{h}=\frac{\sum_{i=1}^{6}h_i}{6}=10.1055\ \text{mm}$$

② 不确定度 u_h

A 类分量：

$$u_A(h)=\sigma_{\bar{h}}=\sqrt{\frac{\sum_{i=1}^{6}(h_i-\bar{h})^2}{6(6-1)}}=0.001\ 5\ \text{mm}$$

按技术规程，所用一级千分尺的极限误差 $\Delta_{仪}=0.004$ mm，则 B 类分量：

$$u_B(h)=\frac{\Delta_{仪}}{\sqrt{3}}=0.002\ 3\ \text{mm}$$

h 的合成不确定度为：

$$u_h=\sqrt{u_A^2+u_B^2}=\sqrt{\sigma_{\bar{h}}^2+\left(\frac{\Delta_{仪}}{\sqrt{3}}\right)^2}=0.002\ 7\ \text{mm}$$

（3）体积 V 的处理

① 最佳值 $\overline{V}$

$$\overline{V}=\frac{1}{4}\pi\bar{d}^2\bar{h}=293.367\ \text{mm}^3$$

② 合成不确定度 $u(V)$

体积 V 与高度和直径之间的函数为简单乘除关系，所以选用式(1-3-10)先求相对不确定度 E：

$$E=\frac{u(V)}{\overline{V}}=\sqrt{\left(\frac{\partial\ln V}{\partial h}u_h\right)^2+\left(\frac{\partial\ln V}{\partial d}u_d\right)^2}$$

$$=\sqrt{\left(\frac{u_{\bar{h}}}{\bar{h}}\right)^2+\left(2\frac{u_{\bar{d}}}{\bar{d}}\right)^2}=0.001\ 7=0.17\%$$

体积的合成不确定度：

$$u(V)=\overline{V}\cdot E=0.5\ \text{mm}^3$$

③ 最终结果

$$\begin{cases}V=(293.4\pm0.5)\text{mm}^3\ (P=68.3\%)\\E=0.17\%\end{cases}$$

第四节　有效数字及其运算规则

一、有效数字

有效数字是指能正确表达某物理量数值和精度的一个近似数，由准确数字和可疑数字组成。（如果该数值绝对误差界是最末位数据的半个单

位，那么从这个近似数左边第一个非零数字起到最后一位数字止，都叫有效数字）

为了便于理解，举一例子加以说明。如图 1-4-1 所示，用最小刻度为 1 mm的米尺测量一物体的长度，不同的测量者测得结果不同，可能为 2.55 cm，2.56 cm，2.57 cm 等。其中，前两位数是根据米尺的刻度准确读出的，不随观测者变化，是可靠的，称之为准确数字，最后一位数是在两个刻度之间估计读出的，随观测者个人情况可能略有不同，显然是不准确的，称为可疑数字。尽管可疑数字不准确，但它能客观、合理地反映出该物体比 2.5 cm 长，比 2.6 cm 短的事实，是有效的。因此，测量结果的有效数字是由若干位准确数字和一位可疑数字组成的。

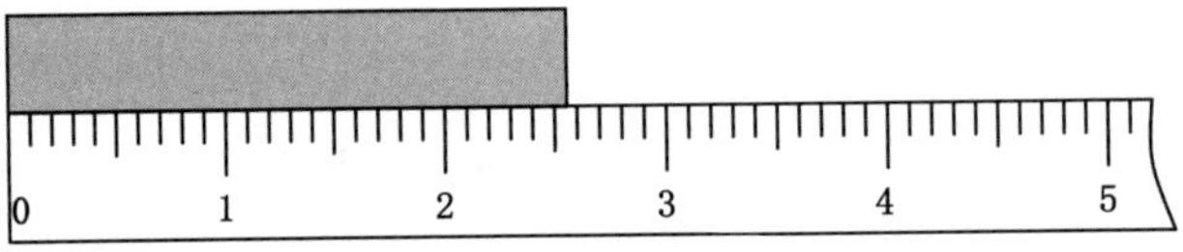

图 1-4-1 长度测量示意图

一个物理量的数值和数学上的数有着不同的意义。例如，在数学上，0.250 0 m=25.00 mm；但在物理测量上，0.2 500 m≠25.000 cm。因为 0.250 0的有效位数是四位，而 25.000 cm 的有效位数是五位。实际上，这两种不同的写法表示两种不同精度的测量结果。所以在实验中记录数据时，有效数字不能随意增减。

二、有效数字应注意的问题

1. 有效数字与测量条件密切相关

从上面测量结果可以看出，测量结果的有效数字位数由测量条件和待测量的大小共同决定。对于大小已定的物理量，测量仪器的精度越高，有效数字位数越多，因此，有效数字可以在某种程度上反映出测量仪器的精度。例如，上述物体的长度，用米尺测量是 3 位有效数字，而采用 1/50 游标卡尺测量，可得 4 位有效数字，用千分尺测量，可得 5 位有效数字。当测量条件一定时，待测量越大，有效数字位数越多。

2. 数字“0”在有效数字中的作用

“0”在数据中的位置不同，可能是有效数字，也可能不是有效数字。如，0.030 20 m 这个数中共有 4 个“0”，其中，数字“3”前面的两个“0”只用来表示小数点位置，不是有效数字，而其余两个“0”是有效数字，即数字中间和末尾的“0”是有效的。

既然数字末尾的“0”是有效数字，那么就不能在数字的末尾随意加0或去掉0，否则物理意义将发生变化。要注意，一个物理量的测量值和数学上的一个数意义是不同的。数学上，0.030 2 m与0.030 20 m没有区别，但在物理上，0.030 2 m≠0.030 20 m，因为0.030 20 m中的“2”是准确测量出来的，是可靠的，而0.030 2 m中的“2”则是可疑数字，是不准确的。

由于数字“3”前面的两个“0”只用来表示小数点位置，不是有效数字，那么数字0.030 20 m、3.020 cm、30.20 mm的有效数字都是4位。因此，在十进制单位进行换算时，有效数字的位数不应发生变化。如，3.5 A的电流值，若用mA单位表示，不能写成3 500 mA，而应采用科学记数法，写成3.5×10^3 mA。

3. 不确定度有效数字的确定

一般情况下，绝对不确定度只取1位有效数字，对重要的、比较精密的测量或其他特殊情况，可取2位或2位以上有效数字，相对不确定度可取1～2位有效数字。本教材如无特殊说明，绝对不确定度取1位有效数字，相对不确定度取2位有效数字。

4. 有效数字的确定

对于直接测量，有效数字的确定，实际上就是如何读数的问题。

由于测量结果的有效数字是由若干位准确数字和一位可疑数字组成的，从测量仪器上读取数据时应注意完整性，即除了读取整刻度数值外，还应进行整刻度以下的估读。特别是读取的数据数值恰好为整数时，则需在后面补“0”，一直补到可疑位为止。例如，上述物体的末端恰好与刻度25 mm对齐时，则测量结果应记为2.50 cm，而不能写为2.5 cm。总之，直接测量读数的原则是：应读到仪器产生误差的那一位。

对于间接测量，中间运算过程中，由于参与运算的量可能很多，有效数字的位数可能不一致，使得数据计算显得烦琐和复杂。为了简化运算过程，同时又不会造成过大的计算误差，一般可采用以下规则进行运算：

(1) 进行加减运算时，应以参与运算各数据中末位数数量级最大的数据为准，其余各数据在中间计算过程中向后可多取一位，最后结果与末位数数量级最大的那一位对齐。例如，$71.3-0.753+6.262+271=71.3-0.8+6.3+271=347.8=348$。

（2）进行乘除法运算时，以参与运算各数据中有效数字位数最少的为准，其余数字在中间运算过程中可多取一位有效数字，最后结果的有效数字与有效数字位数最少的那个数相同。例如，$39.5\times4.08437\times0.0013=39.5\times4.08\times0.0013=0.21$。

乘方和开方运算规则与乘除法运算规则相同，即结果的有效数字与被乘方、开方数的有效数字位数相同。例如，$1.40^2=1.96$，$\sqrt{200}=14.1$。

（3）进行函数运算时，结果有效数字一般可根据间接测量不确定度计算公式进行计算来确定。对常用的函数，也可按简单规则确定。如，对数函数运算结果的有效数字中，小数点后面的位数与真数的有效数字位数相同。例如，$\lg 1.983=0.2973$。指数函数运算结果的有效数字中，小数点后面的位数与指数中小数点后面的位数相同。例如，$10^{6.25}=1.79\times10^6$。

（4）间接测量计算过程中，计算公式中还会遇到自然数与常量，例如，球体的面积 S 与半径 R 有关系式 $S=4\pi R^2$。式中，“4”是自然数，π 是常量。自然数不是测量得到的，不存在误差，故有效数字是无穷多位，而不是一位；常量在运算过程中有效数字位数，不能少于参与运算的各数据中有效数字位数最少的那个数据，一般可以多取 1 位。

上述有效数字的运算规则，只是一个基本原则。实际问题中，为了防止取舍所造成的误差过大，常常在运算过程中多取几位，特别是随着计算机和计算器的普及，这种处理不会带来太多的麻烦，只是在最后结果根据不确定度所在位进行截断。

5. 有效数字的舍入规则

（1）测量数据中打算舍弃的最左一位数字小于 5 时则舍去，欲保留的各位数字不变。例如，数据 3.144 8 取三位有效数字时为 3.14。

（2）测量数据中打算舍弃的最左一位数字大于 5（或等于 5 而其后跟有非全部为 0 的数字时），则应进一，即保留数字的末位加 1。如 3.146 500 1 取二位有效数字时为 3.1，取三位有效数字时为 3.15，取四位有效数字时为 3.147。

（3）测量数据中打算舍去的最左一位数字为 5，而它后面无数字或全部为 0 时，若所保留数字的末位为奇数则进一，为偶数或 0 则舍弃。如数据 3.105 0 取三位有效数字为 3.10，数据 3.15 取二位有效数字则为 3.2。

（4）负数修约时，先将它的绝对值按上述（1）、（2）、（3）规定进行修约，然后在修约值前加上负号。

以上对有效数字的修约规则可以归纳为一句话："四舍、大于五入、逢五凑偶"。

第五节　实验数据的处理方法

测量获得了大量的实验数据，而要通过这些数据得到可靠的实验结果或物理规律，则需要学会正确的数据处理方法。本节介绍在物理实验中常用的列表法、作图法、逐差法和最小二乘法等数据处理的基本方法。

一、列表法

在记录和处理实验测量数据时，经常把数据列成表格，它可以简单而明确地表示出有关物理量之间的对应关系，便于随时检查测量结果是否正确合理，及时发现问题，利于计算和分析误差，并在必要时对数据随时查对。通过列表法可有助于找出有关物理量之间的规律性，得出定量的结论或经验公式等。列表法是工程技术人员经常使用的一种方法。

列表时，一般应遵循下列规则

（1）简单明了，便于看出有关物理量之间的关系，便于处理数据。

（2）表格中均应标明物理量的名称和单位。

（3）表格中数据要正确反映出有效数字。

（4）必要时应对某些项目加以说明，并计算出平均值、标准误差和相对误差。

【例】　用千分尺测量钢丝直径，列表如表1-5-1所示。

表1-5-1　　**测量数据列表**

次数	初读数/mm	末读数/mm	直径 D_i/mm	$\overline{D}$/mm	$u(D)$/mm	E
1	0.002	2.147	2.145	2.145	0.001	0.06%
2	0.004	2.148	2.144			
3	0.003	2.149	2.146			
4	0.001	2.145	2.144			
5	0.004	2.149	2.145			
6	0.003	2.147	2.144			

二、作图法

物理实验中所得到的一系列测量数据，也可以用图线直观地表示出来，作图法就是在坐标纸上描绘出一系列数据间对应关系的图线。作图法可以研究物理量之间的变化规律，找出对应的函数关系，是求经验公式的常用方法之一。同时，作好一张正确、实用、美观的图是实验技能训练中的一项基本功，每个学生都应该掌握。

1. 图示法

物理实验所揭示的物理量之间的关系，可以用一个解析函数关系来表示，也可以用坐标纸在某一坐标平面内由一条曲线表示，后者称为实验数据的图形表示法，简称图示法。

图示法的作图规则如下：

(1) 选取坐标纸

作图一定要用坐标纸，根据不同实验内容和函数形式来选取不同坐标纸，在普通物理实验中最常用的是直角坐标纸。再根据所测得数据的有效数字和对测量结果的要求来定坐标纸的大小，原则上是以不损失实验数据的有效数字和能包括所有实验点作为选择依据，一般图上的最小分格至少应是有效数字的最后一位可靠数字。

(2) 定坐标和坐标标度

通过以横坐标表示自变量，纵坐标表示因变量。写出坐标轴所代表的物理量的名称和单位。为了使图线在坐标纸上的布局合理和充分利用坐标纸，坐标轴的起点不一定从变量的“0”开始。图线若是直线，尽量使图线比较对称地充满整个图纸，不要使图线偏于一角或一边。为此，应适当放大(或缩小)纵坐标轴和横坐标轴的比例。在坐标轴上按选定的比例标出若干等距离的整齐的数值标度，标度的数值的位数应与实验数据有效数字位数一致。选定比例时，应使最小分格代表“1”、“2”或“5”，不要用“3”、“6”、“7”、“9”表示一个单位。因为这样不仅使标点和读数不方便，而且也容易出错。

(3) 标点

根据测量数据，找到每个实验点在坐标纸上的位置，用铅笔以“×”标出各点坐标，要求与测量数据对应的坐标准确地落在“×”的交点上。一张图上要画几条曲线时，每条曲线可用不同标记如“+”、“⊙”、“△”等以示区别。

(4) 连线

用直尺、曲线板、铅笔将测量点连成直线或光滑曲线，校正曲线要通过校正点连成折线。因为实验值有一定误差，所以曲线不一定要通过所有实验点，只要求线的两旁实验点分布均匀且离曲线较近，并在曲线的转折处多测几个点，对个别偏离很大的点要重新审核，进行分析后决定取舍。

（5）写出图纸名称

要求在图纸的明显位置标明图纸的名称，即图名、作者姓名、日期、班级等。如图 1-5-1 和图 1-5-2 所示。

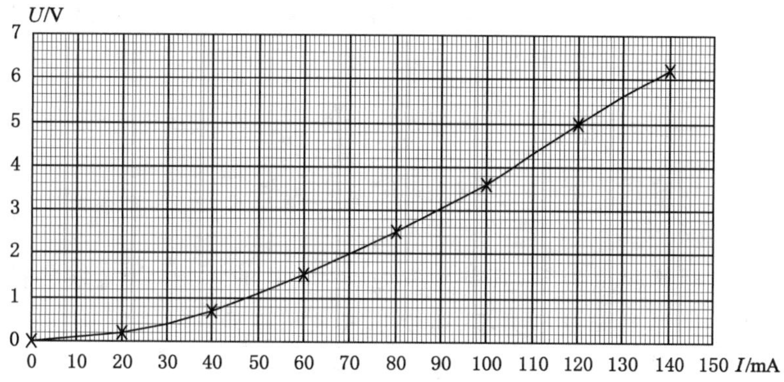

图 1-5-1 按平滑规律变化连线

（小灯泡伏安特性曲线）

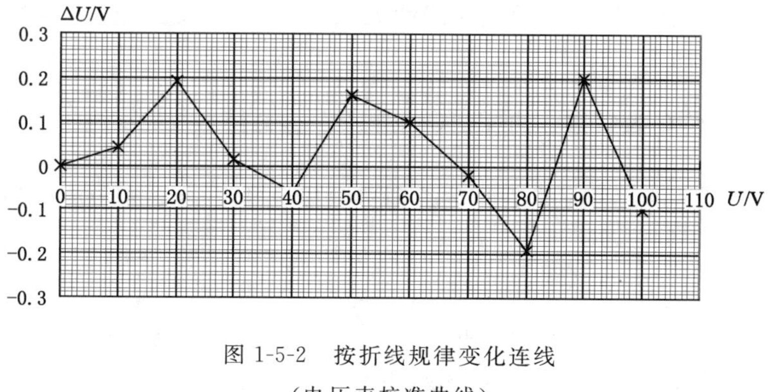

图 1-5-2 按折线规律变化连线

（电压表校准曲线）

2. 图解法

图解法就是根据实验数据所作好的图线，用解析法找出相应的函数形式，如线性函数、二次函数、幂函数等，并求出其函数的参数，得出具体的方程式。特别是当图线是直线时，采用此法更为方便。

（1）直线图解法

① 取点

在直线上任取两点 $A(x_1, y_1)$，$B(x_2, y_2)$，其坐标值最好是整数值。用“Δ”符号表示所取的点，与实验点相区别。一般不要取原实验点。所取两点在实验范围内应尽量彼此分开一些，以减小误差。

② 求斜率 k

在坐标纸的适当空白的位置，由直线方程 $y=kx+b$，写出斜率的计算公式：

$$k=\frac{y_2-y_1}{x_2-x_1} \tag{1-5-1}$$

将两点坐标值代入式(1-5-1)，写出计算结果。

③ 求截距 b

如果横坐标的起点为零，其截距 b 为 $x=0$ 时的 y 值，其直线的截距即由图上直接读出。如果起点不为零，可由下式求出截距：

$$b=\frac{x_2y_1-x_1y_2}{x_2-x_1} \tag{1-5-2}$$

（2）曲线的改直

在实际工作中，许多物理量之间的函数关系形式是复杂的，并非都为线性，但是可以经过适当变换后成为线性关系，即把曲线变成直线，这种方法叫曲线改直。例如：

① $PV=C$，C 为常数。由 $P=C\dfrac{1}{V}$作 P—$\dfrac{1}{V}$图得直线，斜率即为 C。

② $S=v_0t+\dfrac{1}{2}at^2$，v_0，a 为常数。两边除以 t 得：$\dfrac{S}{t}=v_0+\dfrac{1}{2}at$，作$\dfrac{S}{t}$—$t$ 图为直线，其斜率为$\dfrac{1}{2}a$，截距为 v_0。

③ $y=ax^b$，a，b 为常数。两边取对数，得 $\lg y=\lg a+b\lg x$，以 $\lg y$ 为横坐标，$\lg y$ 为纵坐标作图得一直线，截距为 $\lg a$，斜率为 b。

3．作图法的优点

直观：这是作图法的最大优点之一，可根据曲线形状，很直观很清楚地表示在一定条件下某一物理量与另一物理量之间的相互关系，找出物理规律。

简便：在测量精度要求不高时，由曲线形状探索函数关系，作图法比其他数据处理方法要简便。

可以发现某些测量错误：若在曲线上个别点偏离特别大，可提醒人们重新核对。

在图线上，可以直接读出没有进行测量的对应于某 x 的 y 值（内插法）。在一定条件下，也可以从图线的延伸部分读出测量数据范围以外的点（外推法）。

但也应看到作图法有其局限性。特别是受图纸大小的限制，不能严格建立物理量之间函数关系，同时受到人为主观性进行的描点、连线的影响，不可避免地会带来误差。

三、逐差法

逐差法是对等间距测量的有序数据进行逐项或相等间隔项相减得到结果的一种方法。它计算简便，并可充分利用测量数据及时发现差错，总结规律，是物理实验中常用的一种数据处理方法。

1. 逐差法的使用条件

（1）自变量 x 是等间距变化的。

（2）被测的物理量之间的函数形式可以写成 x 的多项式，即 $y=\sum\limits_{m=0}^{m} a_m x^m$。

2. 逐差法的应用

以拉伸法测弹簧的倔强系数为例，说明如下：

设实验中等间隔地在弹簧下加砝码（如每次加 1 g），共加 9 次，分别记下对应的弹簧下端点的位置 $L_0, L_1, L_2, \cdots, L_9$，则可用逐差法进行以下处理。

（1）验证函数形式是线性关系

把所测的数据逐项相减，即：

$$\Delta L_1 = L_1 - L_0$$
$$\Delta L_2 = L_2 - L_1$$
$$\cdots$$
$$\Delta L_9 = L_9 - L_8$$

看 $\Delta L_0, \Delta L_1, \Delta L_2, \cdots, \Delta L_9$ 是否基本相等。当 ΔL_i 均基本相等时，就验证了外力与弹簧的伸长量之间的函数关系是线性的，即：

$$F = k\Delta L$$

用此法可检查测量结果是否正确，但注意的是必须要逐项逐差。

(2) 求物理量数值

计算每加 1 g 砝码时弹簧的平均伸长量：

$$\Delta\overline{L}=\frac{\Delta L_1+\Delta L_2+\Delta L_3+\cdots+\Delta L_9}{9}$$

$$=\frac{(L_1-L_0)+(L_2+L_1)+(L_3-L_2)+\cdots+(L_9-L_8)}{9}$$

$$=\frac{L_9-L_0}{9}$$

从上式可看出，中间的测量值全部抵消了，只有始末两次测量值起作用，与一次加 9 g 砝码的测量完全等价。

为了保证多次测量的优点，只要在数据处理方法上作一些组合，仍能达到多次测量来减小误差的目的。因此，一般使用逐差法的规则应用如下方法：

通常可将等间距所测量的值分成前后两组，如前一组为 L_0、L_1、L_2、L_3、L_4，后一组为 L_5、L_6、L_7、L_8、L_9，将前后两组的对应项相减为：

$$\Delta L_1{}'=L_5-L_0$$

$$\Delta L_2{}'=L_6-L_1$$

$$\cdots$$

$$\Delta L_5{}'=L_9-L_4$$

再取平均值：

$$\overline{\Delta L'}=\frac{1}{5}[(L_5-L_0)+(L_6-L_1)+\cdots+(L_9-L_4)]$$

$$=\frac{1}{5}\sum_{i=0}^{4}(L_{5+i}-L_i)$$

由此可见，与上面一般求平均值方法不同，此时每个数据都用上了。但应注意，这里的$\overline{\Delta L'}$是增加 5 g 砝码时弹簧的平均伸长量。故对应项逐差可以充分利用测量数据，具有对数据取平均和减小误差的效果。

四、最小二乘法

由一组实验数据找出一条最佳的拟合直线(或曲线)，常用的方法是最小二乘法。所得的变量之间的相关函数关系称为回归方程。因此，最小二乘法线性拟合亦称为最小二乘法线性回归。本书只讨论用最小二乘法进行一元线性回归问题，有关多元线性回归和非线性回归，请参考其他书籍。

1. 一元线性回归

最小二乘法所依据的原理是：在最佳拟合直线上，各相应点的值与测量值之差的平方和应比在其他拟合直线上的都要小。

假设所研究的变量只有两个：x 和 y，且它们之间存在着线性相关关系，是一元线性方程：

$$y = A_0 + A_1 x \tag{1-5-3}$$

实验测量的一组数据是：

$$x: x_1, x_2, x_3, \cdots, x_m$$

$$y: y_1, y_2, y_3, \cdots, y_m$$

需要解决的问题是，根据所测得的数据，如何确定式(1-5-3)中的常数 A_0 和 A_1。实际上，相当于作图法求直线的斜率和截距。

由于实验点不可能都同时落在式(1-5-3)表示的直线上，为使讨论简单起见，限定：

(1) 所有测量值都是等精度的。只要实验中不改变实验条件和方法，这个条件就可以满足。

(2) 只有一个变量有明显的随机误差。因为 x_i 和 y_i 都含有误差，把误差较小的一个作为变量 x，就可满足该条件。

假设式(1-5-3)中的 x 和 y 是在等精度条件下测量的，且 y 有偏差，记作 $\varepsilon_1, \varepsilon_2, \varepsilon_3, \cdots, \varepsilon_m$。

把实验数据 $(x_1, y_1), (x_2, y_2), \cdots, (x_m, y_m)$ 代入式(1-5-3)得：

$$\begin{cases} \varepsilon_1 = y_1 - y = y_1 - A_0 - A_1 x_1 \\ \varepsilon_2 = y_2 - y = y_2 - A_0 - A_1 x_2 \\ \qquad\qquad \vdots \\ \varepsilon_m = y_m - y = y_m - A_0 - A_1 x_m \end{cases}$$

其一般式为：

$$\varepsilon_i = y_i - y = y_i - A_0 - A_1 x_i \tag{1-5-4}$$

ε_i 的大小与正负表示实验点在直线两侧的分散程度，ε_i 的值与 A_0、A_1 的数值有关。根据最小二乘法的思想，如果 A_0、A_1 的值使 $\sum_{i=1}^{m} \varepsilon_i^2$ 最小，那么，式(1-5-3)就是所拟合的直线，即由式：

$$\sum_{i=1}^{m}\varepsilon_i^2 = \sum_{i=1}^{m}(y_i - A_0 - A_1x_i)^2 \tag{1-5-5}$$

对 A_0 和 A_1 求一阶偏导数，且使其为零得：

$$\begin{cases}\dfrac{\partial}{\partial A_0}\left(\sum\limits_{i=1}^{m}\varepsilon_i^2\right) = -2\sum\limits_{i=1}^{m}(y_i - A_0 - A_1x_i) = 0 \\ \dfrac{\partial}{\partial A_1}\left(\sum\limits_{i=1}^{m}\varepsilon_i^2\right) = -2\sum\limits_{i=1}^{m}[(y_i - A_0 - A_1x_i)x_i] = 0\end{cases} \tag{1-5-6}$$

令 $\overline{x}$ 为 x_i 的平均值，即 $\overline{x} = \dfrac{1}{m}\sum\limits_{i=1}^{m}x_i$，$\overline{y}$ 为 y_i 的平均值，即 $\overline{y} = \dfrac{1}{m}\sum\limits_{i=1}^{m}y_i$，$\overline{x^2}$ 为 x_i^2 的平均值，即 $\overline{x^2} = \dfrac{1}{m}\sum\limits_{i=1}^{m}x_i^2$，$\overline{xy}$ 为 x_iy_i 的平均值，即 $\overline{xy} = \dfrac{1}{m}\sum\limits_{i=1}^{m}x_iy_i$，代入式(1-5-6)得：

$$\begin{cases}\overline{y} - A_0 - A_1\overline{x} = 0 \\ \overline{xy} - A_0\overline{x} - A_1\overline{x^2} = 0\end{cases}$$

解方程组得：

$$\begin{cases}A_1 = \dfrac{\overline{xy} - \overline{x}\cdot\overline{y}}{\overline{x^2} - \overline{x}^2} \\ A_0 = \overline{y} - A_1\overline{x}\end{cases} \tag{1-5-7}$$

2. 把非线性相关问题变换成线性相关问题

在实际问题中，当变量间不是直线关系时，可以通过适当的变量变换，使不少曲线问题转化成线性相关的问题。需要注意的是，经过变换等精度的限定条件不一定满足，会产生一些新的问题。遇到这类情况应采取更恰当的曲线拟合方法。

下面举几例说明：

(1) 若函数为 $x^2+y^2=C$，其中，C 为常数，令：

$$X = x^2, Y = y^2$$

则有：

$$Y = C - X$$

(2) 若函数为 $y=\dfrac{x}{a+bx}$，其中，a、b 为常数，将原方程化为 $\dfrac{1}{y}=b+\dfrac{a}{x}$，令：

$$Y=\frac{1}{y},x=\frac{1}{x}$$

则有：

$$Y=b+aX$$

3. 相关系数 r

以上所讨论的都是实验在已知的函数形式下进行时，由实验的测量数据求出回归方程。因此，在函数形式确定以后，用回归法处理数据，其结果是唯一的，不会像作图法那样因人而异。可见，用回归法处理问题的关键是函数形式的选取。

但是当函数形式不明确时，要通过测量值来寻求经验公式，只能靠实验数据的趋势来推测。对同一组实验数据，不同的人可能会取不同的函数形式，得出不同的结果。

为了判断所得结果是否合理，在待定常数确定以后，还需要计算一下相关系数 r。对于一元线性回归，r 定义为：

$$r=\frac{\overline{xy}-\overline{x}\cdot\overline{y}}{\sqrt{(\overline{x^2}-\overline{x}^2)(\overline{y^2}-\overline{y}^2)}} \tag{1-5-8}$$

相关系数 r 的数值大小反映相关程度的好坏。可以证明，$|r|$ 的值介于 0～1，$|r|$ 值越接近于 1，说明实验数据能密集在求得的直线附近，x、y 之间存在着线性关系，用线性函数进行回归比较合理；如果 $|r|$ 值远小于 1 而接近 0，说明实验数据相对求得的直线很分散，x、y 之间不存在线性关系，即用线性回归不妥，必须用其他函数重新拟合。在物理实验中，一般当 $|r|\geqslant 0.9$ 时，就认为两个物理量之间存在较密切的线性关系。

【例】 为确定电阻随温度变化的关系式，测得不同温度下的电阻值如表 1-5-2所示，试用最小二乘法确定关系式 $R=a+bt$。

表 1-5-2　　R—t 对应数值表

t/℃	19.1	25.0	30.1	36.0	40.0	45.1	50.0
R/Ω	76.30	77.80	79.75	80.80	82.35	83.90	85.10

解：(1) 列表(表 1-5-3，算出 $\sum t_i$、$\sum R_i$、$\sum t_i^2$、$\sum R_it_i$)

表 1-5-3　　最小二乘法处理数据表

n	t/℃	R/Ω	t^2/℃^{2}	$R\cdot t$/(Ω·℃)
1	19.1	76.30	365	1 457
2	25.0	77.80	625	1 945
3	30.1	79.75	906	2 400
4	36.0	80.80	1 296	2 909
5	40.0	82.35	1 600	3 294
6	45.1	83.90	2 034	3 784
7	50.0	85.10	2 500	4 255
$n=7$	$\sum_{i=1}^{7} t_i = 245.3$	$\sum_{i=1}^{7} R_i = 566.00$	$\sum_{i=1}^{7} t_i^2 = 9\ 326$	$\sum_{i=1}^{7} R_i t_i = 20\ 044$

(2) 由表 1-5-3 可得

$$\bar{t} = \frac{\sum_{i=1}^{n} t_i}{n} = \frac{245.3}{7} = 35.04\ (℃)$$

$$\overline{R} = \frac{\sum_{i=1}^{n} R_i}{n} = \frac{566.00}{7} = 80.857\ (\Omega)$$

$$\overline{t^2} = \frac{\sum_{i=1}^{n} t_i^2}{n} = \frac{9\ 326}{7} = 1\ 332.3\ (℃^2)$$

$$\overline{Rt} = \frac{\sum_{i=1}^{n} R_i t_i}{n} = \frac{20\ 044}{7} = 2\ 863.4(\Omega \cdot ℃)$$

a,b 的最佳值 $\hat{a}$,$\hat{b}$ 为：

$$\hat{a} = \frac{\bar{t}\cdot\overline{Rt} - \overline{R}\cdot\overline{t^2}}{\bar{t}^2 - \overline{t^2}} = \frac{35.04 \times 2\ 863.4 - 80.857 \times 1\ 332.3}{35.04^2 - 1\ 332.3} = 70.71\ (\Omega)$$

$$\hat{b} = \frac{\bar{t}\cdot\overline{R} - \overline{Rt}}{\bar{t}^2 - \overline{t^2}} = \frac{35.04 \times 80.857 - 2\ 863.4}{35.04^2 - 1\ 332.3} = 0.289\ 5\ (\Omega/℃)$$

(3) 待求关系式

$$R = (70.71 + 0.289\ 5t)\Omega$$

思　考　题

（1）回答下列问题：

① 误差和标准偏差有何联系与区别？

② 标准偏差和不确定度有何联系与区别？

③ 被测量的真值是不可知的，但在测量之后对真值有何了解？

④ 如果在相同条件下多次测量的结果都相同，测量结果有无误差？

（2）下列各量是几位有效数字？

① 地球平均半径 $R=6\ 371.22$ km；

② $t=2.001\ 0$ s；

③ 真空中的光速 $c=299\ 792\ 458$ m/s；

④ $l=0.000\ 58$ cm；

⑤ 地球到太阳的平均距离 $s=1.496\times10^{8}$ km；

⑥ 2.9×10^{23} J。

（3）求下列各式的不确定度传递（合成）公式：

$$V=\frac{4}{3}\pi R^3$$

$$\rho=\frac{m_1}{m_1+m_2}\rho_0$$

（4）用一级千分尺测量一小球的直径，测得数据如下：

d_i(mm)：10.000，9.998，10.003，10.002，9.997，10.001，9.998，9.999，10.004，9.997

计算直径的算术平均值、标准误差、相对误差以及正确表达测量结果。

（5）一个圆柱体，测得其直径为 $d=10.987\pm0.006$ mm，高度为 $h=4.526\pm0.005$ cm，质量为 $m=149.106\pm0.006$ g，计算该圆柱体的密度、标准误差、相对误差以及正确表达测量结果。

（6）计算下列各式的绝对误差、相对误差以及正确表达测量结果。

$$R=\frac{L_1}{L_2}R_x,L_1=25.00\pm0.05\text{ cm},L_2=75.00\pm0.05\text{ cm},R_x=158.0\pm0.8\ \Omega$$

（7）按照误差理论和有效数字运算规则，改正下列错误。

① $N=(10.800\pm0.2)$ cm；

② 0.287 0 有五位有效数字，而另一种说法为有三位有效数字，请纠正，并说明理由；

③ 28 cm＝280 mm，280 mm＝28 cm；

④ $L=(28\ 000\pm 8\ 000)$ mm；

⑤ $0.022\ 1\times 0.221=0.000\ 488\ 41$；

⑥ $\dfrac{400\times 1\ 500}{12.60\times 11.60}=600\ 000$。

(8) 试利用有效数字运算规则计算下列各式。

① $1.048+0.3$； ② $98.754+1.3$；

③ $2.0\times 10^{5}+2\ 345$； ④ $2.0\times 10^{-5}+2\ 345$；

⑤ $2.00\times 10^{5}+2\ 345$； ⑥ $170.50-2.5$；

⑦ 111×0.100； ⑧ $237.5\div 0.10$；

⑨ $\dfrac{76.000}{40.00-2.0}$； ⑩ $\dfrac{50.00\times(18.30-10.3)}{(103-3.0)\times(1.00+0.001)}$。

(9) 将下列数字写成科学表达式：

$$299\ 300,983\pm 4,0.004\ 521\pm 0.000\ 001,5\ 420\times 10^{8},$$
$$32\ 476\times 10^{5},6\ 700,0.004\ 00$$

(10) 计算下列函数有效数的结果。

① $x=3.14$，$e^{x}=?$ ② $x=3\times 10^{-5}$，$10^{x}=?$ ③ $x=5.48$，$\sqrt{x}=?$ ④ $x=9.80$，$\ln x=?$

(11) 实验测得在容器体积不变的情况下，不同温度的气体压强如表 1 所示，请用图示法表示。

表 1　　测量数据

温度 t/℃	20.0	30.0	40.0	50.0	60.0	70.0	80.0	90.0
压强 p/(cmHg)	82.0	85.0	90.0	94.0	97.0	100.0	103.0	106.6

(12) 用伏安法测电阻数据如表 2 所示，试用直角坐标纸作图，并求出 R 值。

表 2　　测量数据

U/V	1.00	2.00	3.00	4.00	5.00	6.00	7.00	8.00
I/mA	2.00	4.01	6.05	7.85	9.70	11.83	13.75	16.02

(13) 两组测量数据如表 3 和表 4 所示，用最小二乘法求出 $y=A_0+A_1x$

中的 A_0、A_1 并评价相关程度。

表 3　　　　测量数据

i	1	2	3	4	5	6	7
x_i	2.0	4.0	6.0	8.0	10.0	12.0	14.0
y_i	14.34	16.35	18.36	20.34	22.39	24.38	26.33

表 4　　　　测量数据

i	1	2	3	4	5	6	7
x_i	20.0	30.0	40.0	50.0	60.0	70.0	80.0
y_i	5.45	5.66	5.96	6.20	6.45	6.86	7.01

第二章 物理实验的基本测量方法与操作技术

第一节 基本测量方法

物理测量是泛指以物理理论为依据，以实验仪器、装置及实验技术为手段进行测量的过程。其内容广泛，涉及物理学领域许多物理量的测量。测量方法也不同。在此，仅介绍物理实验中遇到的几种基本测量方法，有些方法之间存在必然的联系。

一、比较测量法

比较测量法是物理实验中最普遍、最基本的测量方法，它是将待测量与标准量进行比较来确定测量值的。测量装置称为比较系统。因比较方式不同，又可分为"直接比较法"和"间接比较法"两种。

1. 直接比较法

直接比较法是将待测量与同类物理量的标准量具直接比较、测量的方法，如用米尺测长度、用天平测质量、利用平衡法（如电位差计、电桥等）通过和标准电压或标准电阻的比较测电压或电阻等。直接比较法特点是标准量与待测量之间的量纲相同，且简便实用、准确，它几乎存在于一切物理量测量中。但它也有一定的局限性，即要求标准量必须与待测量有相同的量纲且大小可比，例如，用米尺可以测定桌椅的尺寸，却不能测量原子的间距。

直接比较法的测量精度取决于标准量具（或测量仪器）的准确度。因此，标准量具和测量仪器一定要定期校准，还要按照规定条件使用，否则就会产生很大的系统误差。

2. 间接比较法

很多待测量是无法直接比较的，只能通过间接比较的方法进行测量，即设法利用某些关系将它们转换成能够直接比较的物理量进行间接比较。如电流表、电压表均采用电磁力矩与游丝力矩平衡时，电流大小与电流表指针的偏转角度之间有一一对应关系而制成；温度计采用物体体积膨胀与温度的关系制成。虽然它们能直接读出结果，但根据其测量原理应属间接比较。间接比较法是直接比较法的延续与补充。

二、放大测量法

当待测量或待测信号数值过于小而无法测准时，可以通过某种途径将其放大再进行测量。这种方法称为放大法。由于待测物理量的不同，放大的原理和方法也不同，常用的放大法有以下几种：

1. 累积(计)放大法

一根很细的金属丝，要直接用毫米尺测出它的直径是很困难的。此时，可以把它密绕在一个光滑且直径均匀的圆柱体上。用毫米尺测量 n 匝的长度 L，则 L/n 就是细丝的直径，n 就是放大倍数。再如，测定单摆振动周期时，测 1 次摆动时，$t=T$，测量误差为 $\Delta T=\Delta t$，即周期的测量误差等于秒表的误差；而测 100 次摆动时，$t=100T$，周期的误差则为 $\Delta T=\Delta t/100$，由于增加了摆动次数，虽然计时仪器误差 Δt 并未改变，但是周期的测量误差却大为降低，因而提高了测量准确度。另外，测量劈尖干涉条纹间距或光栅常数 L 时，可以测量 n 个条纹或光栅常数的长度 $L=nL$，从而得到干涉条纹间距或光栅常数。以上几种方法都有先决条件，即细丝的直径必须均匀；每次摆动的周期必须相同；干涉条纹间距或光栅常数均匀。这种方法即称为累积(计)放大法。

2. 机械放大法

机械放大是利用机械原理及相应的装置将待测量进行放大测量的方法。例如，螺旋测微计由主尺与鼓轮组成，测长就是将沿螺距的移动转化为沿周长的移动。若螺距为 0.5 mm，鼓轮上划分 50 格，则放大倍数为 100 倍。由于放大作用提高了测量仪器的分辨率，由 1.0 mm 提高到 0.01 mm，从而提高了测量准确度。游标卡尺也是利用放大原理，将主尺上的 1.0 mm 放大为游标上的 n 格，n 一般为 10、20 和 50，仪器的分辨率分别提高到 0.1 mm、0.05 mm、0.02 mm。而迈克尔逊干涉仪则是将游标放大和螺旋放大结合起来，位移分辨率可达0.000 1 mm，从而实现了精密测量。

3. 电学放大法

借助于电路或电子仪器将微弱的电信号放大后进行测量，就是电学放大法。电学放大中有直流放大和交流放大，有单级放大和多级放大，放大率可以远高于其他放大方式。为了避免失真，要求电学放大的过程应尽可能是线性放大，还要求抗外界干扰（温度、湿度、振动、电磁场影响）性能好，工作稳定，不发生漂移。

4. 光学放大法

光学中利用透镜和透镜组的放大构成各种光学仪器，既可“望远”，又可“显微”，这已成为精密测量中必不可少的工具。光学显微镜就是光学放大仪器的典型例子，它的放大倍数最高可以达到 1 000 倍左右。除了直接进行光学放大外，也可以利用光学原理进行转换放大，后面章节中将要介绍的“光杠杆法”就是一例。

三、平衡测量法

“平衡”是物理学上的一个重要概念。利用满足某种平衡条件实现对物理量的测量就称为平衡测量法。例如，天平利用力学平衡原理实现了物体质量的测量；单臂电桥利用电流、电压等电学量之间的电学平衡，可以测量电阻。同样，稳态法也是平衡法在物理测量中的具体应用，是物理实验经常采用的测量方法。当物理系统处于静态或处于动态平衡时，系统内的各项参数不随时间变化。利用这一状态进行测量就是稳态测量。例如，在不良导体的导热系数测定时，只有在稳定条件下，才满足导热速率等于散热速率这一关系，这是稳态法测导热系数的基本条件。

四、补偿测量法

若某测量系统受某种作用产生 A 效应，同时受另一种同类作用产生 B 效应，如果 B 效应的存在使 A 效应显示不出来，就叫 B 对 A 进行了补偿。利用这一原理进行物理测量就称为补偿测量法。补偿方法大多用在补偿测量和补偿校正系统误差两个方面，往往与比较法结合使用。

完整的补偿测量系统由待测量装置、补偿装置、测量装置和指零装置组成。待测装置产生待测效应，要求待测量尽量稳定，便于补偿。补偿装置产生补偿效应，要求补偿量值准确达到设计精度。测量装置将待测量与补偿量联系起来进行比较。指零装置是一个比较仪器，由它来显示待测量与补偿量是否达到完全补偿。例如，电位差计利用电压补偿法可以精确测定未知电势差或电压。

另外，在某些测量中，由于存在某些不合理因素而产生系统误差，且无法排除，于是人们想办法制造另一种因素去补偿不合理因素的影响，使得这种影响减弱、消失或对测量结果无影响，这个过程就是用补偿法校正系统误差。例如，箱式电位差计中温度补偿，迈克尔逊干涉仪中的光路补偿等。

五、模拟测量法

模拟测量法是以相似理论为基础，把不能或不易测量的物理量用与之类似的模拟量进行替代测量。一般可以分为以下几种：

1. 物理模拟法

物理模拟是在相同物理本质的前提下，对物理现象或过程的模拟。如航空、航天飞行器研究中的风洞实验，可以模拟出一个与实际情况相同的大气环境；水洞可以从事水动力学方面的模拟实验等。这种方法的特点是在较短的时间内，以较小的代价，方便可靠地取得有关数据。

2. 数学模拟法

数学模拟法又称为类比法，这种模拟的模型与原型在物理形式上和实质上可能毫无共同之处，但它们却遵循着相同的数学规律。例如，机电（力电）类比中，力学的共振与电学的共振虽然不同，但它们却有相同的二阶常微分方程，声电类比也是如此。在物理实验中，静电场既不易获得，又易发生畸变，很难直接测量，可以用稳恒电流场来模拟静电场。

随着计算机技术的不断发展和应用，用计算机进行的模拟实验越来越多，并且能够有效地将两种模拟方法相结合，取得更好的结果。

六、转换测量法

转换测量法是根据物理量之间的各种效应和定量函数关系，利用变换原理将不能或不易测量的物理量转换成能测或易测的物理量。由于物理量之间的关系是多种多样的，物理效应丰富多彩，因此有各种不同的转换法。随着科学技术的不断发展，这种方法已经渗透到各学科领域。科学实验能够不断地向高精度、宽领域、快速测量、遥感测量和自动化测量发展，这一切与转换测量密切相关。

转换测量法实际上是间接测量法的具体应用，一般分成参量转换和能量转换两大类。

1. 参量转换法

参量转换法是利用各物理量之间的函数关系进行的间接测量。例如，伏安法测电阻、单摆测量重力加速度，以及前面讲到的间接比较法大都属于此类。

2. 能量换测法

与参量转换不同，能量换测是将一种形式转换为另一种形式的物理量之间的对应关系所进行的测量。这种方式在物理实验中大量存在，其中应用最多的是非电量的电测技术，实现转换的主要部件是传感器(有时称换能器)。例如，在"超声声速的测量"实验中，利用压电换能器将电信号转换为压力变化产生超声波发射，又利用其逆变化将接收的声波信号转换回电信号在示波器上显示，由此测定声音在空气中的传播速度，这种变化称为压电转换；在"固体材料线膨胀系数的测量"实验中，利用霍耳元件的霍耳效应，可以将磁感应强度转换为电流、电压或其他电学量，这种转换称为磁电转换；"测量不良导体导热系数"实验中的热电偶和"热敏电阻数字温度计的设计与制作"实验中的热敏电阻，都可以将温度变化转化为电学量，从而实现对温度的测量，这种变化称为热电转换；"光电效应测量普朗克常数"实验中的光电管及"气垫导轨实验"中的光电二极管等，可以将光信号转换为电信号，实现光电转换。非电量的电测技术及各种类型的传感器已经发展成多个专门学科，在科研、生产各个领域获得了广泛的应用。

本章介绍了几种基本实验方法，但是每一种方法都不是孤立的，有些实验中可能是多种方法的结合，大家一定要在大学物理实验学习阶段善于总结，注意它们之间的联系，学会灵活运用和综合使用，以便在今后的工作中有所发明、创造。

第二节　基本操作技术

一、基本调整技术

使用仪器、仪表和装置测量之前，应首先对这些设备的工作状态进行调整，以达到最佳状态。这样才能将设备装置产生的系统误差减小到最低限度，保证测量结果的准确性和有效性。

1. 零位调整

在测量之前应首先检查各仪器的零位是否正确。虽然仪器出厂时已经校准，但由于搬运、使用磨损或环境的变化等原因，其零位往往会发生变化。

如果实验前未检查、校准，测量结果中将人为地引入系统误差。

零位校准时，如果测量仪器本身有零位校准器（如电表等），可直接进行调整，使仪器在测量前处于零位。如仪器零位不准，且无法调整、校准（如磨损了的米尺、游标卡尺、螺旋测微计等），则需在测量前记录初读数，以备在测量结果中加以修正。

2．水平、铅直调整

物理实验所用的仪器或装置中，有些需进行水平或铅直调整，如平台的水平、支柱的铅直等。大部分需调整的仪器或装置自身装有水准仪或悬锤，底座有两个或三个（排成等边或等腰三角形）可调节的螺丝，只需调节螺丝，使水准仪的气泡居中或铅锤的锤尖对准底座上的座尖，即可达到调整要求。对有些没有水准仪或铅锤的仪器，需要调节水平或铅直时，可用自身装置进行调整，如焦利秤可以通过调整底座螺丝使悬镜处在玻璃的中间等。

对于既没有配置水平仪又不能用自身装置来调整水平的仪器，可选用相应的水准仪来调整。如用长方形水准仪来调整一般的平面，可在互相垂直的两个方向上调整；用圆形水准仪，可较方便地调整较小的圆形平面，例如三线摆的上下圆盘、分光计的载物平台等。

3．消除视差的调整

使用仪器测量读取数据时，会遇到读数准线（如电表的指针、光学仪器中的叉丝等）与标尺平面不重合的情况，这时观察者的眼睛在不同方位读数时，得到的示值就会有一定的差异，这就是视差。

有无视差可根据观察者在调整仪器或读取示值，眼睛上下或左右稍稍移动时，观察标线与标尺刻线间是否有相对移动来判断。要避免视差的出现，一般仪器仪表在读数时应做到正面垂直观测。如精密的电表在刻度盘下有平面反射镜，读数时只有垂直正视，指针和其平面镜中的像重合时，读出的标尺上的示值才是无视差的正确数值。

在光学实验中，消除视差是测量前必不可少的操作步骤。对于测量用光学仪器，如测微目镜、望远镜、读数显微镜等，这些仪器在其目镜焦平面内侧装有作为读数准线的十字叉丝（或是刻有读数准线的玻璃分划板）。当用这些仪器观测待测物体时，有时会发现随着眼睛的移动，物体的像和叉丝或分划板间有相对位移，这说明两者之间有视差存在。调节目镜（包括叉丝）与物镜的距离，边调节边稍稍移动眼睛观察，直到叉丝与物体所成的像之间基本无相对移动，则说明被测物体经物镜成像到叉丝所作的平面上，视差消除。

4. 等高共轴调整

在由两个或两个以上的光学元件组成的实验系统中，为获得高质量的像，满足近轴成像条件，必须使各光学元件的主光轴重合，这就需要在观测前进行共轴调整。

调整可分两步进行。首先可进行目测粗调，把光学元件和光源的中心都调到同一高度，同时要求调节各光学元件相互平行。此时，各光学元件的光轴已接近重合。然后，依据光学成像的基本规律来细调。调整可根据自准直法、二次成像法（共轭法）等，利用光学系统本身或借助其他光学仪器来进行。

为了读数准确，还需把光轴调整得与光具座平行，即各光学元件与光具座等高且光学元件中心截面与光具座垂直。

5. 平衡调节——逐次逼近法

仪器的调整都需经过仔细的反复调节，才能达到预期目的。依据一定的判据，由粗及细逐次缩小调整范围，快捷而有效地获得所需状态的方法，称为逐次逼近调节法。物理实验中常采用"逐次逼近法"进行调整，特别是运用零示法的实验或零示仪器，如天平测质量、电位差计测电压或电动势、电桥测电阻等实验。在光路共轴调节、分光计调节中也要用到。

二、基本操作技术

1. 先定性、后定量原则

实验前，通过预习实验内容，对使用的仪器设备都已经有所了解，在进行实验时，不要急于获取实验结果，而是采取"先定性、后定量"的原则进行实验。具体做法是：仪器调整好，在进行定量测定前，先定性地观察实验变化的全过程，了解物理量的变化规律。对于有函数关系的两个或多个物理量，要注意观察一个量随其他量改变而变化的情况，得到函数曲线的大致图形，在定量测试时，可根据曲线变化趋势分配测量间隔，曲线变化平缓处，测量间隔大些，变化急剧处，测量间隔应小些。这样采用由不同测量间隔测得的数据作图就比较合理。

2. 电学实验的基本操作

电学实验需要电源、电气仪表、电子仪器等，许多仪表都很精密，实验中既要完成测试任务，又要注意人身安全和仪器的安全，为此应注意以下几个方面。

(1) 安全用电

实验中常用电源有 220 V 交流电和 0～30 V 直流电，有的实验电压高达上万伏，一般人体接触 36 V 以上的电压就会有触电的危险，因此，实验中一定要注意用电安全，不要随意移动电源，接、拆线路时应先关闭电源，测试中不要触摸仪器的高压带电部位，能单手操作的，不要双手操作。

（2）合理布局

实验前对实验线路进行分析，按实验要求安排布置仪器，布局应遵循“便于连线与操作，易于观察，保证安全”的原则。需经常操作和读数的仪器放在面前，开关应放在便于使用的位置。

（3）正确接线

接线前应先将开关断开，弄清电源及直流电表的“＋”、“－”极性，然后从电源的正极开始，从高电位到低电位依次连接。如果电路比较复杂，可分成几个回路，应按电路图的逐个回路接线，一个分回路接完后再接另一个分回路。例如，对于图 2-2-1 所示的电路，可以分为 6 个回路（①～⑥），连线时应从①回路开始，依次连接到⑥回路。连线时，要合理分配每个接线端上的导线，注意利用等势点，以使每个接线端的线尽量少，还要注意接头要旋紧。电路接线完成通电之前，必须进行复查，确认电路无误，经指导教师检查同意后，才可接通电源进行实验。

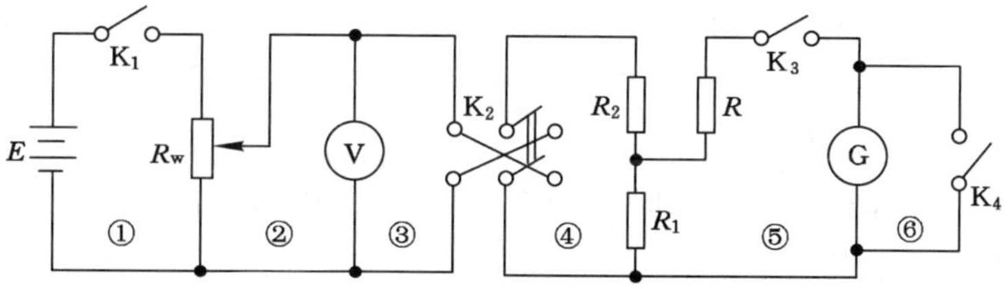

图 2-2-1　正确接线方法示意图

（4）通电实验

通电实验前，各器件同时要调节到安全位置。如不知电压或电流大小时，电表应取最大量程，分压器应调到输出电压最小的位置，限流器的阻值要调到最大等。

接通电路的顺序为：先接通电源，再接通测试仪器（如示波器等）；断电时顺序相反。其目的是以防电源通或断时因含有感性元件产生瞬间高压损坏仪器。接通电源时，应关注所有仪器和元件，发现异常应立即切断电源，进行排查。实验过程中要暂停实验或改接电路时，必须断开电源。

（5）断电与拆线

实验完成后，经教师检查数据，合格后，先切断电源，再拆除线路，拆线要按与接线相反的顺序进行。同时要整理好仪器，并注意将仪器回复到原来状态。有零点保护的仪器（如灵敏检流计）要置于保护状态（开关扳至短路档）。

3. 光学实验操作技术

（1）光学仪器的使用

光学仪器是精密仪器，其机械部分大都经过精密加工，易损坏，有些仪器结构复杂，使用之前需进行仔细调整，操作时动作要轻缓，用力均匀平稳，以达到最佳使用状态。仪器应在通风、干燥和洁净的环境中使用和保存，以防受潮后发霉、受腐蚀。对长期搁置不用或备用的仪器，要按仪器说明妥善保管，并定期进行保养。

光学元件大部分都是特种玻璃经过精密加工制成，光学面经过精细抛光，表面光洁（如三棱镜），有些元件表面有均匀镀膜（如平面反射镜），在使用时要防止磕、碰、打碎，取放时手不要接触光学面，避免擦、划、污损表面。若光学元件表面不洁，需根据元件表面的具体情况，或用镜头纸，或用无水乙醇、乙醚等来处理，切忌哈气、手擦等违规操作。光学仪器、元件平时要注意防尘。

对于光学实验所用的各种光源，实验前应了解其性能、正确使用，光源的高压电源要注意防护。高亮度的光源不要直视，特别是激光，绝对不要用眼睛正视，以防灼伤眼睛。

在暗房工作，各种器皿、药品要按固定位置摆放，不能随意放置，以防用错药品，造成操作失误。

以上几条只是一般光学仪器和元件使用时应注意的问题。随着科学技术的发展，实验仪器、设备不断更新，对于特殊的光学仪器和元件，操作技术会有特殊要求，使用与保管时应具体问题具体对待。

（2）成像位置的判断

光学实验中，有时要根据成像位置完成物理量的测量，这时对成像位置的准确判断是很重要的，例如，透镜焦距的测量实验中，需要测量物距、像距，才能计算出焦距。根据透镜成像规律，像与物之间是共轭的，只有在共轭像平面上才能得到理想的像。要准确地确定共轭像面位置，必须有意识地找出焦深范围，即前后移动光屏，找到像开始变模糊的前后两个位置，两个位置之间的距离即为焦深。焦深的中点就是共轭像面的位置。

思 考 题

(1) 放大测量方法主要有哪几种? 分别举出几例。
(2) 举例说明平衡测量法的测量原理。
(3) 简述补偿测量法的主要思路。
(4) 物理模拟与数学模拟有什么不同?
(5) 你见过的能量换测法中的传感器有哪些? 举出几例。
(6) 如果不对仪器进行零位调整会产生什么误差?
(7) 使用光学仪器,如测量显微镜、望远镜等,应如何消除视差?
(8) 光学实验的等高共轴调节主要分哪两步?
(9) 简述电学实验中正确接线的基本方法。

第三章　基础实验

实验一　电位差计测电动势和电阻

电位差计是精密测量应用极广的仪器，可以用来精确测定电动势、电压、电流、电阻等电学量，还可以用于校准精密电表和直流电桥等直读式仪表，在非电量(如温度、压力、位移等)的电测法中也占有重要地位。

一、实验目的

(1) 掌握电位差计的工作原理和结构特点。
(2) 掌握电位差计的使用方法。
(3) 学习用电位差计测电动势(或电压)、电阻的方法。

二、实验原理

由于电位差计是直接用来精密测量电池电动势及电位差的仪器，因此从测量电池的电动势讲起。

1. 伏特计测量电池的电动势的缺陷

如果用伏特计来测量电池的电动势(图 3-1-1)，电池内部将有电流通过，这时从伏特计上读到的将是端电压 U 而不是电动势 E_x。若用数学式表示，则为：

$$U = E_x - Ir \tag{3-1-1}$$

式中，r 为电池内阻。显然，只有当电池内部没有电流通过时，端电压 U 才等于电动势 E_x。

2. 使电池内部没有电流通过

作这样的设想，如果有两个电池，其电动势分别为 E_0 和 E_x，将其正极与正极相接，负极与负极相接(图 3-1-2)，根据全电路欧姆定律：任一闭合回路的电势增量为零，可得方程：

$$E_x - E_0 - I(r_x + r_0 + r) = 0 \qquad (3\text{-}1\text{-}2)$$

式中，r_x，r_0，r 分别为电池 E_x、E_0 和检流计 G 的内阻。

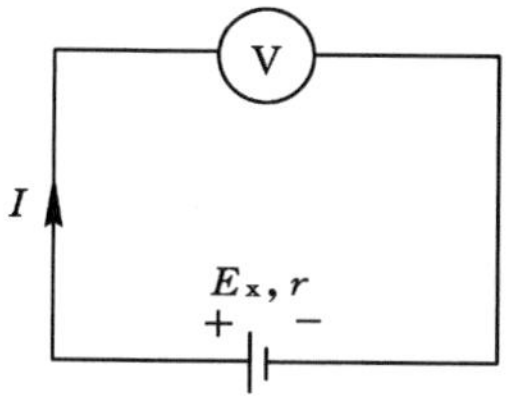

图 3-1-1 伏特计测电池电动势

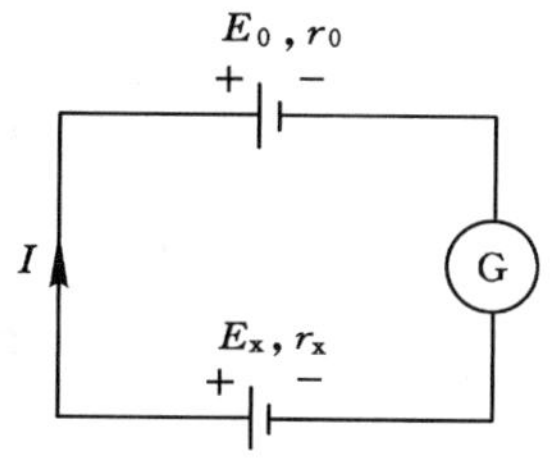

图 3-1-2 补偿原理

如果两个电池的电动势相等：$E_x = E_0$，则 $I=0$，即电池内部一定没有电流通过。反之，如果电池内部没有电流通过（这可用检流计 G 来检查），则一定有：

$$E_x = E_0 \qquad (3\text{-}1\text{-}3)$$

这种方法称为补偿法，$I=0$ 的状态称为补偿状态。

如果 E_0 是准确知道其电动势数值的电池，则利用补偿法就能够确定被测电池的电动势 E_x。

但在实际使用时，由于没有那么多数值不同的 E_0 用来与各种被测电池比较，直接用这种设想是行不通的。但是可用一个大小可变，且能知道准确值的电位差来代替这一系列的 E_0，要获得大小可变的电位差是容易的，通常采用分压的办法。但怎样使这个分压值准确知道呢？

3. 电位差计工作原理

如图 3-1-3 所示，在均匀的电阻 AB 上，由电源 E 供给一个稳定的电流（只要 E 稳定即可），电流的大小可由 R_n 调节，电阻 AB 上将产生一个均匀而又稳定的电位差。接头 m、n 能在电阻 AB 上任意滑动，且 mn 之间的电阻可直接读出来。可以看出，mn 间的电位差 $U_{mn}=IR_{mn}$，要使 U_{mn} 的电位差大小可变且准确知道，只需确定电流 I。

（1）工作电流标准化

通常将 K_2 合向标准电池 E_s，固定 mn 间的电阻为 R_s（使 $\frac{E_s}{R_s}=0.1, 0.001$ 等），（本实验用 UJ31 型电位差计，它由 E_s 值定出 R_s，使 $\frac{E_s}{R_s}=0.01$ A）。调节 R_n，使检流计中的电流为零，即 mn 间的电位差与标准电池电动势相互补偿。

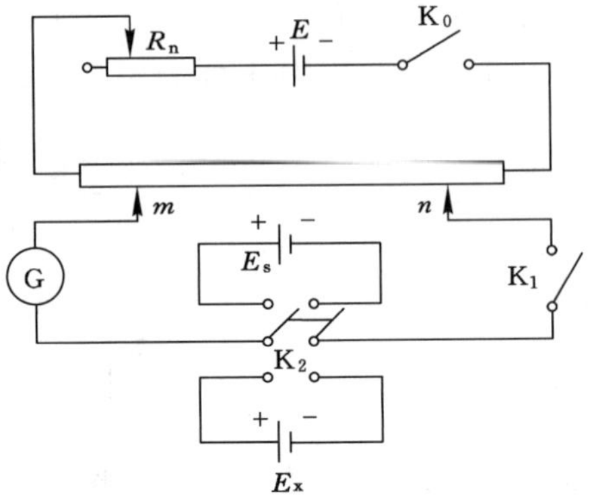

图 3-1-3　电位差计原理图

此时：

$$E_s = I_0 R_s, I_0 = \frac{E_s}{R_s} \tag{3-1-4}$$

这一过程称为工作电流标准化。

(2) 测量被测电池的电动势 E_x

将 K_2 合向待测电池 E_x，移动接头的位置，使 mn 间电位差与 E_x 相互补偿。这时 mn 间的电阻为 R_x，mn 间的电位差 U_x 一定等于被测电池的电动势 E_x，即：

$$E_x = U_x = I_0 R_x = \frac{E_s}{R_s} R_x \tag{3-1-5}$$

由于 I_0 是准确校准的，R_x 是可以直接读出的精密电阻值，因此，被测电池的电动势 E_x 即可精确求出。

(3) 箱式电位差计的工作原理

采用如图 3-1-4 所示线路，包括三个部分：

① 工作电流调节回路，主要由 E、R_n、R_1、R、K_0 等组成；

② 校正工作电流回路：主要由 E_s、R_s、K_1、K_2 等组成；

③ 待测回路：主要由 E_x、R_x、G、K_1、K_2 组成。

三、仪器介绍

1. UJ31 型电位差计

UJ31 型电位差计的量程是：1 μV～17 mV（K_0 旋到“×1”）和 10 μV～170 mV（K_0 旋到“×10”），工作电流 I 为 10 mA，测量精度为±0.05%。且电位器

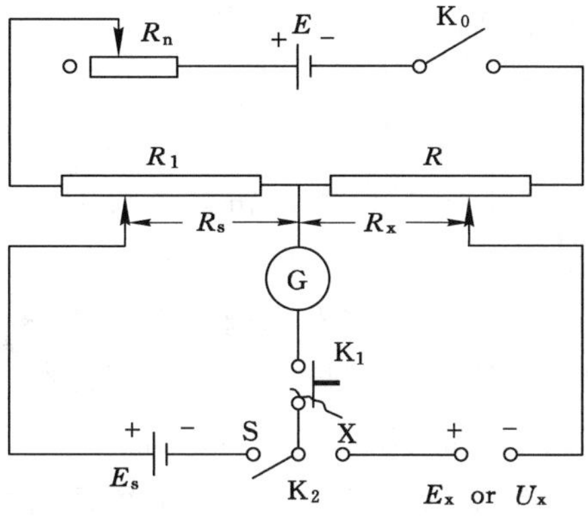

图 3-1-4 箱式电位差计工作原理图

E——工作电源;E_s——标准电池;E_x——待测电动势;G——检流计;

R_n,R_1,R——精密可调电阻;K_0,K_1,K_2——开关

R_{mn}的电阻数值已换算成电压值刻在度盘上,便于直接读出所测电压。该仪器面板如图 3-1-5 所示,各旋钮的功能为:

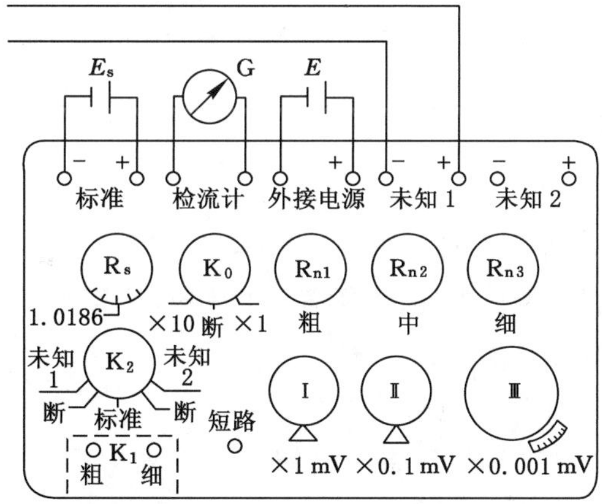

图 3-1-5 UJ31 型电位差计装置图

(1)"标准"接线柱:标准电池 E_s 由此接入,注意极性接入正确。

(2)"检流计"接线柱:检流计 G 由此接入。

(3)"5.7~6.4 V"接线柱:外接电源 E(用直流稳压电源)由此接入。注意电源输出必须在 5.7~6.4 V 范围内,并注意极性接入正确。

(4)"未知 1""未知 2"接线柱:待测电压 U_x(或 E_x)由此接入,这两对接线柱可同时接入两待测电压，而通过开关 K_2 的选择，可逐一进行测量，亦注意极性正确。

(5) "K_0"旋钮：倍率选择。

(6) "R_s"旋钮：E_s＝1.018 6 V，将 R_s 钮置于 1.0186 值，此时即图中所示，R_s＝101.86 Ω。

(7) "粗""中""细"三旋钮：工作电流调节旋钮，即图中 R_n。

(8) "K_2"旋钮：置"标准"，即可调工作电流标准化，置"未知 1"或"未知 2"，即对接入"未知 1"或"未知 2"的待测量进行测量。

(9) "Ⅰ""Ⅱ""Ⅲ"旋钮：R_x 调节旋钮，调平衡后，读数时，将各旋钮指示的电压数取和，再乘以 K_0 指示的倍率即可。

(10) "粗""细""短路"三按钮："粗"按钮相当于图中的 K_1 串联一高值电阻后的开关，起到电位差计未平衡时保护标准电池和检流计的作用。调节时，必须先用"粗"钮，直至电位差计接近补偿状态，然后再按"细"钮，进行细调。按下"短路"按钮，可以使检流计短路。

2. 标准电池

其中，E_s＝1.018 6 V。该实验的标准电动势由仪器输出。

四、实验内容

1. 测量待测电动势

(1) 按图 3-1-5 所示安排仪器、用具连接线路。

(2) 将检流计的"灵敏度"选择钮置第"3"档，按下电位差计的"短路"钮，调检流计上的"调零"钮，使指针指零。

(3) 校正电位差计工作电流为 0.01 A。

① 将"K_0"置"×1"档，然后将"R_s"钮置 1.018 6 V 位置。

② K_2 置"标准"，检流计的"灵敏度"钮拨回至第"1"档，外接电源 E 输出调至 6 V，断续按下 K_1 的"粗"按钮，先调 R_{n1}（粗），再调 R_{n2}（中），使 G 无偏转，再将检流计的"灵敏度"钮拨至第"3"档，先按"粗"钮，调 R_{n2}（中），使 G 无偏转，再按"细"钮，调 R_{n2}（中）和 R_{n3}（细）使 G 无偏转，此时工作电流即为0.01 A。

(4) K_2 置"未知 1"，检流计"灵敏度"钮拨至"1"档，断续按"粗"钮，先调 R_x 的"Ⅰ"钮，再调"Ⅱ"钮，使 G 无偏转，再将检流计"灵敏度"钮拨至"3"档，先按"粗"钮，调"Ⅱ"钮使 G 无偏转，再按"细"钮调"Ⅲ"转盘，使 G 无偏转，此时，读出被测电动势 E_x 值。

2. 测量电阻

测量电阻时，按设计好的电路连接电路图（图 3-1-6），R_0 为标准电阻，R_x 为待测电阻。用电位差计分别测出 R_0 和 R_x 上的电压 U_0 和 U_x，则：

$$\frac{U_x}{U_0}=\frac{R_x}{R_0}$$

所以：

$$R_x=\frac{U_x}{U_0}R_0 \tag{3-1-6}$$

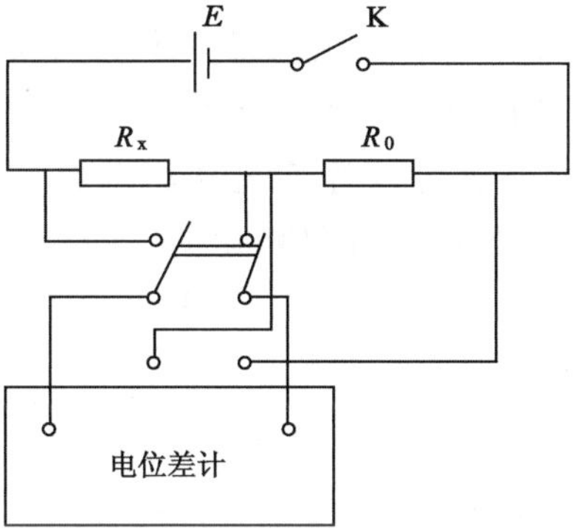

图 3-1-6　电路示意图

测量时应尽可能取标准电阻值与待测电阻值相近，使测量能得到更准确的结果。

五、注意事项

（1）标准电池正负极不能接错，不允许将两电极短路或用电压表测量其电动势。标准电池内有装有化学溶液的玻璃容器，要防止振动和破坏，不可以倒置。

（2）稳压电源正负极不能接反。

六、思考题

（1）电位差计是利用什么原理制成的？

（2）使用 UJ31 型电位差计时，接通 K_1，将 K_2 倒向 E_s 后，无论怎样调节 R_n，检流计总向一边偏转，试问有哪些可能的原因？当将 K_2 倒向 E_x 后，无论

怎样调节 R_x，检流计总向一边偏转，又有哪些可能的原因？

实验二　稳态法测量不良导体的导热系数

导热系数是表征物质热传导性质的物理量。材料结构的变化与所含杂质的不同对导热系数都有明显的影响，因此，材料的导热系数常常需要通过实验具体测定。

测量导热系数的实验方法一般分为稳态法和动态法两类。在稳态法中，先利用热源对样品加热，样品内部的温差使热量从高温向低温处传导，样品内部各点的温度将随加热快慢和传热快慢的影响而变动；适当控制实验条件和实验参数使加热和传热的过程达到平衡状态，待测样品内部形成稳定的温度分布，根据这一温度分布就可以计算出导热系数。而在动态法中，最终在样品内部所形成的温度分布是随时间变化的，如呈周期性的变化，变化的周期和幅度亦受实验条件和加热快慢的影响，与导热系数的大小有关。

一、实验目的

(1) 应用稳态法测量不良导体（橡皮样品）的导热系数。

(2) 学习用物体散热速率求热传导速率的实验方法。

(3) 学习温度传感器的应用方法。

二、实验原理

1898 年，C. H. Lees 首先使用平板法测量不良导体的导热系数，这是一种稳态法。实验中，样品制成平板状，其上端面与一个稳定的均匀发热体充分接触，下端面与一均匀散热体相接触。由于平板样品的侧面积比平板平面小很多，可以认为热量只沿着上下方向垂直传递，横向由侧面散去的热量可以忽略不计，即可以认为，样品内只有在垂直样品平面的方向上有温度梯度，在同一平面内，各处的温度相同。

设样品的厚度为 h_B，样品的平面面积为 S，稳态时样品的上、下平面温度分别为 T_1、T_2，根据傅立叶传导方程，在 Δt 时间内通过样品的热量 ΔQ 满足下式：

$$\frac{\Delta Q}{\Delta t}=\lambda\frac{T_1-T_2}{h_B}S \tag{3-2-1}$$

式中，λ 为样品的导热系数，它是表征物质热传导性能的重要物理量，其数值随物体的材料而异。λ 在数值上等于相距单位长度的两平面的温度相差一个单位时，在单位时间内通过单位面积的热量，其单位用 W/(m·K)来表示。通过实验发现，凡金属材料的 λ 都很大，这类材料称为良导体；而非金属材料的 λ 都很小，称为不良导体。

实验中样品为圆盘状，设圆盘样品的直径为 d_B，则由式(3-2-1)得：

$$\frac{\Delta Q}{\Delta t}=\lambda\frac{T_1-T_2}{4h_B}\pi d_B^2 \tag{3-2-2}$$

实验装置如图 3-2-1 所示，固定于底座上的三个支架支撑着一个铜散热盘 P，散热盘 P 可以借助底座内的风扇达到稳定有效的散热。散热盘上安放面积相同的圆盘样品 B，圆盘样品 B 上放置一个圆盘状加热盘 C，其面积也与圆盘样品 B 的面积相同，加热盘 C 是由单片机控制的自适应电加热，可以设定加热盘的温度。当传热达到稳定状态时，样品上、下表面的温度 T_1 和 T_2 不变，此时可以认为加热盘 C 通过样品传递的热流量与散热盘 P 向周围环境散热量相等，因此可以通过散热盘 P 在稳定温度 T_2 时的散热速率来求出热流量 $\frac{\Delta Q}{\Delta t}$。

直接测量散热速率是很困难的，但散热盘 P 在 T_2 附近的冷却速率比较容易测得。冷却速率是单位时间内散热铜盘 P 在 T_2 附近温度降低的数值，用 $\left.\frac{\Delta T}{\Delta t}\right|_{T=T_2}$ 来表示。实验时，当测得稳态时的样品上、下表面温度 T_1 和 T_2 后，将样品 B 抽去，让加热盘 C 与散热盘 P 接触，当散热盘的温度上升到高于稳态时的 T_2 值 20 ℃或者 20 ℃以上后，移开加热盘，让散热盘在电扇作用下冷却，记录散热盘温度随时间 t 的下降情况，求出散热盘在 T_2 时的冷却速率 $\left.\frac{\Delta T}{\Delta t}\right|_{T=T_2}$，则散热盘在 T_2 时的散热速率为：

$$\frac{\Delta Q}{\Delta t}=mc\left.\frac{\Delta T}{\Delta t}\right|_{T=T_2} \tag{3-2-3}$$

式中，m 为散热盘 P 的质量；c 为散热盘的比热容。但由此求出的冷却速率 $\left.\frac{\Delta T}{\Delta t}\right|_{T=T_2}$ 是散热盘 P 的表面全部暴露于空气中时的数值，而在达到稳态的过程中，P 盘的上表面并未暴露在空气中，考虑到物体的冷却速率与它的散热表面积呈正比，因此稳态时散热铜盘 P 的散热速率的表达式应做面积修正：

$$\frac{\Delta Q}{\Delta t}=mc\frac{\Delta T}{\Delta t}\bigg|_{T=T_2}\frac{\pi R_P^2+2\pi R_P h_P}{2\pi R_P^2+2\pi R_P h_P} \tag{3-2-4}$$

式中，R_P 和 h_P 分别为散热铜盘 P 的半径和厚度。

由式(3-2-2)和式(3-2-4)得：

$$\lambda\frac{T_1-T_2}{4h_B}\pi d_B^2=mc\frac{\Delta T}{\Delta t}\bigg|_{T=T_2}\frac{\pi R_P^2+2\pi R_P h_P}{2\pi R_P^2+2\pi R_P h_P} \tag{3-2-5}$$

因而样品的导热系数为：

$$\lambda=mc\frac{\Delta T}{\Delta t}\bigg|_{T=T_2}\frac{R_P+2h_P}{2R_P+2h_P}\frac{4h_B}{(T_1-T_2)}\frac{1}{\pi d_B^2} \tag{3-2-6}$$

三、实验仪器

FD—TC—B 型导热系数测定仪装置如图 3-2-1 所示，它由电加热器、铜加热盘 C、橡皮样品圆盘 B、铜散热盘 P、支架及调节螺丝、温度传感器以及控温与测温器组成。

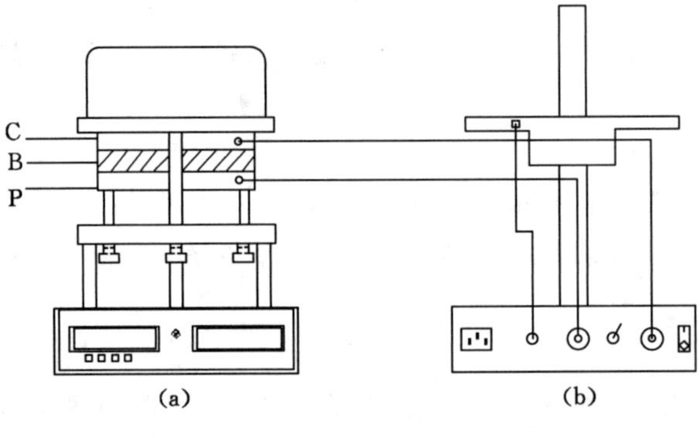

图 3-2-1　FD—TC—B 型导热系数测定仪装置图

(a) 前视图；(b) 后视图

四、实验步骤

(1) 测量散热盘 P 的质量 m。

(2) 测量橡皮样品 B 的直径 d_B 和厚度 h_B 以及散热盘 P 的直径 d_P 和厚度 h_P。

(3) 取下固定螺丝，将橡皮样品放在加热盘与散热盘中间，橡皮样品要求与加热盘、散热盘完全对准；要求上、下绝热薄板对准加热盘和散热盘。调节底部的三个微调螺丝，使样品与加热盘、散热盘接触良好，但注意不宜过紧或过松。

(4) 按照图 3-2-1 所示，插好加热板的电源插头，再将两根连接线的一端与机壳相连，另一端的传感器分别插在加热盘和散热盘小孔中，要求传感器完全插入小孔中，并在传感器上抹一些硅油或者导热硅脂，以确保传感器与加热盘和散热盘接触良好。在安放加热盘和散热盘时，还应注意使放置传感器的小孔上下对齐，注意加热盘和散热盘两个传感器要一一对应，不可互换。

(5) 接上导热系数测定仪的电源，开启电源后，左边表头首先显示 FDHC，然后显示当时温度，当转换至 $b==\cdot=$，用户可以设定控制温度，按升温键，左边表头显示由 B00.0 可上升到 B80.0 ℃。一般设定 75～80 ℃较为适宜。设置完成按“确定”键，加热指示灯闪亮，打开电扇开关，加热盘开始加热。右边表头显示散热盘的测量温度。

(6) 加热盘的温度上升到设定温度值时，开始记录散热盘的温度，可以每隔 1 min 记录一次，待在 10 min 或更长的时间内加热盘和散热盘的温度值都基本不变，就可以认为已经达到稳定状态。

(7) 按复位键停止加热，取走样品，调节三个螺丝使加热盘和散热盘接触良好，再设定温度至 80 ℃，加快散热盘的温度上升，使散热盘温度上升到高于稳态时的 T_2 值 20 ℃左右即可。

(8) 移去加热盘，让散热盘在风扇作用下冷却，每隔 10 s(或者稍长时间，如 20 s 或者 30 s)记录该盘的温度，由临近 T_2 值的温度数据计算冷却速率 $\left.\frac{\Delta T}{\Delta t}\right|_{T=T_2}$，也可以根据记录数据作冷却曲线，用镜尺法作曲线在 T_2 点的切线，根据切线斜率计算冷却速率。

(9) 根据测量得到的稳态时的温度值 T_1 和 T_2，以及在温度 T_2 时的冷却速率，由公式 $\lambda=mc\left.\frac{\Delta T}{\Delta t}\right|_{T=T_2}\frac{R_P+2h_P}{2R_P+2h_P}\frac{4h_B}{T_1-T_2}\frac{1}{\pi d_B^2}$ 计算待测样品的导热系数 λ。

五、注意事项

(1) 加热盘和散热盘侧面两个小孔安装数字式温度传感器，不可插错。近电源开关的接插件为加热传感器，应插入加热盘上，另一个传感器插在散热盘的小孔中，特别注意插入小孔之前涂上少许导热硅脂或者硅油，使其接触良好；另外，加热橡皮样品的时候，为达到稳定的传热，调节底部的三个微调螺丝，使样品与加热盘、散热盘紧密接触，注意中间不要有空气隙，也不宜过紧而影响样品的厚度。

（2）导热系数测定仪铜盘下方的风扇做强迫对流换热用，减小样品侧面与底面的放热比，增加样品内部的温度梯度，从而减小实验误差，所以实验过程中风扇一定要打开。

（3）在实验过程中，需移开加热盘时，请先关闭加热电源，移开热圆筒时，手应握固定轴转动，以免烫伤手；实验结束后，切断总电源，保管好测量样品，不要使样品两端面划伤，以致影响实验的精度。

六、实验数据

样品：橡皮；

室温：20 ℃；

散热盘比热容（紫铜）：$c=385$ J/(kg·K)；

散热盘质量：______；

散热盘厚度 h_P（多次测量取平均值）（测量记录表见表 3-2-1）：

表 3-2-1　　散热盘厚度（不同位置测量）

h_P/mm						

散热盘直径 d_P（多次测量取平均值）（测量记录表见表 3-2-2）：

表 3-2-2　　散热盘直径（不同角度测量）

d_P/mm						

橡皮样品厚度 h_B（多次测量取平均值）（测量记录表见表 3-2-3）：

表 3-2-3　　橡皮样品厚度（不同位置测量）

h_B/mm						

橡皮样品直径 d_B（多次测量取平均值）（测量记录表见表 3-2-4）：

表 3-2-4　　橡皮样品直径（不同角度测量）

d_B/mm						

稳态时（每分钟记录一次数据，记录表见表 3-2-5），样品上表面温度示值：　　　　　；样品下表面温度示值：

表 3-2-5　　加热盘、散热盘温度稳定时温度记录

T_1/℃							
T_2/℃							

每隔 10 s 记录一次散热盘冷却时的温度示值（记录表见表 3-2-6）：

表 3-2-6　　散热盘自然冷却时温度记录

T_2/℃							

取临近 T_2 温度的测量数据求出冷却速率 $\left.\frac{\Delta T}{\Delta t}\right|_{T=T_2}$，或者利用镜尺法求出冷却速率。

将以上数据代入式(3-2-6)计算得到导热系数。

查阅相关资料知，橡皮在 20 ℃条件下测定导热系数为 0.13～0.23 W/(m·K)。

七、思考题

(1) 应用稳态法是否可以测量良导体的导热系数？如可以，对实验样品有什么要求？实验方法与测不良导体有什么区别？

(2) 什么是镜尺法？镜尺法画切线利用了什么原理？

实验三　热敏电阻的温度特性测定

热敏电阻是对温度变化非常敏感的一种半导体电阻元件。热敏电阻能反映出温度的微小变化，并且体积小、工作稳定、结构简单。因此，它在测温技术、无线电技术、自动化和遥控等方面都有广泛的应用。

一、实验目的

(1) 了解热敏电阻的温度特性。

(2) 学习用直流电桥测量热敏电阻的温度特性。

二、实验原理

1. 热敏电阻温度特性

热敏电阻是用半导体材料制成的热敏器件，根据其电阻率随温度变化的特性不同，大致可以分为三种类型：(1) 负温度系数(NTC)型热敏电阻；(2) 正温度系数(PTC)型热敏电阻；(3) 临界温度系数(CTC)型热敏电阻。PTC 和 CTC 型热敏电阻在某些温度范围内，其电阻值会产生急剧变化，适用于某些狭窄温度范围的测量；而 NTC 热敏电阻可用于较宽温度范围的测量。热敏电阻的电阻—温度特性曲线如图 3-3-1 所示。

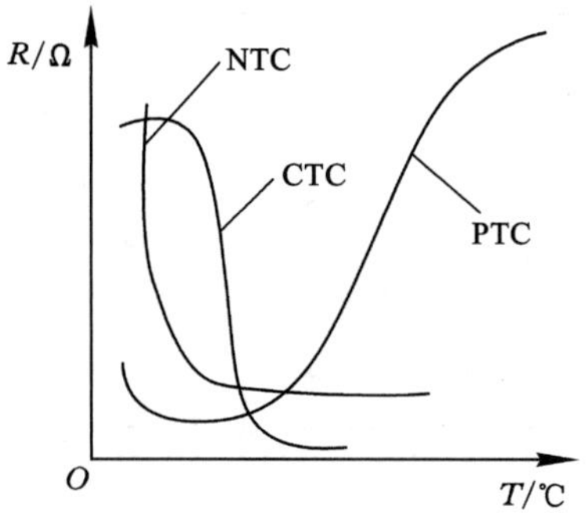

图 3-3-1 热敏电阻温度特性曲线

温度系数反映热敏电阻对温度的敏感程度，是热敏电阻作为感温元件的一个重要参量，用 α_T 表述，其定义为温度升高 1 ℃，热敏电阻的相对变化量，即：

$$\alpha_T = \frac{1}{R_T} \cdot \frac{\mathrm{d}R_T}{\mathrm{d}T} \tag{3-3-1}$$

2. NTC 型热敏电阻温度特性及其温度系数测量

在温度测量中使用较多的是 NTC 型热敏电阻，本实验将测量 NTC 型热敏电阻温度特性。

NTC 型半导体热敏电阻是由一些金属氧化物，如钴、锰、镍、铜等过渡金属的氧化物，采用不同比例的配方，经高温烧结而成，然后采用不同的封装形式制成珠状、片状、杠状、垫圈状等各种形状。与金属导体热电阻比较，NTC 半导体热敏电阻具有以下特点：(1) 有很大的负电阻温度系数，因此其温度测量的灵敏度也较高；(2) 体积小，目前最小的珠状热敏电阻的尺寸可达

0.2 mm，故热容量很小，可用于点温或表面温度以及快速变化温度的测量；(3) 具有很大的电阻值($10^2 \sim 10^5\ \Omega$)，因此可以忽略线路中导线的电阻和接触电阻等的影响，特别适用于远距离的温度测量和控制；(4) 制造工艺比较简单，价格便宜。NTC 型半导体热敏电阻的缺点是温度测量范围较窄。

NTC 型半导体热敏电阻具有负温度系数，其电阻值随温度升高而减小，电阻与温度的关系可以用下面的经验公式表示：

$$R_T = A\exp(B/T) \tag{3-3-2}$$

式中，R_T 为温度为 T 时的电阻值；T 为热力学温度(单位为 K)；A 和 B 为常量，分别具有电阻和温度的量纲，它们的值与热敏电阻的材料和结构有关。

根据热敏电阻温度系数的定义，NTC 型热敏电阻温度系数为：

$$\alpha_T = \frac{1}{R_T} \cdot \frac{\mathrm{d}R_T}{\mathrm{d}T} = -\frac{B}{T_2} \tag{3-3-3}$$

由式(3-3-3)可知，只要测出 B，即可求出某温度下 NTC 型热敏电阻的温度系数。对式(3-3-2)两边取对数，则有：

$$\ln R_T = \ln R_0 + B\left(\frac{1}{T} - \frac{1}{T_0}\right) \tag{3-3-4}$$

$\ln R_T$ 与$\frac{1}{T}$呈线性关系，直线的斜率就是常数 B。热敏电阻在不同温度时的电阻值，可用惠斯通电桥测得。在实验中测得各温度 T 的 R_T 值后，作 $\ln R_T — \frac{1}{T}$直线，求此直线的斜率 B，根据式(3-3-3)可算出某温度下的温度系数 α_T。

三、实验仪器

热敏电阻、控温仪、烧杯(或恒温箱)、箱式惠斯通电桥、直流稳压电源等。

四、实验步骤

(1) 按图 3-3-2 实验装置接好电路，安置好仪器。

(2) 在容器内盛入水，开启直流电源开关，在电热丝中通以 2.5～3.0 A 的电流，对水加热，使水温逐渐上升，温度由水银温度计读出。热敏电阻的两条引出线连接到惠斯通电桥的待测电阻 R_x 接线柱上。

(3) 升温过程，测试温度从 20 ℃开始，每升高 5 ℃，测量一次 R_x 的值，直到 80 ℃。

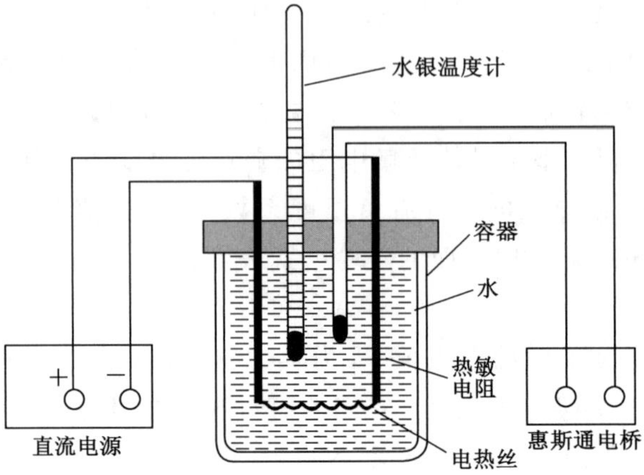

图 3-3-2 热敏电阻实验装置图

(4) 降温过程,测试温度从 80 ℃开始,每降低 5 ℃,测量一次 R_x 的值,直到 20 ℃。

(5) 求升温、降温过程的平均值,作 $\ln R_T—\frac{1}{T}$直线,求 B 和 NTC 型热敏电阻在温度 50 ℃时的电阻温度系数。

五、数据处理

(1) 绘出 $R_T—T$ 曲线和 $\ln R_T—\frac{1}{T}$曲线,验证 $\ln R_T$ 与$\frac{1}{T}$是否呈线性关系。

(2) 作图法求出 $\ln R_T—\frac{1}{T}$曲线的斜率 B,根据式(3-3-3)求出 50 ℃时的电阻温度系数。

六、思考题

(1) 半导体热敏电阻与金属导体热电阻比较,具有什么特点?

(2) 数据记录及处理中为什么要验证 $\ln R_T$ 与$\frac{1}{T}$是否呈线性关系?

(3) 当温度变化时,NTC 型热敏电阻与 PT100 的电阻值分别有什么变化,变化的趋势各有什么特点?

实验四 用电桥测电阻

用伏安法测电阻时，除了因使用的电流表和电压表准确度不高而带来的误差外，还存在线路本身不可避免地带来的误差。在伏安法线路上经过改进的电桥线路克服了这些缺点。它不用电流表和电压表(因而与电表的准确度无关)，而是将待测电阻和标准电阻相比较，以确定待测电阻是标准电阻的多少倍。由于标准电阻的误差很小，电桥法测电阻可达到很高的准确度。

一、实验目的

(1) 掌握惠斯通电桥(单臂电桥)的原理和特点以及测电阻的方法。

(2) 了解开尔文电桥(双臂电桥)测低电阻的原理和方法。

二、实验内容

(一) 用惠斯通电桥测电阻

1. 实验原理

惠斯通电桥(又称单臂电桥)原理图如图 3-4-1 所示。若三个已知电阻 R_1、R_2 和 R_s 调配适当，则当开关 K_1、K_2 均合上时，可使检流计 G 没有偏转，这时称电桥处于平衡状态。因检流计中无电流通过，这表示 B、D 两点电位差相等，所以 AB 间与 AD 间的电位差相等，BC 间与 CD 间的电位差亦相等。设通过 ADC 路和 ABC 路的电流为 I_1 和 I_2。

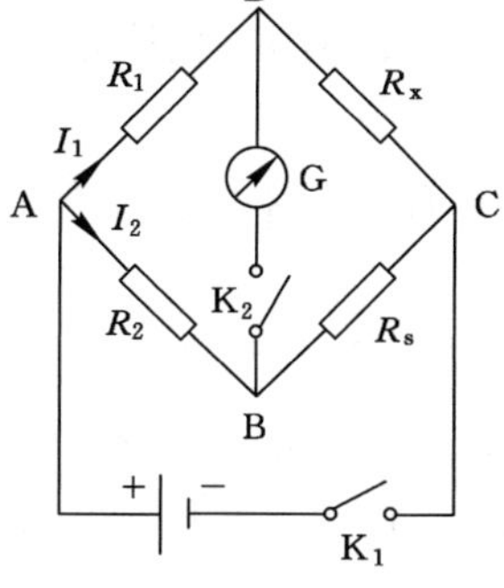

图 3-4-1 惠斯通电桥原理图

则：

$$I_1R_1 = I_2R_2, I_1R_x = I_2R_s$$

两式相除，整理得：

$$R_x = \frac{R_1}{R_2}R_s = K_rR_s \qquad (3\text{-}4\text{-}1)$$

式中，$K_r=\frac{R_1}{R_2}$，称为比率系数，或称为倍率。

一般电阻 R_1、R_2、R_s和 R_x叫作电桥的臂，将接有检流计的对角线 BD 称为“桥”。

式(3-4-1)称为电桥平衡的条件。调节电桥达到平衡的方法为：取比率系数 K_r为某一值，调节臂 R_s，使检流计 G 为零。

图 3-4-2 是 QJ23 型电桥的面板图。右边的四个旋钮是用来调节电阻 R_s的。左上角的旋钮用来调节 $K_r=\frac{R_1}{R_2}$的值。检流计安装在左下角，其上方有一个调零旋钮，用来调节检流计的机械零点。检流计下面的两个按钮开关 B、G，按下 B 接通电源，按下 G 接通检流计。按下后，向顺时针方向旋转时，可以锁住。标有 R_x 的两个接线柱是接待测电阻 R_x 的。左边的 B“+”和“−”是用来连接外部电源的，本实验使用机内电源。G 的“内接”和“外接”三个接线柱：当连接片连“外接”时，是采用机内检流计；当需外接检流计时，将“内接”用连接片连接，“外接”接线柱上连接外部检流计。本实验采用机内检流计。

2. 实验仪器

QJ23 型携带式直流单电桥一个，电阻面板一个（含两个电阻）。

3. 实验步骤

(1) 将检流计“外接”接线柱用连接片短路，用“调零”旋钮使检流计的指针与“0”重合。

(2) 把被测电阻 R_{x_1} 接到“R_x”两接线柱上。

(3) 确定倍率 K_r 值。

先将 R_s 值置 1 000 Ω，倍率 K_r 钮置最小值 0.001 档。先按下“B”钮，再按下“G”钮，观察检流计指针偏转的方向。逐档提高倍率值，直到 K_r 在某相邻两档间指针偏向另一方向时，将 K_r 置于较小的一档。

(4) 确定 R_s 的“×1000”档值。

R_s 的“×1000”倍率档从 1 到 9 逐档调节，先按下“B”钮，再按下“G”钮，

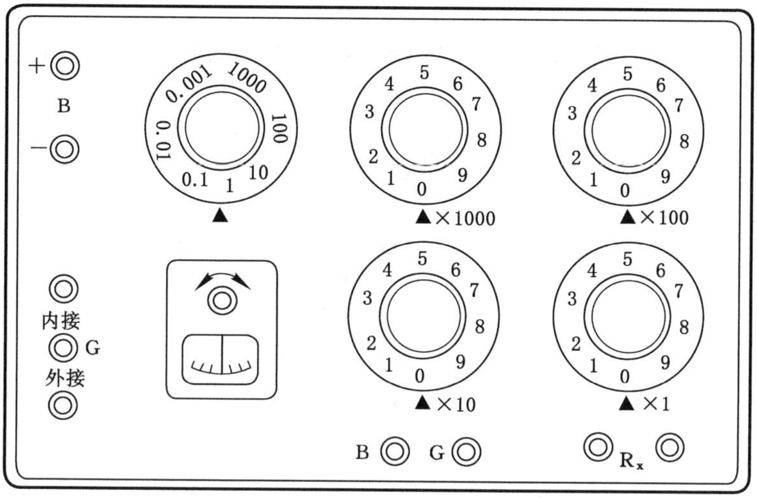

图 3-4-2 QJ23 型电桥面板图

观察检流计指针偏转的方向。逐档提高倍率值，直到 R_s 在某相邻两档间指针偏向另一方向时，将 R_s 置于较小的一档。

(5) 确定 R_s 的其他各档值。

R_s 的"×100"、"×10"倍率档，用上述步骤(4)的方法依次调节，直至调"×1"档各值，使检流计指针为 0 止，读出 R_s 值。

(6) 按上述方法测量 R_{x_2} 值，R_{x_1} 与 R_{x_2} 的串联值及并联值。

(7) 将各次测得的数据 K_r 和 R_s 值列入自拟的表格中，并计算 R_x 值。

(8) 测量电阻的最大允许误差为：$\Delta R_x = K_r(0.2\% R_s + 0.2\times 1)\ \Omega$。

利用上式算出各次测量的绝对误差 ΔR_x 和相对误差，并写出测量的结果。

4. 注意事项

(1) 为了保证测量精度，R_s 的"×1000"倍率档至少为 1，以保证测量值 R_x 有四位有效数字。

(2) 实验过程中，"B"和"G"按钮不准锁紧。

(二) 用双臂电桥测低值电阻

用惠斯通电桥测中电阻时，可以忽略导线本身的电阻和接点处的接触电阻(总称附加电阻)的影响，对惠斯通电桥加以改进而成的双臂电桥(又称开尔文电桥)消除了附加电阻的影响。

1. 仪器结构原理

图 3-4-3 的线路是将图 3-4-1 中的 R_x 和 R_2 互换位置，它仍是惠斯通电桥电路，在电桥平衡时，同样有：

$$R_x = \frac{R_1}{R_2} R_s$$

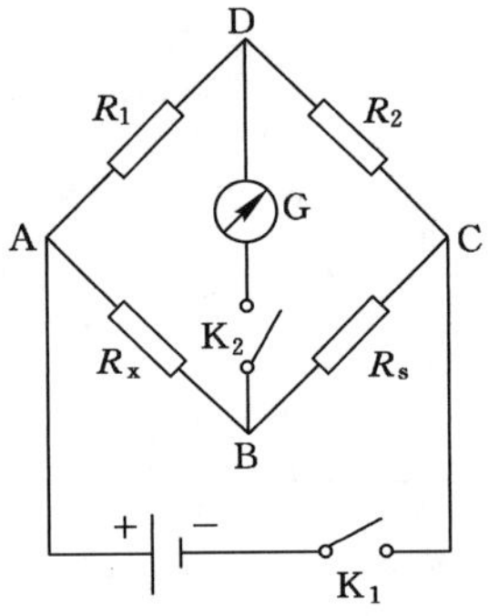

图 3-4-3　惠斯通电桥原理图

由图 3-4-3 可见，桥式电路中由 A、C 点到电源和 B、D 点到检流计的导线电阻可并入电源和检流计的“电阻”里，对测量结果没有影响，但桥臂的八根导线和四个接点的电阻会影响测量结果。

在电桥中，由于比率臂 R_1 和 R_2 可用阻值较高的电阻，因此和这两个电阻相连的四根导线（即由 A 到 R_1、C 到 R_2 和 D 到 R_1、D 到 R_2 的导线）的电阻不会对测量结果带来多大误差，可以略去不计。由于待测电阻 R_x 是一个低电阻，比较臂 R_s 也应该用低电阻，于是和 R_x、R_s 相连的导线及接点电阻就会影响测量结果。

为了消除上述电阻的影响，采用图 3-4-4 所示的线路，与图 3-4-3 比较看出，为避免图 3-4-3 中由 A 到 R_x 和由 C 到 R_s 的导线电阻影响，可将 A 到 R_x 和 C 到 R_s 的导线尽量缩短，最好缩短为零，使 A 点直接与 R_x 相接，C 点直接与 R_s 相接。要消除 A、C 点的接触电阻，进一步又将 A 点分成 A_1、A_2 两点，C 点分成 C_1、C_2 两点，使 A_1、C_1 点的接触电阻并入电源的内阻，A_2、C_2 点的接触电阻并入 R_1、R_2 的电阻中。但图 3-4-3 中 B 点的接触电阻和由 B 到 R_x 及由 B 到 R_s 的导线电阻就不能并入低电阻 R_x、R_s 中，因而需对惠斯通电桥进行改进。在线路中增加 R_3 和 R_4 两个电阻，让 B 点移至跟 R_3、R_4 及检流计相连，这样就只剩下 R_x 和 R_s 相连的附加电阻了。同样，把 R_x 和 R_s 相连的两个接点各自分开，分成 B_1、B_3 和 B_2、B_4，这时 B_3、B_4 的接触电阻并入到附加的两个较高的电阻中。将 B_1、B_2 用粗导线相连，并设 B_3、B_4 间边线电阻与接触电阻的总和为 r，后面将要证明，适当调节 R_1、R_2、R_3、R_4 和 R_s 的阻值，就可以消去附加电阻 r 对测量结果的影响。

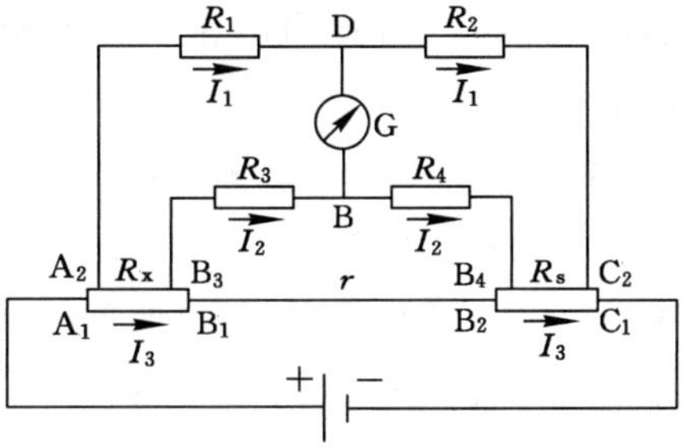

图 3-4-4　双臂电桥原理图

调节电桥平衡的过程，就是调整电阻 R_1、R_2、R_3、R_4 和 R_s 使检流计中的电流 I_g 等于零的过程。

当电桥达到平衡，即检流计中的电流 I_g 等于零时，通过 R_1 和 R_2 的电流相等，图中以 I_1 表示；通过 R_3 和 R_4 的电流相等，以 I_2 表示；通过 R_x 和 R_s 的电流也相等，以 I_3 表示。因为 B、D 两点的电位相等，故有：

$$I_1R_1 = I_3R_x + I_2R_3$$

$$I_1R_2 = I_3R_s + I_2R_4$$

$$I_2(R_3 + R_4) = (I_3 - I_2)r$$

联立求解，得到：

$$R_x = \frac{R_1}{R_2}R_s + \frac{rR_4}{R_3 + R_4 + r}\left(\frac{R_1}{R_2} - \frac{R_3}{R_4}\right) \tag{3-4-2}$$

如果 $R_1 = R_3$，$R_2 = R_4$ 或者 $\frac{R_1}{R_2} = \frac{R_3}{R_4}$，则式(3-4-2)右边第二项为零。即：

$$\frac{rR_4}{R_3 + R_4 + r}\left(\frac{R_1}{R_2} - \frac{R_3}{R_4}\right) = 0$$

此时式(3-4-2)变为：

$$R_x = \frac{R_1}{R_2}R_s = K_rR_s \tag{3-4-3}$$

式中，$K_r=\frac{R_1}{R_2}$称为比率系数，或称为倍率。

为了保证等式$\frac{R_1}{R_2}=\frac{R_3}{R_4}$在电桥使用过程中始终成立，通常将电桥做成一种特殊的结构，在这种电阻箱中在转臂的任一位置都保持 R_1 和 R_3 相等，R_2 和 R_4 相等。

上述这种电路装置称为双臂电桥，当电桥平衡时就可以消除附加电阻 r 的影响。因此双臂电桥平衡时，式(3-4-3)成立，或者说，式(3-4-3)是双臂电桥的平衡条件，根据式(3-4-3)可以算出低电阻 R_x。

在双臂电桥中，电阻 R_x(或 R_s)有四个接线端。这类接线方法的电阻称为四端电阻。由于流经 $A_1R_sB_1$ 的电流比较大，通常称接点 A_1 和 B_1 为"电流端"，在双臂桥上用符号 C_1 和 C_2 表示。而接点 A_2 和 B_3 则称为"电压端"，在双臂电桥上用符号 P_1 和 P_2 表示。

一般来说，用具有滑线盘的双臂电桥测量电阻时，其最大允许基本误差 R_x，在准确度等级 $\alpha=0.2,0.5,1,2$ 时，测量绝对误差：$\Delta R_x=\alpha\% R_{max}$，式中，$R_{max}$是具有滑线盘的电桥的量程，本实验所用的双臂电桥 $\alpha=0.2$，$R_{max}=K_r\times 0.11\ \Omega$。

2. 实验原理

一段导体的电阻与该导体材料的物理性质和它的几何形状有关。实验指出，导体的电阻与其长度 L 呈正比，与其横截面面积 A 呈反比，即：

$$R_x=\frac{\rho L}{A} \tag{3-4-4}$$

式中，比例系数 ρ 称为导体的电阻率，它的大小表示导电材料的性质，可按下式求出：

$$\rho=\frac{RA}{L}=\frac{R_x\pi d^2}{4L} \tag{3-4-5}$$

和

$$E_\rho\approx\sqrt{\left(\frac{\Delta R_x}{R_x}\right)^2+4\left(\frac{\sigma_d}{d}\right)^2} \tag{3-4-6}$$

式中，d 为金属圆棒直径的平均值。

3. 实验仪器

QJ44 型直流双臂电桥一个，连接架一个，铜、铝棒各一根，螺旋测微器一台，游标卡尺一个，导线若干。

4. 实验步骤

(1) 将待测的一段金属圆棒夹到连接架上，接成图 3-4-5 所示的一个“四端电阻”，将 $C_1P_1P_2C_2$ 依次接到双臂电桥的 $C_1P_1P_2C_2$ 四个接线柱上。

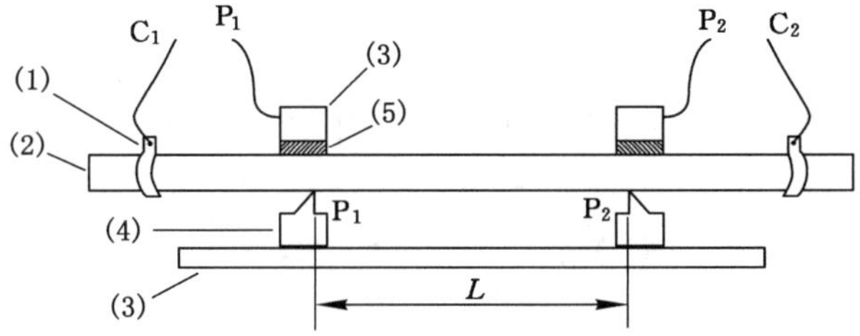

图 3-4-5 待测材料接成“四端电阻”示意图

(2) 接通晶体管检流计电源开关 B_1，待晶体管工作稳定(约 5 min)后，将灵敏度调在最低位置(灵敏度旋钮逆时针旋到底)，调节“调零”旋钮使检流计指针在零位。

(3) 按惠斯通电桥确定 K_r 和 R_s 的方法，调节“倍率 K_r”钮，“步进读数”钮(不能置于 0)和“滑线读数”盘，使电桥初步平衡。

(4) 增大检流计灵敏度至中等，再调“调零”钮，使检流计指零，再调“步进”钮和“滑线”盘，使电桥平衡，直至灵敏度增大到适当值(所谓适当值，即当滑线盘转动一格时，检流计相应偏转 1～2 格)而电桥平衡时止。记下 K_r 和 R_s 值，并计算 R_x。

(5) 用螺旋测微计测出圆形导体的直径，在不同的部位测五次，取平均值。用游标卡尺测量 P_1P_2(两夹具尖刀口内侧)间导体的长度，测量一次。

自拟数据表，由式(3-4-5)算出 $\bar{\rho}$ 值，依次计算待测量 ρ 的相对误差 E_ρ 和绝对误差 $\sigma_\rho=\bar{\rho}E_\rho$，并写出结果表达式。

(6) 对于其他待测的金属圆棒，重复上述过程测得结果。实验完毕后关掉“B_1”开关。

5. 思考题

(1) 电桥测电阻时，线路接通后，检流计指针总是偏向一边，无论怎样调节，电桥达不到平衡，试分析是什么原因?

(2) 为了提高电桥测量的灵敏度，应采取哪些措施? 为什么?

实验五　示波器的使用

一、实验目的

(1) 了解示波器的基本工作原理和结构。

(2) 学会示波器的基本使用方法。

(3) 学会用示波器观察李萨如图形,并用这种方法测定电信号的频率。

二、实验原理

电子射线示波器,简称示波器,是常用的电子仪器之一。它可以将电压随时间的变化规律显示在荧光屏上,以便研究它的大小、频率、相位和其他变化规律,还可以用来显示两个相关电学量之间的函数关系,故示波器是测量电学量以及研究可转化为电压变化的其他非电物理量的重要工具之一。

(一) 示波器显示波形的原理

1. 示波管

示波管是一个抽成高真空的玻璃泡,是示波器的心脏,如图 3-5-1 所示,泡内各种部件按照它们的功能可分成三个组成部分。

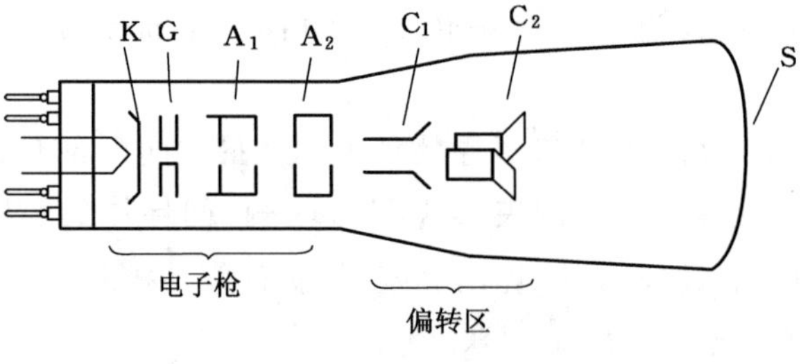

图 3-5-1　示波管结构图

K——阴极;G——栅极;A_1——第一阳极;A_2——第二阳极;

C_1——水平偏转板;C_2——垂直偏转板;S——荧光屏

(1) 荧光屏(S):这是示波器的显示部分。当有高速电子流打到荧光屏上时,屏上涂覆的荧光物质就发光。

(2) 电子枪(灯丝,K——阴极,G——栅极,A_1——第一阳极,A_2——第二阳极):它的主要功能是发射一束强度可以控制经过聚焦的高速电子流。由灯丝加热的阴极发射大量的电子，这些电子在处于高电位的第一阳极、第二阳极的加速下，以很高的速度（约 10^3 cm/s）射向荧光屏。在第一阳极 A_1 和阴极 K 之间有一个栅极 G，使它相对于阴极处于负电位。改变负电位的高低，就可以有效地控制电子束的强度，从而改变荧光屏光点的亮度。阳极 A_1、A_2 之间的电位差，可以使电子束正好聚焦在荧光屏上形成一个小亮点。

(3) 偏转系统（C_1——水平偏转板，C_2——垂直偏转板）：C_1、C_2 是两对互相垂直放置的偏转板。当在某对偏转板之间加以电压 U 时，极板间建立的电场就会使电子束偏转，亦即使荧光屏上亮点的位置发生偏转。偏转的大小与所加电压呈正比，偏转板 C_1 使电子束在水平方向（X 轴）偏移，偏转板 C_2 使电子束在垂直方向（Y 轴）偏移。当这两对偏转板同时加有偏转电压时，电子束的偏转是两个互相垂直的偏转作用的合成。

2. 扫描作用和整步作用

如果在垂直偏转板 C_2 上加以交变电压 $U_y = U_o \sin \omega t$，则电子束在垂直方向获得随时间变化的偏转，但在荧光屏上看到的只是一条竖直的亮线。显然，它并不能反映 U_y 的变化规律。如果同时在水平偏转板 C_1 上加一"扫描电压"$U_x = kt$，式中，k 为常数，亦即一个随时间正比增大的电压，那么电子束同时在水平方向又获得与时间呈正比的偏转。这样，由于 U_x 和 U_y 的共同作用，荧光屏上光点偏转结果如图 3-5-2 所示：如果某一瞬间 U_y 值为 1 点，而在同一时刻对应的 U_x 值为 $1'$ 点，它们对应于荧光屏上光点的合成位置为 $1''$ 点；下一瞬间 U_y 值为 2 点时，U_x 值为 $2'$ 点，合成后位置偏移到 $2''$ 点；如此类推，当 U_y 值变化一个完整的周期，荧光屏上的光点将正好描绘出与 U_y 时间变化完全相同的一个波形。把水平偏转电压的这种把垂直方向电压 U_y 展示出随时间变化规律的作用称为"扫描"作用。

因为荧光屏的大小有限，U_x 再发展下去，图形就会"跑"出屏外。因此，使电压 U_x 发展到 U_a 后立即回到 0，如图 3-5-3 所示，然后再遵从 $U_x = kt$ 的规律线性增大。这种周期变化的扫描电压称为"锯齿波电压"。如果正弦电压 U_y 的周期 T_y 和锯齿波电压的周期 T_x 相同，则光点在描完一个完整的正弦波以后，即回到初始位置 0，又沿着原来轨迹重新描绘。这样，在荧光屏上将看到一条稳定的正弦曲线。如果 $T_x = 2T_y$，不难看出，这时荧光屏上将呈现两个完整周期的正弦波。如果：

$$T_x = nT_y \tag{3-5-1}$$

则荧光屏上将呈现 n 个完整周期的正弦波。式(3-5-1)如果用频率 f 来表

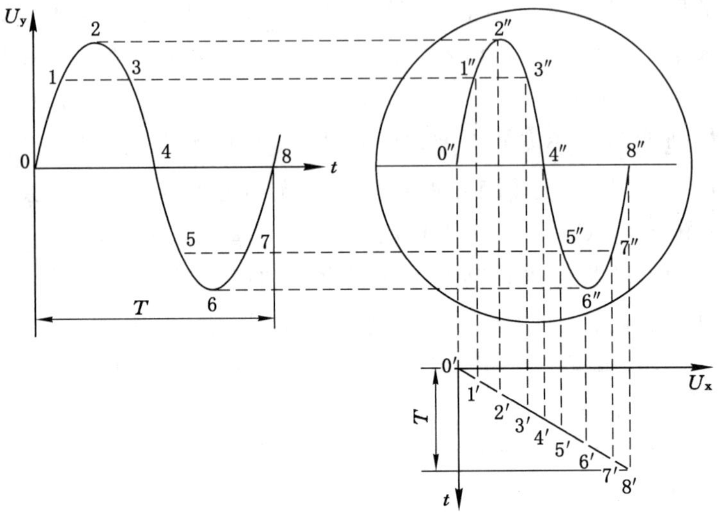

图 3-5-2　光点偏转结果

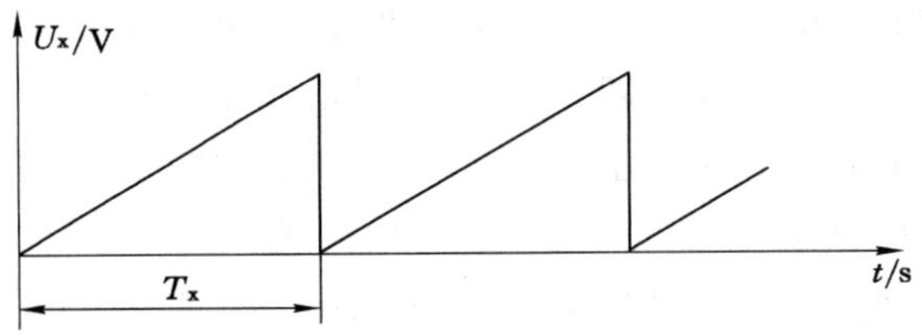

图 3-5-3　锯齿波扫描电压波形图

示，可记为：

$$f_y = nf_x \tag{3-5-2}$$

显然，只有当 T_x 和 T_y（或 f_y 和 f_x）的关系严格满足式(3-5-1)[或式(3-5-2)]时，才能使光点在每个周期中相应的时刻在荧光屏上对应的位置严格重合，亦即屏上的图形才能稳定。否则，看到的将是一个不断移动的图像。

为了在示波器上观察各种频率的电压波形，扫描电压的频率必须是可以连续调节的。但是，当把 f_x 暂时调到和 f_y 成一定比值 n 后，由于它们各自可能会有某些波动，稳定很快就会遭到破坏。为了消除这种现象，使待测电压与扫描电压之间建立起某种联系，使扫描电压发生器——一种锯齿波振荡电路的频率能随待测电压的频率起伏而起伏，因而严格地保持“同步”(或称“整步”)。

3. 李萨如图形

如果在示波器 X 轴和 Y 轴上输入的都是正弦电压，荧光屏上看到的将是两个互相垂直的正弦振动的合成，称之为李萨如图形。

图 3-5-4 描绘了频率相差一倍的两个正弦信号合成的李萨如图形。如果在李萨如图形的边缘上，分别作一条水平割线和一条垂直割线，并读出它们各自与图形相交的交点数，可以证明：

$$\frac{f_y}{f_x}=\frac{\text{水平割线上的交点数 } N_x}{\text{垂直割线上的交点数 } N_y} \tag{3-5-3}$$

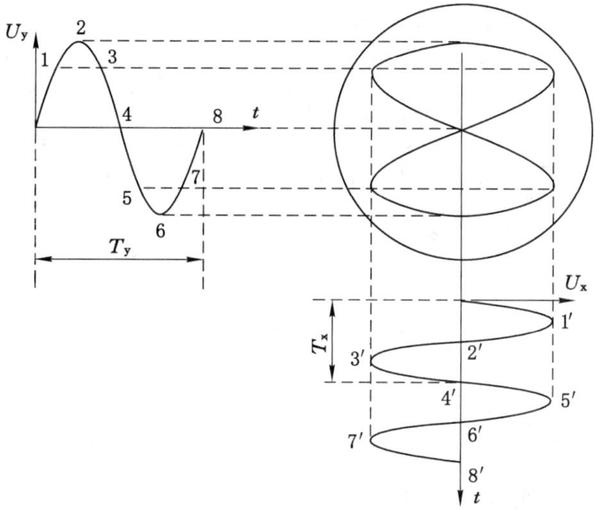

图 3-5-4 两个相互垂直的正弦振动的合成

如果 f_y 或 f_x 中有一个是已知的，那么由李萨如图形，利用式(3-5-3)就可求出另一未知频率。这是一种测量振动频率的重要方法。

（二）示波器的总体构造和使用方法

示波器一般由以下几个部分组成：

(1) 电子射线示波管。

(2) 锯齿波信号发生器：提供扫描电压，它的频率可以通过“扫描粗调”和“扫描细调”两个旋钮调节，并且可以通过一个开关——“整步选择”与所选择的合适信号建立整步关系。

(3) 信号放大器：分为 Y 放大器(垂直)和 X 放大器(水平)两部分。

(4) 电源部分：供给电子射线示波管各电极、锯齿波信号发生器、各放大器合适的工作电压。

三、实验仪器

YB4324 示波器(图 3-5-5)一台、XD—2 低频信号发生器一台、整流滤器一台。

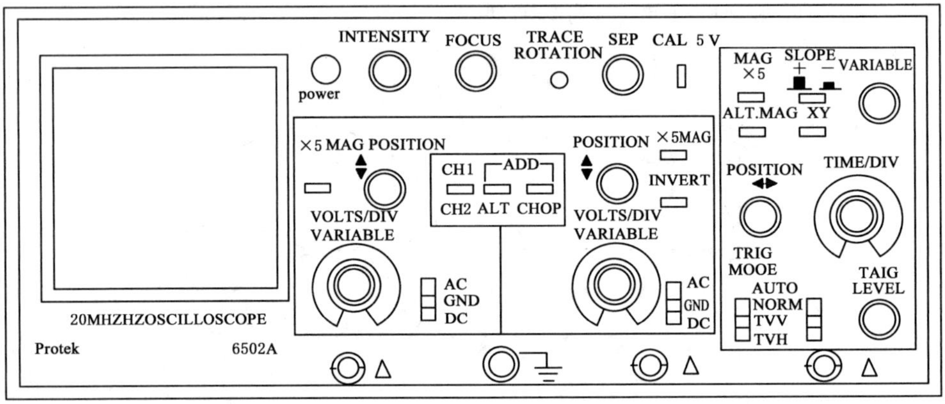

图 3-5-5 双通道四踪示波器

四、实验内容

(一) 示波器使用前的检查及基本练习

(1) 熟悉面板上有关控制件的作用。

(2) 开机前,先把“水平位移”和“垂直位移”置于中间,“亮度”和“聚焦”置于最小(即逆时针旋到底),触发源置于 CH1,垂直方式置于 CH1 或 CH2,扫描速率(Sec/Div)置(1-2)ms,可用以观察校准信号。耦合方式先置于 GND,平时置于 AC(交流输入)。

(3) 接上电源,闭合开关,预热约 3 min 后,调节“亮度”、“聚焦”、“垂直位移”和“水平位移”等旋钮,使屏幕上出现一个亮度适中、清晰,但不同步的校准方波信号,而后将“电平”旋钮调节至指示灯亮,即可得到稳定的方波波形。这些说明示波器工作正常,并处于待测状态。

(二) 正弦电压波形观察

(1) 按基本练习调节好旋钮。把待测信号(由低频信号发生器输出 500 Hz 电压)接到 CH1(或 CH2),垂直方式选择置 CH1(或 CH2),耦合方式置“AC”。调节 CH1(或 CH2)的灵敏度(Volts/Div),使波形在垂直方向的振幅合适。

(2) 选择与待测信号频率相应的扫描速率(Sec/Div),并调节“扫描微调”,使波形初步稳定。再将“电平”旋至指示灯亮,得到稳定的波形。

(3) 改变扫描周期,使 T_x 分别等于 T_y、$2T_y$ 和 $3T_y$,使屏上分别出现含 1,2,3 个周期的波形。

(4) 改变输入信号的频率(为 50 Hz 和 5 kHz),重复(2)、(3)两步骤。

(三) 整流滤波波形观察

(1) 按基本练习调节好各旋钮。

(2) 从整流、滤波实验板上依次输出“交流”、“整流(半波、全波)”、“滤波”等到 CH1 输入,观察整流、滤波波形。观察整流和滤波波形时,耦合方式置“DC”(直流输入)。

(四) 电压测量、时间测量

1. 直流电压测量

(1) Y 轴(CH1 或 CH2)输入耦合方式置 GND,并调节触发电平,使屏幕上出现一条扫描基线。按被测信号的幅度和频率将 Y 轴灵敏度“Volts/Div”档级和扫描速率“Sec/Div”置于适当位置,然后调节“垂直位移”,使扫描基线位于荧光屏的某一特定基准位置。

(2) 将输入耦合方式置“DC”,将滤波输出接入 CH1(或 CH2)输入,调“电平”旋钮使波形稳定。

(3) 测量直流分量(图 3-5-5),计算方法如下:

若“Volts/Div”档级的标称值为 K(V/cm)(设 1 DIV=1 cm),被测信号波峰值 $U_1=K(\text{V/cm})\times B(\text{cm})=KB(\text{V})$,被测信号波谷值 $U_2=K(\text{V/cm})\times C(\text{cm})=KC(\text{V})$,则被测信号直流分量 $U=\dfrac{U_1+U_2}{2}(\text{V})$。

2. 交流电压测量

(1) Y 轴(CH1 或 CH2)耦合方式置于“AC”,Y 轴灵敏度“Volts/Div”,扫描速率“Sec/Div”置适当位置。整流、滤波板的“交流”输出接入 Y 轴输入端,调“扫描微调”、“触发电平”,使波形稳定。

(2) 根据屏上的坐标刻度读出信号波形的峰—峰值 D(cm)(图 3-5-6)。如“Volts/Div”档级标称值为 K(V/cm)(设 1 Div=1 cm),则被测信号的峰—峰值为:

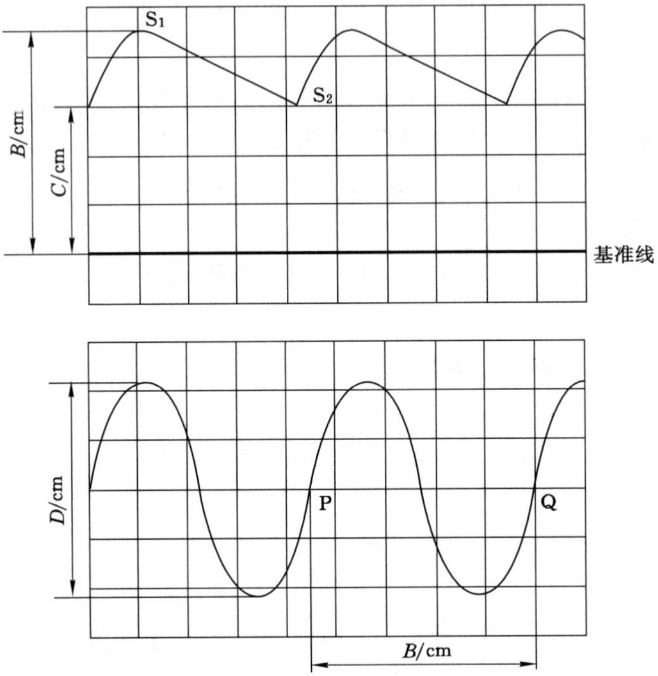

图 3-5-6 示波器显示屏示意图

$$U_{P-P} = K(V/cm) \times D(cm) = KD(V)$$

而交流电压的有效值为：

$$U_{ef} = \frac{\sqrt{2}}{4} U_{P-P}$$

3. 时间测量

将“整流”、“滤波”板的“交流”输出接到 Y 轴(CH1 或 CH2)输入，选择适当的“Volts/Div”和“Sec/Div”档值，调“扫描微调”至校准位置(即顺时针旋到底)，调“电平”使波形稳定，则屏上被测信号波形两特定点 P 与 Q 之间的时间间隔(见图 3-5-6)可按下列方法计算。

若扫描速率“Sec/Div”档极标称值为 K(ms/cm)(设 1 Div=1 cm)，P 与 Q 之间的距离为 B(cm)，则 P、Q 两点时间间隔值 t 为：

$$t = K(ms/cm) \times B(cm) = KB(ms)$$

(五) 观察李萨如图形、测信号频率

(1) 按基本要求调好各旋钮。

（2）将“Sec/Div”左旋至“X—Y”方式。

（3）用示波器内部的“试验信号”（其输出端在示波器背面）作为待测信号输入到CH1，而把低频信号发生器输出的交变信号输入到CH2。

（4）调节低频信号发生器输出的信号频率，使图形分别呈$\frac{N_y}{N_x}=1:1$，1：2，1：3，2：3，2：1，记录各自的f_y值，再根据式（3-5-3）计算出$\frac{N_y}{N_x}$为不同值时的实验信号频率f_x，并求出f_x的平均值。

五、注意事项

（1）熟悉各旋钮的作用，切不可盲目乱动。

（2）转动旋钮时动作要轻，绝不要当转不动时还用力去旋转，那样必然会损坏仪器。

（3）示波器Y、X轴输入传输线的外表皮（屏蔽线）都与机壳相接，同时使用时，一定要注意共地点的选择，否则会造成短路。

（4）使用示波器最基本的目的是观察波形，为了正确地显现欲观察的波形，信号线的芯线应接至示波器输入，而屏蔽线接至示波器的地（或）端。调节示波器，重要的是将“扫描时间”选择合适，否则不能观察到不失真的波形。

六、思考题

（1）当Y轴输入端有信号，但是屏幕上只有一条垂直亮线，这是什么原因？如何调节才能使示波器沿X轴延伸？

（2）如果示波器的波形不断向右移动，说明扫描频率偏高还是偏低？

实验六　研究弦线上的驻波现象

一、实验目的

（1）观察弦线上驻波的变化，了解并熟悉实验仪器的调整方法。

（2）研究弦线振动时的振动频率与振幅变化对形成驻波的影响，波长与张力的关系。

（3）在弦线张力不变时，研究弦线振动时驻波波长与振动频率的关系。

(4) 改变弦线张力后,研究弦线振动时驻波波长与振动频率的关系。

二、实验仪器

可调频率的数显机械振动源、弦线支撑平台、固定滑轮、可调滑轮、砝码盘、米尺、弦线、砝码等。见图 3-6-1。

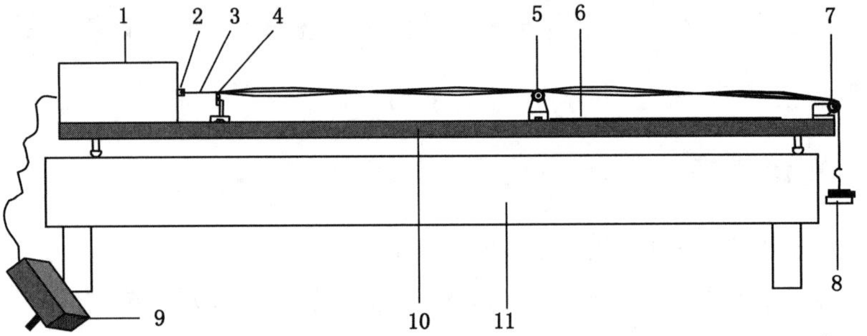

图 3-6-1 仪器结构图

1——可调频率数显机械振动源;2——振簧片;3——弦线;4——可动刀口支架;5——可动滑轮支架;6——标尺;7——固定滑轮;8——砝码与砝码盘;9——变压器;10——实验平台;11——实验桌

三、实验原理

在一根拉紧的弦线上,其中张力为 T,线密度为 μ,则沿弦线传播的横波应满足下述运动方程:

$$\frac{\partial^2 y}{\partial t^2} = \frac{T\partial^2 y}{\mu\partial x^2} \tag{3-6-1}$$

式中,x 为波在传播方向(与弦线平行)的位置坐标;y 为振动位移。将式(3-6-1)与典型的波动方程 $\frac{\partial^2 y}{\partial t^2}=v^2\ \frac{\partial^2 y}{\partial x^2}$ 相比较,即可得到波的传播速度:

$$v = \sqrt{\frac{T}{\mu}}$$

若波源的振动频率为 f,横波波长为 λ,由于 $v=f\lambda$,故波长与张力及线密度之间的关系为:

$$\lambda = \frac{1}{f}\sqrt{\frac{T}{\mu}} \tag{3-6-2}$$

为了用实验证明式(3-6-2)成立,将该式两边取对数,得:

$$\log \lambda = \frac{1}{2}\log T - \frac{1}{2}\log \mu - \log f \tag{3-6-3}$$

若固定频率 f 及线密度 μ，而改变张力 T，并测出各相应波长 λ，作 $\log\lambda$—$\log T$ 图，若得一直线，计算其斜率值(如为 $\frac{1}{2}$)，则证明了 $\lambda\propto T^{\frac{1}{2}}$ 的关系成立。同理，固定线密度 μ 及张力 T，改变振动频率 f，测出各相应波长 λ，作 $\log\lambda$—$\log f$ 图，如得到斜率为 -1 的直线则验证了 $\lambda\propto f^{-1}$。

为了测定 λ，采用在弦中形成驻波的方法。两列频率相同、振幅相同、振动方向相同的平面简谐波，沿相反方向传播，干涉形成驻波。振幅最大点称为波腹，振幅为零点静止不动称为波节。一条拉紧的弦线，其一端系于音叉，而另一端固定，当音叉振动时，便在弦中产生横波沿弦线传播。横波传播到固定端，其反射波位相改变 π，与入射波叠加形成驻波。

理论证明，相邻波节之间距离为半波长，弦上驻波振幅最大且最稳定时，两端形成波节，弦线长度 L 应满足下式：

$$L=(n-1)\frac{\lambda}{2}\quad(n=2,3,4\cdots)\tag{3-6-4}$$

式中，n 为节点数目(包括弦线两端节点)。实验中测得 L 和节点数目，可计算波长：

$$\lambda=\frac{2L}{n-1}\quad(n=2,3,4\cdots)\tag{3-6-5}$$

实验装置如图 3-6-2 所示，将弦线的一端固定在电动音叉的一个叉子的顶端，另一端绕过滑轮系在载有砝码的砝码盘上。闭合 K 后，调节音叉断续器的接触点螺丝 k′，使音叉维持稳定的振动，并将其振动沿弦线向滑轮一端传播，形成横波。当横波到达 B 点后产生反射，由于前进波与反射波能够满足相干条件，在弦线上形成驻波，而任意两个相邻的波节(或波腹)间的距离都为波长的一半。调节弦线的长度 L 或张力 T，使驻波振幅最大且稳定。

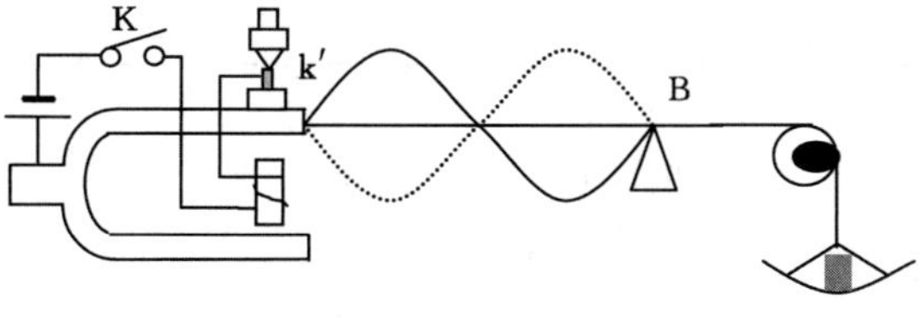

图 3-6-2　实验装置

四、实验内容

1. 必做内容

(1) 验证横波的波长与弦线中的张力的关系

固定一个波源振动的频率，在砝码盘上添加不同质量的砝码，以改变同一弦上的张力。每改变一次张力(即增加一次砝码)，均要左右移动可动滑轮5(见图3-6-1)的位置，使弦线出现振幅较大而稳定的驻波。用实验平台10上的标尺6测量 L 值，即可根据式(3-6-3)算出波长 λ。作 $\log\lambda$—$\log T$ 图(图3-6-3)，求其斜率。

	T_1	T_2	T_3	T_4	T_5	T_6
λ						
	$\log T_1$	$\log T_2$	$\log T_3$	$\log T_4$	$\log T_5$	$\log T_6$
$\log\lambda$						

图3-6-3 $\log\lambda$—$\log T$ 图

(2) 验证横波的波长与波源振动频率的关系

在砝码盘上放上一定质量的砝码，以固定弦线上所受的张力，改变波源振动的频率，用驻波法测量各相应的波长，作 $\log\lambda$—$\log f$ 图(图3-6-4)，求其斜率。最后得出弦线上波传播的规律结论。

	f_1	f_2	f_3	f_4	f_5	f_6
λ						
	$\log f_1$	$\log f_2$	$\log f_3$	$\log f_4$	$\log f_5$	$\log f_6$
$\log\lambda$						

图3-6-4 $\log\lambda$—$\log f$ 图

2. 选做内容

验证横波的波长与弦线密度的关系：在砝码盘上放固定质量的砝码，以固定弦线上所受的张力，固定波源振动频率，通过改变弦丝的粗细来改变弦线的线密度，用驻波法测量相应的波长，作 $\log\lambda$—$\log\mu$ 图，求其斜率。得出弦线上波传播规律与线密度的关系。

五、思考题

(1) 调节振动源上的振动频率和振幅大小后对弦线振动会产生什么影响?

(2) 如何来确定弦线上的波节点位置?

(3) 两波节点间的距离意味着什么?

(4) 实验中如何改变弦线的张力?

(5) 弦线上的张力变化后对得到的波长有什么影响?

实验七　用拉伸法测金属丝的弹性模量

一、实验目的

(1) 学会用光杠杆法测量弹性模量。

(2) 掌握光杠杆法测量微小伸长量的原理。

(3) 学会用逐差法处理数据。

二、实验原理

在外力作用下,固体所发生的形状变化称为形变。它可分为弹性形变和塑性形变两种。外力撤除后能完全恢复原状的形变称为弹性形变。如果加在物体上的外力过大,以致外力撤除后物体不能完全恢复原状而留下剩余形变,就称之为塑性形变。

最简单的形变是棒状物体受外力后的伸长和缩短。设一物体长 L,截面积为 S,沿长度方向施力 F 后,物体的伸长(或缩短)为 ΔL。比值 $\dfrac{F}{S}$ 是单位面积上的作用力,称为胁强,它决定了物体的形变;比值 $\dfrac{\Delta L}{L}$ 是物体的相对伸长,称为胁变,它表示物体形变的大小。按照胡克定律,在物体的弹性限度内,胁强与胁变呈正比,比例系数:

$$E = \frac{\dfrac{F}{S}}{\dfrac{\Delta L}{L}} \tag{3-7-1}$$

称为弹性模量。

实验证明，弹性模量与外力 F、物体的长度 L 和截面积 S 的大小无关，而决定于棒的材料，它是表征固体性质的一个物理量。

式(3-7-1)中伸长量 ΔL 甚小，用一般工具不易测准确，本实验用光杠杆法测 ΔL。

1. 光杠杆法测微小量 ΔL 的原理

如图 3-7-1 所示，假定开始时，平面镜 M 的法线 on_0 在水平位置，则标尺 S 上的标度线 n_0 发出的光通过平面镜 M 反射，进入望远镜，在望远镜中形成 n_0 的像而被观察到。当金属丝伸长后，光杠杆的主杆尖脚随金属丝下落 ΔL，带动 M 转一角度 α 至 M′，法线 on_0 也转同一角度 α 至 on_1，根据光的反射定律，从 n_0 发出的光将反射至 n_2，且 $\angle n_0 on_1 = \angle n_2 on_1 = \alpha$，由光线的可逆性知：从 n_2 发出的光经平面镜反射后进入望远镜而被观察到。从图 3-7-1可知：

$$\tan\alpha = \frac{\Delta L}{b}$$

$$\tan 2\alpha = \frac{\Delta n}{D} \quad (on_0 = D)$$

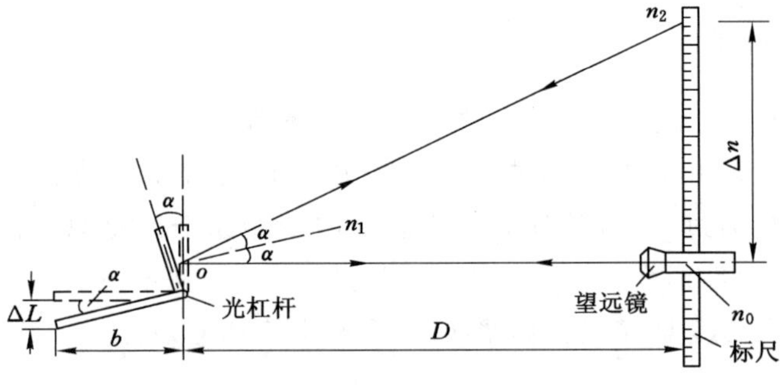

图 3-7-1　光杠杆原理图

由于 α 很小，所以：

$$\alpha = \frac{\Delta L}{b}$$

$$2\alpha = \frac{\Delta n}{D}$$

消去 α，得：

$$\Delta L = \frac{b}{2D}\Delta n \tag{3-7-2}$$

ΔL 原是难测的微小长度，但当取 D 远大于 b 后，经光杠杆转换后的量 Δn 却是较大的量，可以从标尺上直接读得，光杠杆装置的放大倍数为$\frac{2D}{b}$，在实验中，b 通常为 8 cm 左右，D 为 1.5～2.0 m，放大倍数可达到 35～40 倍。

2. 实验数据的一种处理方法——逐差法

由误差理论知道，算术平均值最接近真值，因此，在实验中应尽量实现多次测量。但在本实验中，如果简单地取各次测量的平均值，并不能达到好的效果，例如在光杠杆法中，如果每次增加重量为 1 kg，连续增重五次，则可读得六个标尺读数，它们分别为 n_0、n_1、n_2、n_3、n_4、n_5（n_0 为未增重时的初始读数），其相应的差值为：$\Delta n_1 = n_1 - n_0$、$\Delta n_2 = n_2 - n_1$，…，$\Delta n_5 = n_5 - n_4$，根据平均值的定义：

$$\Delta n = \frac{(n_1 - n_0) + (n_2 - n_1) + (n_3 - n_2) + (n_4 - n_3) + (n_5 - n_4)}{5} = \frac{n_5 - n_0}{5}$$

结果是中间值全部抵消，只有始末两次测量值起作用，与增重 5 kg 的单次测量等价。

为了使其保持多次测量的优越性，只要在数据处理方法上作一些变化即可，通常可把数据分成两组，一组是 n_0、n_1、n_2，另一组为 n_3、n_4、n_5，取相应项的差值 $\Delta n_1 = n_3 - n_0$、$\Delta n_2 = n_4 - n_1$、$\Delta n_3 = n_5 - n_2$，则平均值为：

$$\Delta \bar{n} = \frac{\Delta n_1 + \Delta n_2 + \Delta n_3}{3} = \frac{(n_3 - n_0) + (n_4 - n_1) + (n_5 - n_2)}{3} \tag{3-7-3}$$

这种方法称为逐差法。

注意：式(3-7-3)中，$\Delta \bar{n}$ 为增重 3 kg 的平均差值。

故由式(3-7-1)、式(3-7-2)、式(3-7-3)和 $S=\frac{\pi d^2}{4}$可得：

$$E = \frac{\frac{F}{S}}{\frac{\Delta L}{L}} = \frac{F/\left(\frac{1}{4}\pi d^2\right)}{\frac{b}{2D}\Delta n/L} = \frac{8FLD}{\pi d^2 b\Delta n} \tag{3-7-4}$$

三、实验仪器

YMY—1 型弹性模量测定仪一架，砝码(1 kg)六个，尺读望远镜一架，光杠杆一个，螺旋测微计一个，卷尺一个。

四、实验步骤

1. 装置的调整

（1）调节支架底部的三个螺旋，使平台达到水平（用水准泡检查）。

（2）先使平面镜M镜面与平台大致垂直，而后粗调望远镜大致水平，并与镜面中心等高，再调标尺零点在望远镜筒中心的高度上。

（3）使望远镜对准镜面，眼睛在望远镜筒外上侧缺口向准星望去，可见镜面中的标尺像，若看不见，则进行调节，从而使标尺的模糊像出现在望远镜视场中央。

（4）用自准法调望远镜聚焦于无穷远。调节望远镜，使得能清晰地看到目镜前刻划板上的十字叉线，以及看清标尺刻线的像，并通过调焦，使当眼睛上下移动时，十字叉丝的水平线与标尺的刻度间无相对位移（即无视差），实验操作时可放宽至视差不超过半格。

（5）微调平面镜倾角（注意不让平面镜三支点移动），使望远镜中叉丝水平线在标尺零刻线到±2 cm左右的范围内。

2. 测量

（1）记下十字叉丝水平线对准标尺的某一刻度 n_0。

（2）按顺序增加砝码（每次增加1 kg），共5次，每次在望远镜中观察标尺的像，并逐次记下相应的标尺刻度 n_1'、n_2'、n_3'、n_4'、n_5'（注意：经过零点后的读数要改变符号）。再加上第6个砝码，但不需记数。

（3）按相反次序将砝码逐一取下，记录相应的标尺读数 n_5''、n_4''、n_3''、n_2''、n_1''、n_0''。

（4）测量金属丝的长度 L，$L=L_0+L_1$。L_0 为上卡头A下端至平台的距离，用卷尺测量。L_1 为下卡头C下端至平台的距离。$L_1=(12.5\pm0.2)\text{cm}$。

（5）用卷尺测平面镜到标尺的距离 D。

（6）用螺旋测微计测金属丝平均直径 $\overline{d}$：在金属丝上、中、下三部位的不同方位各测两次直径，将6个数据取平均值。

（7）测 b：将杠杆放在纸上轻压出三个脚的痕迹，用毫米尺细心量出主杆尖脚至其余两尖脚迹点连线的垂直长度，即为 b。

（8）按附录中CAI部分的Y. exe操作使用方法，核查实验结果是否通过。

3. 数据记录及处理

金属丝直径 d 的测量记录如表 3-7-1 所示。

表 3-7-1　　数据记录表

次数 i	1	2	3	4	5	6
d_i'/mm						
$d_i=d_i'-d_0$/mm						
$\Delta d_i=d_i-\overline{d}$/mm						

望远镜中标尺读数变化量的测量记录如表 3-7-2 所示。

表 3-7-2　　数据记录表

次数 i	1	2	3	4	5	6
F_i/kg	0.000	1.000	2.000	3.000	4.000	5.000
n_i'/cm						
n_i''/cm						
$n_i=\frac{n_i'+n_i''}{2}$/cm						

(1) 取同一负荷下标尺读数 n_0、n_1、n_2、n_3、n_4、n_5 的平均值，其中，$n_i=\frac{n_i'+n_i''}{2}$。用逐差法算出平均值 Δn：

$$\Delta n=\frac{(n_3-n_0)+(n_4-n_1)+(n_5-n_2)}{3}$$

(2) 将各数据代入式(3-7-4)计算 E。

(3) 自列数据表，按式(3-7-4)推出计算相对误差的公式，求出 E 的相对误差和绝对误差，写出实验结果。

五、注意事项

(1) 光杠杆、望远镜和标尺所构成的光学系统一经调节好后，在实验过程中就不可再移动，否则，所测的数据无效，实验应从头做起。

(2) 不准用手触摸目镜、物镜、反射镜等光学镜表面,更不准用手、布类或任意纸片擦拭光学镜表面。

六、思考题

(1) 本实验中分别用了米尺、游标卡尺、螺旋测微计以及光杠杆望远镜尺组系统四种测长仪器,试用不确定度理论说明选择这些测量仪器的标准。

(2) 定量分析各被测量中哪一个量的不确定度对结果影响最大。

(3) 做本实验时,为什么要求在正式读数之前先加砝码把金属丝拉直?这样做会不会影响测量结果?

实验八　密度的测量

一、实验目的

(1) 学习用流体静力称衡法测量固体和液体的密度。

(2) 掌握物理天平的正确使用方法。

二、实验仪器

物理天平、游标卡尺、水杯及待测样品(铜圆柱体、盐水)。

三、实验原理

(一) 固体密度的测量

1. 规则物体的密度测量

设物体质量为 m,体积为 V,则该物体的密度为:

$$\rho = \frac{m}{V} \tag{3-8-1}$$

对形状规则的圆柱体,质量 m 可由物理天平称出,体积 V 可以直接测量物体的外形尺寸,然后应用几何公式计算出来。即:

$$V = \frac{1}{4}\pi d^2 h \tag{3-8-2}$$

式中,d 为圆柱体直径;h 为圆柱体高度。于是:

$$\rho = \frac{4m}{\pi d^2 h} \tag{3-8-3}$$

2. 不规则物体的密度测量

(1) $\rho>1\ g/cm^3$ 的固体

根据阿基米德原理，物体浸在液体中所减少的重力(P_1-P_2)，即受到的浮力，等于它所排开同体积液体的重力。故有：

$$P_1-P_2=\rho_w Vg \tag{3-8-4}$$

如果用天平分别称出物体在空气中的质量 m_1($P_1=m_1g$)及物体浸没在水中的表观质量 m_2($P_2=m_2g$)，则(m_1-m_2)g 就等于物体所排开的同体积的水的重力，(m_1-m_2)即为这部分水的质量。

物体所排开的水的体积(即物体的体积)为：

$$V=\frac{m_1-m_2}{\rho_w} \tag{3-8-5}$$

则固体的密度力：

$$\rho=\rho_w\frac{m_1}{m_1-m_2} \tag{3-8-6}$$

这就是流体静力称衡法的基本原理。

(2) $\rho<1\ g/cm^3$ 的固体

设待测物($\rho<1\ g/cm^3$)在空气中的质量为 m_2，辅助物($\rho>1\ g/cm^3$)在空气中的质量和浸没于水中的表观质量分别为 m_0 和 m_1，将两个物体连在一起后完全浸没于水中的表观质量为 m_3，则辅助物和待测物一起完全浸没于水中时受到的浮力为：

$$F'=(m_2+m_0-m_3)g$$

而待测物浸没于水中时受到的浮力则为：

$$F=\rho_w Vg=(m_2+m_0-m_3)g-(m_0-m_1)g$$

即待测物体积：

$$V=(m_2+m_1-m_3)/\rho_w$$

由定义式 $\rho=m_2/V$ 可得待测物密度：

$$\rho=\frac{m_2\rho_w}{m_2+m_1-m_3}$$

(二) 液体密度的测量

此法要借助于不溶于水并且和被测液体不发生化学反应的物体(一般用玻璃块)。

设物体的质量为 m_1，将其悬吊且浸没在被测液体中的称衡值为 m_3，悬吊且浸没在水中的称衡值为 m_2，则参照上述讨论，可得液体的密度 ρ 为：

$$\rho = \rho_w \frac{m_1 - m_3}{m_1 - m_2} \tag{3-8-7}$$

四、实验内容与步骤

1. 用流体静力称衡法测量圆柱体的密度

(1) 用游标卡尺测量圆柱体的直径和高度,每个物理量测 5 次,并将测量结果记录于表 3-8-1 中。按直接测量结果表示的要求,计算它们的不确定度,并将测量结果表示出来。

(2) 用物理天平称量圆柱体的质量。只要求测量一次。按只测一次确定不确定度的方法,将测量结果表示出来。

(3) 按数据处理的方法,把圆柱体密度的测量结果表示出来。

2. 用流体静力称衡法测量固体的密度

(1) 用天平测不规则物体在空气中的质量 m_1 和全部浸没在水中的质量 m_2。只要求测一次,按只测一次时确定不确定度的方法,将测量结果表示出来。

(2) 用温度计测出水的温度 t,查表确定水的密度 ρ_w。

(3) 计算 $\bar{\rho}$和 u_ρ,完整表示测量结果。

3. 用流体静力称衡法测量液体的密度

用天平测固体在空气中的质量 m_1 和全部浸没在水中的质量 m_2 及全部浸没在被测液体中的质量 m_3。只要求测一次,按只测一次时确定不确定度的方法,将测量结果表示出来。

五、数据记录及结果处理

数据记录表如表 3-8-1 所示。

表 3-8-1　　圆柱体及物体质量的测量数据　　室温 $t=$　　℃

名称 \ 次数	1	2	3	4	5	平均值
圆柱体的直径 d/cm						
$\Delta d = d_i - \bar{d}$/cm						
圆柱体的高度 h/cm						

续表 3-8-1

名称 \ 次数	1	2	3	4	5	平均值
$\Delta h = h_i - \overline{h}$/cm						
物体在空气中的质量 m_1/g	$m_1 =$ ±0.05(g)					
物体在水中的质量 m_2/g	$m_2 =$ ±0.05(g)					
物体在盐水中的质量 m_3/g	$m_3 =$ ±0.05(g)					

天平感量______ kg　　天平最大称量______ kg

查表得室温下水的密度 $\rho_w =$ 　　　kg/m³

计算：

（1）测量规则铜圆柱体的密度

$$S_d = \sqrt{\frac{\sum_{i=1}^{n}(d_i - \overline{d})^2}{n(n-1)}} = \qquad ; u_d = \sqrt{S_d^2 + u_{仪}} =$$

$$d = \overline{d} \pm u_d = \qquad \text{（注意游标卡尺的零点读数）}$$

$$S_h = \sqrt{\frac{\sum_{i=1}^{n}(h_i - \overline{h})^2}{n(n-1)}} = \qquad ; u_h = \sqrt{S_h^2 + u_{仪}} =$$

$$h = \overline{h} \pm u_h =$$

$$\overline{\rho} = \frac{4\overline{m_1}}{\pi \overline{d}^2 \overline{h}} = \qquad (\text{kg/m}^3)$$

$$E = \frac{u_\rho}{\overline{\rho}} = \sqrt{\left(\frac{u_{m_1}}{\overline{m_1}}\right)^2 + \left(\frac{2u_d}{\overline{d}}\right)^2 + \left(\frac{u_h}{\overline{h}}\right)^2} =$$

$$u_\rho = \overline{\rho}\frac{u_\rho}{\overline{\rho}} = \qquad (\text{kg/m}^3)$$

$$\rho = \overline{\rho} \pm u_\rho = \qquad (\text{kg/m}^3)$$

（2）测量不规则固体的密度

$$\overline{\rho} = \frac{\overline{m_1}}{\overline{m_1} - \overline{m_2}}\rho_w = \qquad (\text{kg/m}^3)$$

$$\frac{u_\rho}{\overline{\rho}} = \sqrt{\left(\frac{1}{\overline{m_1}} - \frac{1}{\overline{m_1} - \overline{m_2}}\right)^2 u_{m_1}^2 + \left(\frac{1}{\overline{m_1} - \overline{m_2}}\right)^2 u_{m_2}^2} =$$

$$u_\rho = \bar{\rho}\frac{u_\rho}{\bar{\rho}} = \qquad (\mathrm{kg/m^3})$$

$$\rho = \bar{\rho} \pm u_\rho = \qquad (\mathrm{kg/m^3})$$

(3) 测量液体的密度

$$\bar{\rho} = \frac{\overline{m_1} - \overline{m_3}}{\overline{m_1} - \overline{m_2}}\rho_w = \qquad (\mathrm{kg/m^3})$$

$$\frac{u_\rho}{\bar{\rho}} = \sqrt{\left(\frac{1}{\overline{m_1} - \overline{m_3}} - \frac{1}{\overline{m_1} - \overline{m_2}}\right)^2 u_{m_1}^2 + \left(\frac{1}{\overline{m_1} - \overline{m_2}}\right)^2 u_{m_2}^2 + \left(\frac{1}{\overline{m_1} - \overline{m_3}}\right)^2 u_{m_3}^2} =$$

$$u_\rho = \bar{\rho}\frac{u_\rho}{\bar{\rho}} = \qquad (\mathrm{kg/m^3})$$

$$\rho = \bar{\rho} \pm u_\rho = \qquad (\mathrm{kg/m^3})$$

六、注意事项

(1) 本实验在操作中首先要做好天平的调节,这是非常关键的一步。

(2) 在实验过程中学生容易发生违规操作行为(在横梁抬起的情况下进行具体操作等),教师需不断提示。

(3) 称衡平衡时指针不得偏离平衡刻线一小格(不论左或右),因砝码最小配置与刻度尺最小分度值相同。

(4) 读取估读数据时,要注意指针的偏转方向,以便对估读值进行修正。

七、思考题

(1) 具体分析本实验产生误差的各种原因。

(2) 能否用流体静力称衡法测定液体的密度?如果能测如何测量?

(3) 能否用密度瓶测定液体的密度?如果能测如何测量?

附录　物理天平的使用介绍

物理天平的构造如图 3-8-1 所示,在横梁上装有三角刀口 A、F_1、F_2,中间刀口 A 置于支柱顶端的玛瑙刀垫上,作为横梁的支点。两边刀口各悬挂秤盘 P_1、P_2,横梁的下方固定一个指针,当横梁摆动时,指针尖端就在支柱的下方标尺前摆动,制动旋钮可以使横梁上升或下降。当横梁下降时,制动架就会把它托住,以免刀口磨损。横梁两端各有一平衡螺母 B_1、B_2,用于空载时调节平衡。横梁上装有游码 D,用于 1 g 以下的称衡。

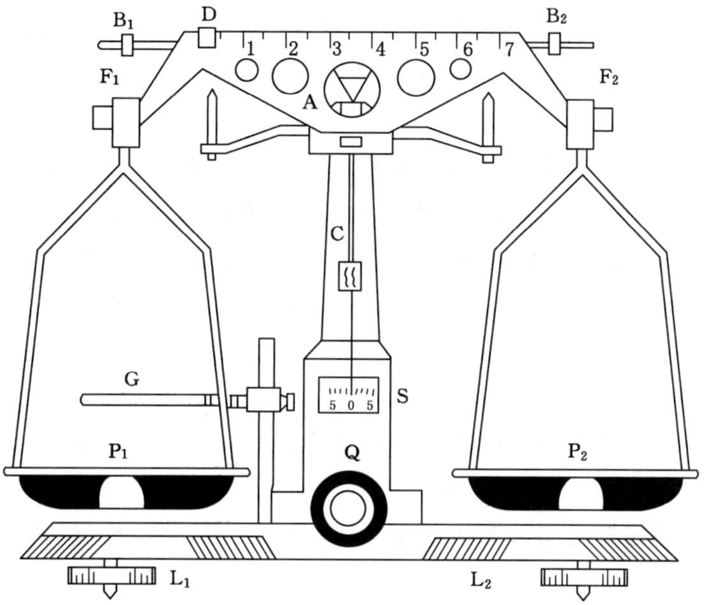

图 3-8-1 物理天平

物理天平的规格由最大称量和感量(或灵敏度)来表示。最大称量是指天平允许称量的最大质量。感量是指天平的指针从标度尺上零点平衡位置转过一个最小分格时,天平两端秤盘上的质量差。灵敏度是感量的倒数,感量越小灵敏度就越高。

物理天平的操作步骤:

(1) 水平调节:使用天平时,首先调节天平底坐下两个螺钉 L_1、L_2,使水准仪中的气泡位于圆圈线的中央位置(或使悬挂的锥尖与底座锥尖对齐)。

(2) 零点调节:天平空载时,将游码拨到左端与 0 刻线对齐,使两端秤盘悬挂在刀口上并顺时针旋转制动旋钮 Q,启动天平,观察天平是否平衡。当指针在刻度尺 S 上来回摆动,左右摆幅近似相等,便可以认为天平已达到平衡。如果不平衡,反时针方向旋转制动旋钮 Q,使天平制动,调节横梁两端的平衡螺母 B_1、B_2,再用前法判断是否平衡,直至达到空载平衡为止。

(3) 称衡:把待测物体放置左盘中,右盘中放置砝码,轻轻右旋制动旋钮 Q 使天平启动,观察天平向哪边倾斜,立即反向旋转制动旋钮 Q,使天平制动,酌情增减砝码及移动游码,再启动,观察天平倾斜情况。如此反复调整,直到天平能够左右对称平衡摆动，使天平达到平衡，此时砝码的质量就是待测物体的质量。称衡时选用砝码应由大至小，逐个试用，直到最后利用游码使天平平衡。

物理天平的维护方法：

(1) 天平的负载量不得超过其最大称量，以免损坏刀口或压弯横梁。

(2) 刀口受冲击而损坏，在取放物体、取放砝码、调节平衡螺母以及不使用天平时，都必须使天平制动。只是在判断天平是否平衡时才将天平启动。天平启动或制动时，旋转制动旋钮动作要轻。

(3) 砝码不能用手拿取，只能用镊子夹取。从秤盘上取下砝码应立即放入砝码盒中。

(4) 天平的各个部分以及砝码要防锈、防腐蚀，高温物体以及腐蚀性的化学药品不得直接放在盘内称衡。

(5) 称衡完毕将制动旋钮向左旋转、放下横梁，并将秤盘拿离刀口。

实验九　薄透镜焦距的测定

一、实验目的

(1) 学会测量薄透镜焦距的几种基本方法。

(2) 进一步掌握薄透镜的成像规律。

二、实验原理

(一) 薄透镜成像公式

透镜可分为凸透镜和凹透镜两类。它们对光线的作用分别是会聚和发散。当一束平行于透镜主光轴的光线通过凸透镜后，将会会聚于主光轴上，会聚点 F 称为该凸透镜的焦点，凸透镜光心 O 到焦点 F 的距离称为焦距 f，如图 3-9-1(a)所示。一束平行于主光轴的光线通过凹透镜后将发散，发散光的延长线与主光轴的交点 F 称为该凹透镜的焦点，凹透镜光心 O 到焦点 F 的距离称为凹透镜的焦距 f，如图 3-9-1(b)所示。

当透镜厚度远远小于其焦距时，这种透镜称为薄透镜。在近轴光线的条件下，薄透镜成像的规律可表示为：

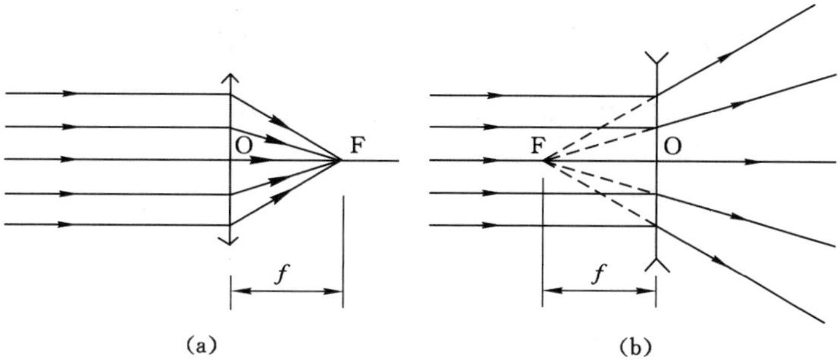

图 3-9-1　薄透镜的焦点和焦距

(a) 凸透镜；(b) 凹透镜

$$\frac{1}{u}+\frac{1}{v}=\frac{1}{f} \tag{3-9-1}$$

式中，u 为物距；v 为像距；f 为透镜的焦距。u、v 和 f 均从透镜的光心 O 算起。物距 u 恒取正值。像距 v 的正负由像的实虚来确定，实像时 v 为正，虚像时 v 为负。凸透镜的焦距恒取正值，凹透镜的焦距恒取负值。

（二）凸透镜焦距的测量原理

测量凸透镜焦距可使用三种方法：

1. 自准法（平面镜法）

如图 3-9-2 所示，若物体 AB 处于凸透镜的前焦平面时，物体上各点发出的光线通过凸透镜将变为平行光。此时，物距 u 即等于透镜焦距 f。若用与主光轴垂直的平面镜将平行光反射回去，再经透镜会聚后将成为一个大小与物体相同的倒立实像 A′B′，A′B′也必定位于原物所处的前焦平面上。测出物体与透镜的距离，即为该透镜的焦距。

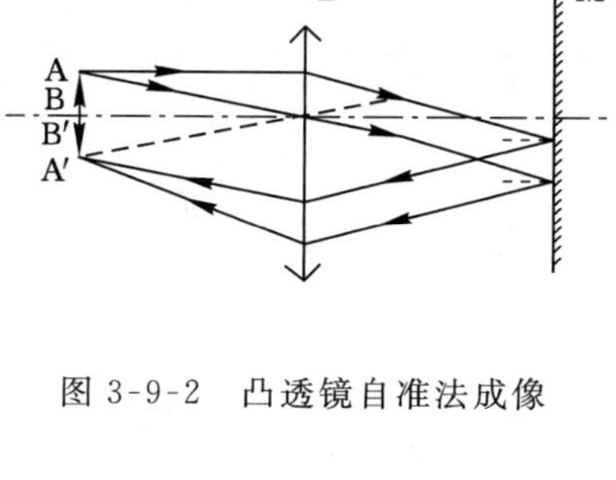

图 3-9-2　凸透镜自准法成像

2. 物距像距法

如图 3-9-3 所示，当物体 AB 在有限距离时，物体发出的光线经过凸透镜折射后，将成像在透镜的另一侧，测出物距 u 和像距 v 后，代入公式 $\frac{1}{u}+\frac{1}{v}=\frac{1}{f}$ 即可算出透镜的焦距：

$$f=\frac{uv}{u+v} \tag{3-9-2}$$

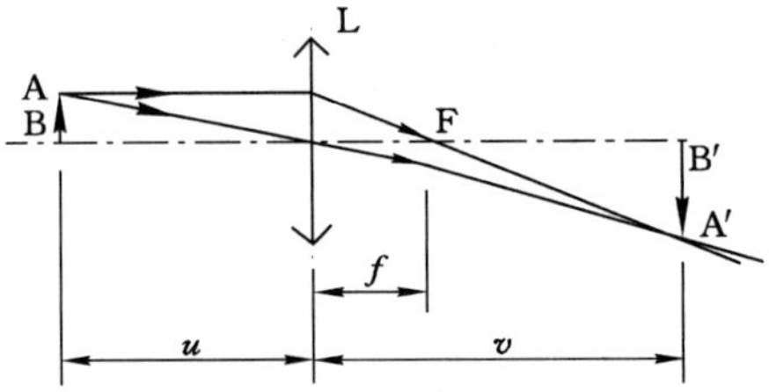

图 3-9-3 薄透镜成像

3. 共轭法（二次成像法）

如图 3-9-4 所示，设物 AB 与像屏 P 间距离为 S，且 $S>4f$，并保持不变，移动透镜位置，当透镜在 O_1 处时，屏上可获得物体 AB 放大的清晰的实像 A_1B_1，当透镜在 O_2 处时，屏上又获得一个缩小的清晰的实像 A_2B_2。若 O_1 与 O_2 之间的距离为 d，由公式 $\frac{1}{u}+\frac{1}{v}=\frac{1}{f}$ 可以导出该透镜的焦距为：

$$f=\frac{S^2-d^2}{4S} \tag{3-9-3}$$

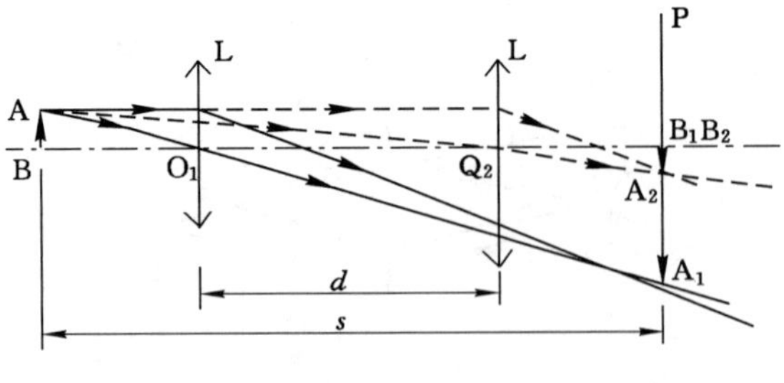

图 3-9-4 共轭法测凸透镜焦距

（三）凹透镜焦距的测量原理

1. 物距像距法

凹透镜是发散透镜，它形成的像是虚像，不能在像屏上成像，因此测量凹透镜的焦距时，需要借助凸透镜。

如图 3-9-5 所示，从物体 AB 发出的光线经凸透镜 L_1 折射后成像于 A_1B_1，若凸透镜和像 A_1B_1 之间插入一个焦距为 f 的凹透镜 L_2，且 O_2B_1 小于凹透镜的焦距 f，则凸透镜所成的像可看作凹透镜的虚物。由凹透镜的光路图可知，在凹透镜焦距内的虚物将形成实像 A_2B_2。根据光路的可逆性，如果将物置于 A_2B_2，经凹透镜 L_2 折射后，必定在 A_1B_1 处成虚像，此时物距 $u=O_2B_2$，像距 $v=O_2B_1$，而凹透镜的焦距 f 为负值，由公式 $\frac{1}{u}+\frac{1}{v}=\frac{1}{f}$ 可以导出该透镜的焦距为：

$$f=\frac{uv}{u-v} \tag{3-9-4}$$

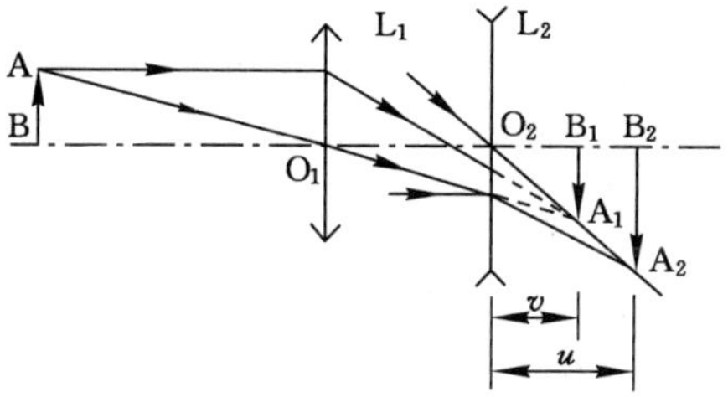

图 3-9-5 凹透镜成像

2. 自准法（平面镜法）

如图 3-9-6 所示，将物点 A 放在凸透镜 L_1 的主光轴上，成像于 A′点。若在 L_1 和 A′之间插入待测的凹透镜 L_2 和平面反射镜 M，使 L_2 的光心 O_2 与 L_1 的

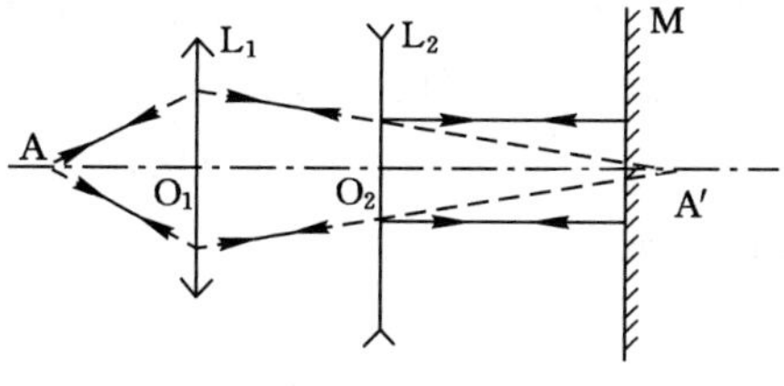

图 3-9-6 凹透镜自准法成像

光心 O_1 在同一轴线上，调节 L_2，使由平面镜 M 反射回去的光线经 L_2、L_1 折射后仍成像在 A 点，此时，从凹透镜射到平面镜上的光将是一束平行光，A'点就成为由平面镜 M 反射回去的平行光束的虚焦点，即为凹透镜 L_2 的焦点。

三、实验仪器

光源（白炽灯）、狭缝（物屏）、毛玻璃屏（像屏）、凸透镜一块、凹透镜一块、平面镜一块。

四、实验步骤

（一）光学元件同轴等高的调整

在进行几何光学实验时，必须将所有光学元件的主光轴调节到一条水平直线上。本实验用透镜成像的共轭法进行调整。

（1）在光具座上按图 3-9-7 放置光源、物屏、透镜（只用 L_1）和像屏，并使物屏和像屏之间的距离大于 4 倍透镜焦距。先用目测法将光源、物屏、透镜和像屏的中心轴调节成大致重合后，固定物屏和像屏。将所有光学器件紧挨着放在一起，目测高度是否大致相同，是否同轴，可观察光学器件上调节左右的刻度尺，调到大致一致。

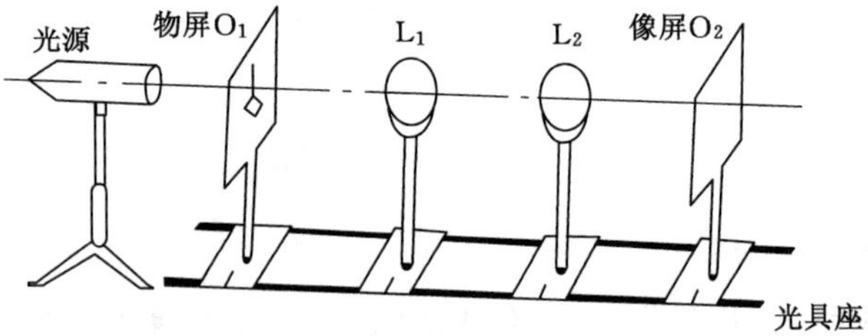

图 3-9-7　共轭法透镜成像元件布置示意图

（2）按图 3-9-7 所示将凸透镜在 O_1、O_2 位置反复移动，屏上分别得到放大和缩小的像，同时调节透镜高度，观察两次成像（注意准确判断什么是像），直到像点 B_1 和 B_2 重合，A_1 和 A_2 在同一垂直方向变化，此时即达到了同轴等高。

（二）凸透镜焦距的测量

1. 自准法

在调好的光学系统中，用平面镜替换像屏（图 3-9-2），然后改变凸透镜至狭缝（物屏）的距离，直至在狭缝旁出现一明亮、清晰的狭缝像时停止。测出狭缝到透镜的距离，即为凸透镜的焦距，测量5次，求平均值。测量数据填入数据表格3-9-1。

2. 物距像距法

取三种不同的物距：$u>2f$，$2f>u>f$ 及 $u=2f$（凸透镜的焦距已由自准法测出），分别测出相应的像距 v，根据式（3-9-2）计算出透镜的焦距 f，并求出平均值。自行设计数据表格并计算误差。测量时，应注意观察像的特点（大小、取向等），分别画出光路图，并作出说明。

3. 共轭法

如图3-9-4所示，使狭缝与像屏间距 $S>4f$。移动透镜L，获得放大和缩小的两次清晰的像，记下两次成像时透镜的位置，测出 O_1、O_2 之间的距离 d，改变狭缝与像屏的距离 S，取三个不同的 S 值，得到相应的 d 值，求出 f 值，并求其平均值。

注意：间距 S 不要取得太大，否则会使像缩得很小，以致难以确定凸透镜在哪一个位置上成像最清晰。

（三）凹透镜焦距的测量

1. 物距像距法

（1）在光具座上按图3-9-5放置物屏、凸透镜 L_1、凹透镜 L_2 和像屏。照亮物屏并调整各器件至同轴等高。

（2）移去凹透镜，调节凸透镜和像屏的位置，使像屏上得到一个清晰的、缩小倒立的实像，固定 L_1，记下像屏的位置 B_1。

（3）在像屏和 L_1 之间插入凹透镜 L_2，移动像屏直至重新获得清晰的像，记下 L_2 的位置 O_2 和此时像屏的位置 B_2。

（4）用 $u=O_2B_2$，$v=O_2B_1$ 代入式（3-9-4），计算凹透镜的焦距 f_2。

（5）改变 L_1 的位置，重复（2）～（4）步骤，再测一次 f_2，求平均值。请自行设计数据表格。

2. 自准法

（1）将物屏上的狭缝调整在透镜 L_1 的主光轴上，如图3-9-6所示。移动 L_1 使在像屏上获得清晰的像。固定 L_1 并记下像屏的位置 A'。

（2）用平面镜替换像屏，并在 L_1 和平面镜之间插入凹透镜 L_2。移动 L_2 和平面镜，直至物屏上得到清晰的像为止。记下 L_2 的位置 O_2，则凹透镜的焦距 $f=O_2A'$。

（3）改变 L_1 位置，再测一次 f，求平均值。请自行设计数据表格。

五、注意事项

(1) 注意尽量调节各光具中心同轴等高，以使像尽可能清晰可见。

(2) 取放光具时要轻拿轻放，放回光具座后面，避免碰倒或掉到桌下。

(3) 在光具座上读数时，注意刻度的表示，有进位时需要进位，不能机械照读。

(4) 凹透镜焦距为负值，虚物成实像时，物距是负值，计算时应该加以注意。

六、数据表格及数据处理

1. 自准法测凸透镜焦距

表 3-9-1 数据记录表

次　数	1	2	3	4	5	平　均
物屏位置Ⅰ/cm						
透镜位置Ⅱ/cm						
$f=\|Ⅰ-Ⅱ\|$/cm						
u_A/cm						

误差计算：

$$f=\overline{f}\pm u_{\overline{f}}= \qquad \left(其中, u_B=\frac{1}{\sqrt{3}}\text{mm}\right)$$

$$E=\frac{u_{\overline{f}}}{\overline{f}}\times 100\%=$$

2. 物距像距法测凸透镜焦距

表 3-9-2 数据记录表

次　数	$f<u<2f$	$u=2f$	$u>2f$	平　均
物屏位置 x_1/cm				
像屏位置 x_2/cm				
透镜位置 x/cm				

续表 3-9-2

次　数	$f<u<2f$	$u=2f$	$u>2f$	平　均
$u=\lvert x-x_1\rvert$/cm				
$v=\lvert x-x_2\rvert$/cm				
$f=\frac{uv}{u+v}$/cm				
u_A/cm				

误差计算：

$$f=\bar{f}\pm u_{\bar{f}}=\qquad\qquad（其中，u_B=\frac{1}{\sqrt{3}}\mathrm{mm}）$$

$$E=\frac{u_{\bar{f}}}{\bar{f}}\times100\%=$$

3. 共轭法测凸透镜焦距

表 3-9-3　　数据记录表

次　数	1	2	3	平　均
物屏位置Ⅰ/cm				
第一次成像位置Ⅱ/cm				
第二次成像位置Ⅲ/cm				
像屏位置Ⅳ/cm				
$S=\lvert Ⅳ-Ⅰ\rvert$/cm				
$d=\lvert Ⅲ-Ⅱ\rvert$/cm				
$f=\frac{S^2-d^2}{4S}$/cm				
u_A/cm				

误差计算：

$$f=\bar{f}\pm u_{\bar{f}}=\qquad\qquad（其中，u_B=\frac{1}{\sqrt{3}}\mathrm{mm}）$$

$$E=\frac{u_{\bar{f}}}{\bar{f}}\times100\%=$$

4. 物距像距法测凹透镜焦距

表 3-9-4　　数据记录表

次　数	1	2	3	平　均
虚物位置 x_1/cm				
实像位置 x_2/cm				
凹透镜位置 x/cm				
$u=\|x-x_1\|$/cm				
$v=\|x-x_2\|$/cm				
$f=\frac{uv}{u-v}$/cm				
u_A/cm				

误差计算：

$$f=\overline{f}\pm u_{\overline{f}}=\qquad\qquad（其中，u_B=\frac{1}{\sqrt{3}}\text{mm}）$$

$$E=\frac{u_{\overline{f}}}{\overline{f}}\times 100\%=$$

5. 自准法测凹透镜焦距

表 3-9-5　　数据记录表

次　数	1	2	3	平　均
虚物位置 x_1/cm				
透镜位置 x_2/cm				
$f=\|x_1-x_2\|$/cm				
u_A/cm				

误差计算：

$$f=\overline{f}\pm u_{\overline{f}}=\qquad\qquad（其中，u_B=\frac{1}{\sqrt{3}}\text{mm}）$$

$$E=\frac{u_{\overline{f}}}{\overline{f}}\times 100\%=$$

七、思考题

(1) 利用 $f=(S^2-d^2)/(4S)$ 测量计算凸透镜焦距有什么好处？

(2) 为什么本实验中利用 $1/u+1/v=1/f$ 测量焦距时，测量 u 和 v 都用有毫米刻度的米尺就可以满足？设透镜由于色差和非近轴光线引起的误差是 1/100。

(3) 如果测得多组 u,v 值，然后以 $u+v$ 为纵轴，以 uv 为横轴，作出实验的曲线属于什么类型？如何利用曲线求出透镜的焦距 f？

实验十 分光计的调节和三棱镜顶角的测定

分光计是一种精确测量角度的光学仪器，可用于测定棱镜晶体的折射率或折射角，也常用来校正其他仪器或设备的各部件的相对位置，如互相垂直、互相平行等，应用甚为广泛。

一、实验目的

(1) 了解分光计的结构与原理，学习调整分光计。

(2) 掌握利用分光计测量三棱镜顶角的方法。

二、仪器介绍

实验仪器有 KF—JJY1′型分光计(图 3-10-1)、三棱镜、手持式照明放大镜、双平面镜。

分光计是用来准确测量角度的仪器，它由五部分组成，即支架、载物台、阿贝式自准直望远镜、可变狭缝的平行光管、读数装置。

1. 自准直望远镜

阿贝式自准直望远镜由物镜、目镜和装有全反射三棱镜的分划板所组成，如图 3-10-2 所示，光线经小方孔进入刻有透光＋字窗的小棱镜中，经三棱镜反射、照明＋字窗，并沿望远镜轴向前进。如果在载物台上放置一块两面互相平行的反射镜，并使其反射面与望远镜光轴相垂直，则透过＋字窗的光线通过物镜再经过反射镜反射回来，形成绿＋字反射像，移动与分划板连在一起的目镜筒，以改变分划板＋字窗的距离，使＋字线落在物镜的焦面上。此时在目镜中可看到清晰的小绿＋字反射像，且与分划板上＋字线相重合，称调节绿＋字反射像落在分划板平面上且与上＋字线相重合的方法叫作自准直法。

在计算望远镜转过的角度时，要注意望远镜是否转过刻度盘的零点。例

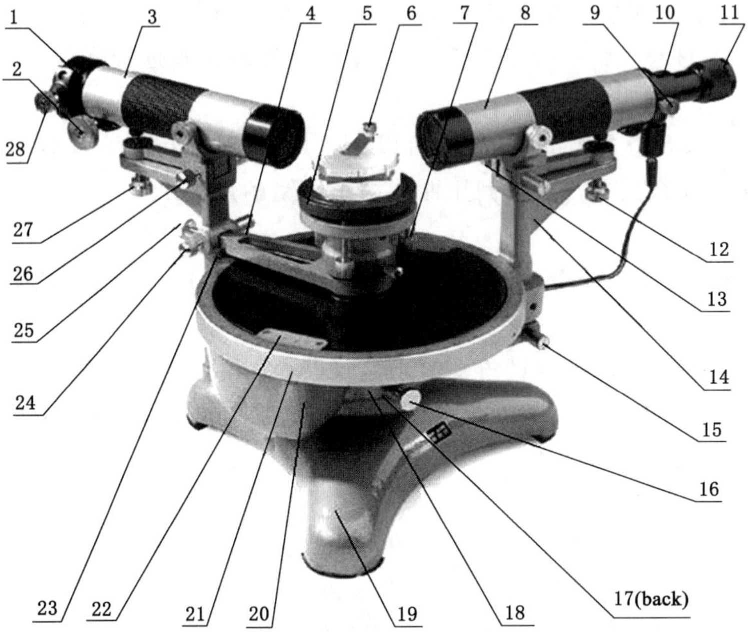

图 3-10-1 KF—JJY1′型分光计示意图

1——狭缝装置；2——调焦手轮；3——平行光管部件；4——制动架（二）；5——载物台；6——载物台锁紧螺钉；7——载物台调平螺钉（三颗）；8——望远镜部件；9——目镜锁紧螺钉；10——阿贝式自准直目镜；11——目镜视度调节手轮；12——望远镜光轴高低调节螺钉；13——望远镜光轴水平调节螺钉；14——支臂；15——望远镜微调螺钉；16——转座与度盘止动螺钉；17——望远镜止动螺钉；18——制动架（一）；19——底座；20——转座；21——度盘；22——游标盘；23——立柱；24——游标盘微调螺钉；25——游标盘止动螺钉；26——平行光管光轴水平调节螺钉；27——平行光管光轴高低调节螺钉；28——狭缝宽度调节手轮

如，由位置Ⅰ转到位置Ⅱ，其读数如表 3-10-1 所示。

表 3-10-1　　数据记录表

望远镜位置	Ⅰ	Ⅱ
游标 A	175°45′(φ_1^A)	295°43′(φ_2^A)
游标 B	355°46′(φ_1^B)	115°43′(φ_2^B)

游标 A 未经过零点，望远镜转过的角度为：

$$\theta^A = \varphi_2^A - \varphi_1^A = 295°43' - 175°45' = 119°58'$$

游标 B 经过零点，望远镜转过的角度为：

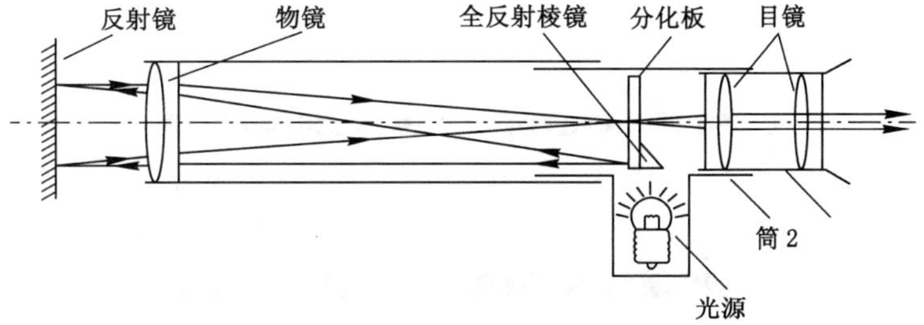

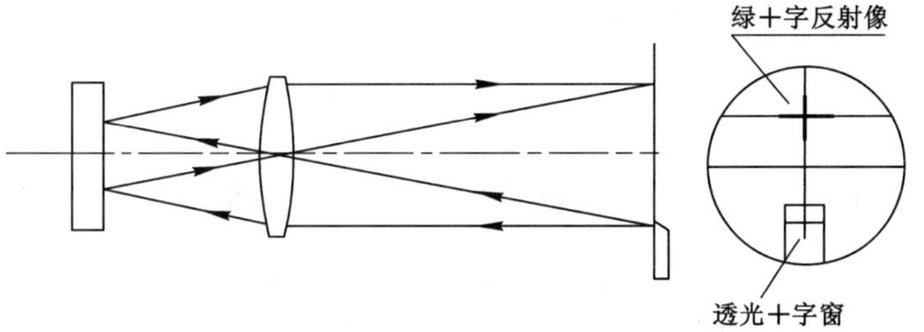

图 3-10-2　望远镜结构图

$$\theta^{B} = \varphi_2^{B} - \varphi_1^{B} = (360° - 355°46') + 115°43' = 119°57'$$

阿贝式自准直望远镜(8)安装在支臂(14)上，支臂与转座(20)固定在一起，并套在度盘上，当松开止动螺钉(16)时，转座与度盘一起旋转，当旋紧止动螺钉时，转座与度盘可以相对转动。旋紧制动架(一)(18)与底座上的止动螺钉(17)时，借助制动架(一)(18)末端上的调节螺钉(15)可以对望远镜进行微调(旋转)，望远镜系统的光轴位置，也可以通过调节螺钉(12、13)进行微调。望远镜系统的目镜(10)可以沿光轴移动和转动，目镜的视度可以调节。

2. 平行光管

平行光管见图 3-10-3。光轴可以通过立柱上的调节螺钉(26、27)来进行微调，平行光管带有一个狭缝装置(1)，可沿光轴移动和转动，狭缝的宽度在 0.02～2 mm 内可以调节。平行光管的倾角也可由座架上的螺钉(27)来调节。

3. 读数装置

读数装置见图 3-10-4。读数装置由圆度盘和游标盘组成，刻度圆盘分为 360°，角度中间有半个刻度线，故刻度圆盘的最小读数为半度(30′)，小于半度的值，利用游标读出，游标上有 30 分格，故最小刻度为 1′。分光计上的游标为角游标，其原理和读数方法与游标卡尺类似。直径方向具有两个游标读数

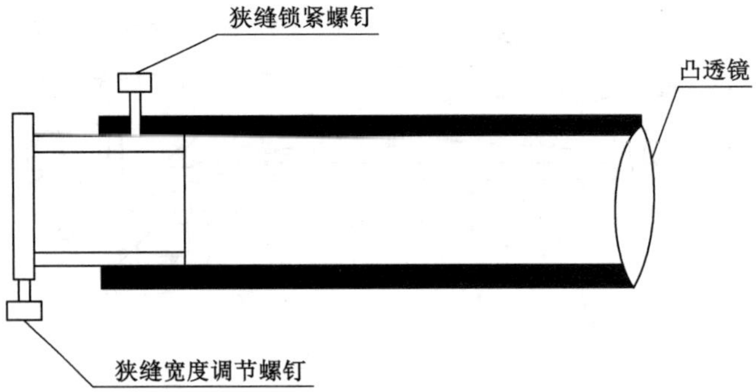

图 3-10-3　平行光管示意图

装置，测量时读出两个读数值，然后取平均值，这样可以消除由于机械加工误差所引起的误差。

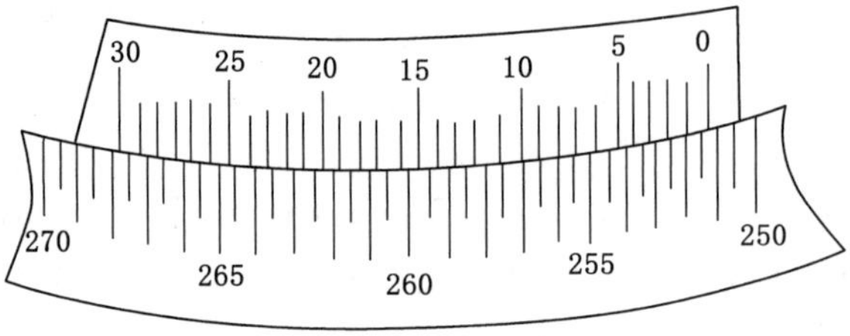

图 3-10-4　读数装置

（读数示例：主尺读数：$\alpha=251°$；游标尺读数：$\beta=8'$；该读数窗读数为：$\alpha+\beta=251°8'$）

4. 载物台

载物台(5)套在游标上，可以绕中心轴旋转，旋紧载物台锁紧螺钉(6)和制动架(二)与游标盘的止动螺钉(25)时，借助立柱上的调节螺钉(24)可以对载物台进行微调(旋转)，放松载物台锁紧螺钉时，载物台可根据需要升高或者降低，调到所需位置后，再把锁紧螺钉旋紧，载物台有三个螺钉(7)用来调节使载物台面与旋转中心线垂直。

三、实验步骤及实验内容

1. 调节分光计

分光计的调节要求是：

(1) 望远镜聚焦于无穷远使之能接收平行光。

(2) 望远镜的光轴垂直于分光计的主轴。

(3) 平行光管聚焦于无穷远使之能发出平行光。

(4) 平行光管的光轴垂直于分光计的主轴。

调节前应先对照结构图和实物，熟悉分光计的结构和使用方法，并用目视法粗调，使望远镜、平行光管大致垂直于分光计主轴，然后分下列四步细调。

(1) 用自准直法调节望远镜，使其聚焦于无穷远

① 接通电源，从目镜中观察分划板黑十字线，转动螺钉 6(调节目镜与分划板之间的距离)，至看清晰黑十字线止。

② 调载物台底部三个螺钉 7(G_1、G_2、G_3)，使载物台 5 贴紧载物台底盘。

③ 在载物台上放置一平面反射镜，使其镜面与载物台下两螺钉 G_1、G_2 的连线垂直，并将第三个螺钉 G_3 如图 3-10-5(a)所示放置，在调节平面镜的倾斜度时，只需调 G_1 或 G_2 就行了，而与 G_3 无关。

④ 找绿十字反射像，先用眼睛观察，转载物台，使反射镜面大致与望远镜光轴垂直，从望远镜中观察，并缓缓左右微转平台，寻找反射回来的绿十字光斑(或模糊的绿十字像)，若不见，则转螺钉 12 稍改变望远镜光轴的倾角，再找反射绿斑，如此反复，直至找到绿斑为止，继续调 12，使绿斑高度大致在两条水平黑线之间，如图 3-10-5(b)所示。

⑤ 自准直调焦，转螺钉 9(调节分划板连同目镜筒与物镜之间的距离)使反射绿斑渐成明亮的绿十字反射像，如图 3-10-5(b)所示，进一步微调 9，当分划板落在物镜焦平面上时，绿十字像与黑十字线不存在视差(即左右移动眼睛，观察到绿十字像与黑十字线无相对位移)，这说明望远镜已聚焦无穷远，平行光入射望远镜，成像在分划板上。

⑥ 调节十字像在分划板十字线的方位，微转 10，使平台连同反射镜相对于望远镜转动时，绿十字像的移动方向与水平黑线相平行。

⑦ 上述步骤调好后，用螺钉 9 锁紧目镜筒。

(2) 调节望远镜光轴与分光计主轴垂直

① 转载物台，使平面镜绕轴转 180°，这样，平面镜的另一镜面正对着望远镜，从目镜中观察是否有绿十字像出现，若没有，调螺钉 12(此时不要调 G_1 或 G_2)，使绿十字像出现在视场中。总体来说，要通过调螺钉 12 使平面镜两个面反射回来的绿十字像多出现视场中。

② 用"各半调整法"使光轴与主轴垂直，观察一面反射回来的绿十字像与

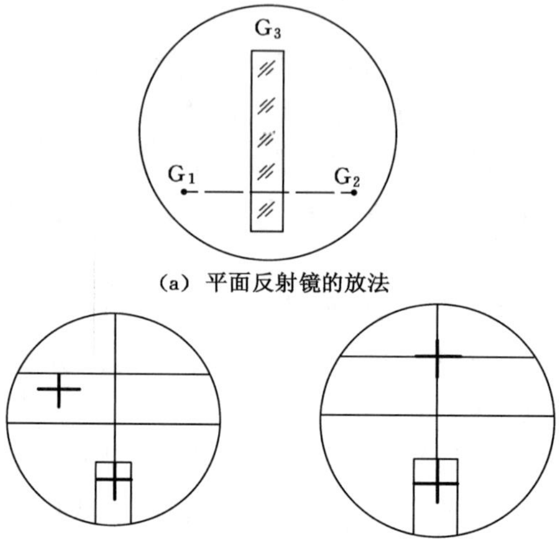

(a) 平面反射镜的放法

(b) 各半调节法　　(c) 各半调节法

图 3-10-5

黑＋字线间的上下距离，若不重合，这时，调平台螺钉 G_1 或 G_2，使绿＋字像与上黑＋字线靠拢一半，再调望远镜的螺钉 12，使绿＋字像与上黑＋字线重合，如图 3-10-5(c)所示，此时，望远镜光轴与平面镜垂直(但不等于望远镜光轴已和分光计主轴垂直)，再使平面镜转 180°，观察另一面绿＋字像是否与上黑＋字线重合，若不重合，以上面“各半调整法”进行调节，反复多次，直至两个面反射回来的绿＋字像均与上黑＋字线重合为止，此时，望远镜光轴与分光计主轴垂直。

(3) 调节平行光管，使其聚集于无穷远

① 用光照亮平行光管的狭缝，把调节好的望远镜转到对准平行光管的位置，从目镜中观察狭缝像，同时调节狭缝与透镜间的距离，直至清晰地看清狭缝像，并与黑＋字线无视差为止，此时狭缝落在平行光管物镜的焦平面上，经物镜出射的光为平行光。

② 微转狭缝体使狭缝像与竖＋字平行，此时锁紧平行光管狭缝体。

③ 调螺钉 28 使狭缝宽度与黑＋字线宽度大体相同。

(4) 调节平行光管与分光计主轴垂直

调螺钉 27(调平行光管水平度)，使狭缝像的中点与黑＋字线的中点下水平线相重合(调节时，可先使狭缝像偏离＋字线的竖线，以使在视场中能见到全部狭缝像)，如图 3-10-6 所示。

2. 测三棱镜顶角

(1) 调节三棱镜主截面与分光计主轴垂直

① 把三棱镜按图 3-10-7 所示放置在载物台上，被测顶角 A 尽量靠近平台的中心：光学平面 AB 正好与调节螺钉 G_1、G_2 连线垂直，AC 面则与 G_1、G_3 的连线垂直，这样，调节 AB 面的倾斜度只要调节 G_1 或 G_2 即可，调节 AC 面的倾斜度只要调节 G_3。

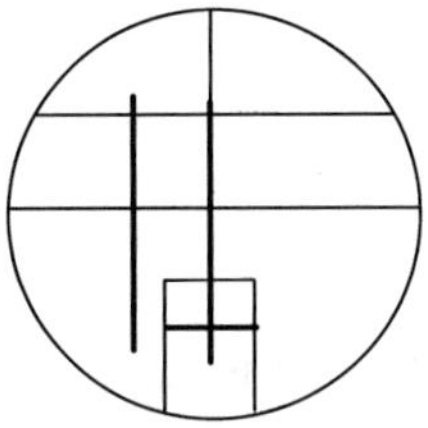

图 3-10-6　调节平行光管与分光计主轴垂直

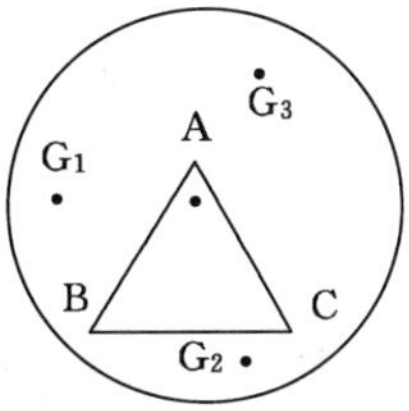

图 3-10-7　调节三棱镜主截面与分光计主轴垂直

② 转动平台，使 AB 面正对望远镜，调节螺钉 G_1 或 G_2(注意：此时，绝不能调螺钉 12!!)，使 AB 面反射回来的绿＋字像与上＋字线重合，然后使 AC 面正对望远镜，调节 G_3 使 AC 面反射回来的绿＋字像重合，如此反复调节，直至 AB 和 AC 两个光面反射回来的绿＋字像都与上＋字线相重合为止，这样三棱镜的两个光学面 AB 和 AC 都与分光计主轴平行，即其主截面与主轴垂直。

(2) 测顶角 A

转动平台，使棱镜顶角正对已调好的平行光管，如图 3-10-8 所示，这样由平行光管发出的一束平行光(平行于主截面)入射到棱镜的顶角上，光线 1 经 AB 面反射，光线 2 经 AC 面反射(BC 为毛面)，两反射光线的夹角 θ 与棱镜顶角 A 有如下关系：

$$A = \frac{\theta}{2}$$

转动望远镜，从 AB 面的反射光中找到狭缝的像，微调望远镜，使狭缝像的竖线重合，记录两游标窗口的读数 φ_1^A，φ_1^B，用相同方法找到另一反射光的角坐标 φ_2^A，φ_2^B，则得顶角为：

$$A = \frac{1}{2}\theta = \frac{1}{4}(\theta^A + \theta^B) = \frac{1}{4}[(\varphi_2^A - \varphi_1^A) + (\varphi_2^B - \varphi_1^B)]$$

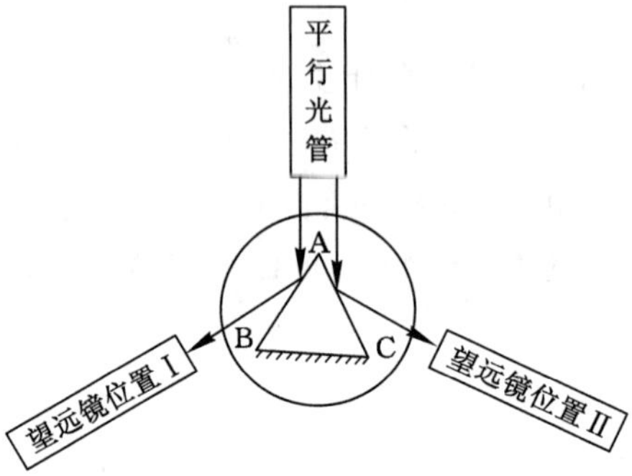

图 3-10-8　测量三棱镜顶角原理示意图

稍微转动平台的位置，重复测量三次，求其顶角的平均值。

四、数据处理

表 3-10-2　　　　数据记录表

测量次数 i	从 AB 面反射 A 窗读数 φ_1^A	从 AC 面反射 A 窗读数 φ_2^A	$\theta^A = \varphi_2^A - \varphi_1^A$
1			
2			
3			
测量次数 i	从 AB 面反射 B 窗读数 φ_1^B	从 AC 面反射 B 窗读数 φ_2^B	$\theta^B = \varphi_2^B - \varphi_1^B$
1			
2			
3			

$$A_i = \frac{1}{2}\theta_i = \frac{1}{4}(\theta_i^A + \theta_i^B)$$

$$u_A = \frac{1}{3}\sum_{i=1}^{3} \mid A_i - \overline{A} \mid \text{（}u_A\text{ 为不确定度）}$$

$$E = \frac{u_A}{\overline{A}}$$

五、注意事项

(1) 测量时转座与度盘止动螺钉应该锁紧，这样望远镜转动时刻度盘也随之同步转动。

(2) 读数时,狭缝像必须与叉丝竖线对齐。

六、思考题

(1) 分析图 3-10-9 四种情况,确定望远镜中绿十字像的位置,并填入图中(倾角 α 甚小,n 为平面法线)。

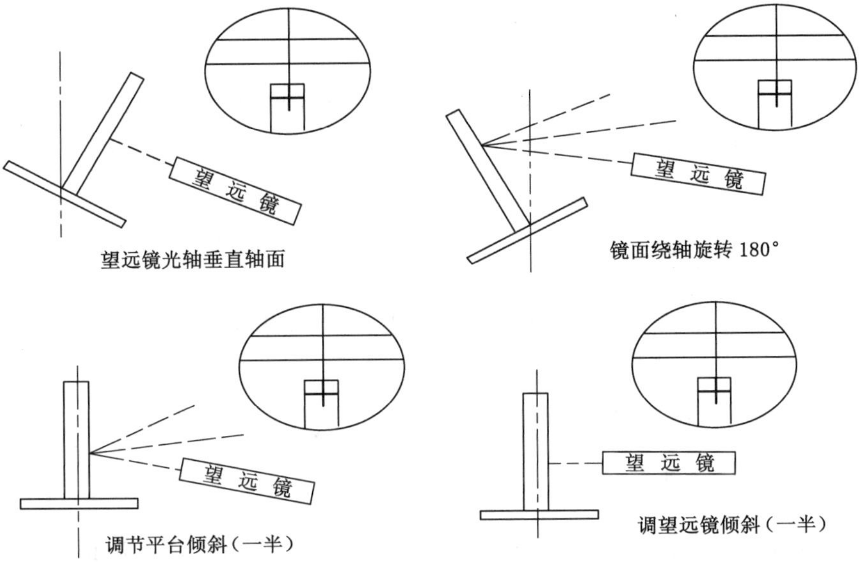

图 3-10-9 分析望远镜中绿十字像位置

(2) 用自准法调望远镜时,如果望远镜中的分划板在物镜的焦平面以外或以内,则十字窗经反射镜反射,望远镜中所成的绿十字像将成在何处?用作图表示之。

(3) 转动平台,反射镜转过 180°前后,在望远镜中所成的绿十字像:① 均与上十字线重合;② 均在上十字线上方;③ 前一次在上十字线的上方,后一次在对称于上十字线的下方,试说明望远镜光轴、分光计主轴和平面镜三者之间的关系。

实验十一 金属线膨胀系数测定

物质内部的分子都处于不停地运动中,且分子运动强弱不同,造成绝大多数材料都表现出热胀冷缩的特性。人们在工程结构设计时,例如在房屋、铁路、桥梁、机械和仪器制造、材料的焊接等行业中一定要考虑这一因素,如果忽略这一特性,将造成工程结构稳定性差,严重的可造成损毁,使仪表失灵以及在材料焊接中引起缺陷等。

线膨胀系数的测定在工程技术中是非常重要的,本实验的目的主要是利用 GXZ—2 型金属线膨胀系数测定仪测定不同金属的线膨胀系数。

一、实验目的

(1) 掌握 GXZ—2 型金属线膨胀系数测定仪的原理和使用方法。

(2) 测量铁和铜两种金属材料的线膨胀系数。

(3) 学会使用最小二乘法。

二、实验仪器

GXZ—2 型金属线膨胀系数测定仪,望远镜,标尺照明器,PID 恒温控制器,温度传感器,直尺。

注:测温的范围:室温~100 ℃,加热电压:95~220 V 可调。

三、实验原理

本实验采用 GXZ—2 型金属线膨胀系数测定仪利用电热法及光杠杆原理测定金属线膨胀系数,其优点是结构紧凑、性能稳定,克服了汽热法温度场不均匀、误差大等缺点。用此仪器测量管材的线膨胀系数,其误差不超过 3%。

1. 材料的线膨胀系数

各种材料热胀冷缩的强弱是不同的,为了定量区分它们,人们找到了表征这种热胀冷缩特性的物理量——线膨胀系数和体膨胀系数。本实验只测量线膨胀系数。

线膨胀是指材料在受热膨胀时,在一维方向上的伸长。在一定的范围内,固体受热后,其长度都会增加,设物体原长为 L,由初温 t_1(℃)加热到末温 t_2(℃),物体伸长了 ΔL,则有:

$$\Delta L = \alpha L(t_2 - t_1) \tag{3-11-1}$$

$$\alpha = \frac{\Delta L}{L(t_2 - t_1)} \tag{3-11-2}$$

式(3-11-1)表明,物体受热后生长量与温度的增长量呈正比,和原长也呈正比。比例系数 α 称为固体的线膨胀系数。

2. 线膨胀系数的测量

线膨胀系数是选用材料时的一项重要指标。实验表明，不同材料的线膨胀系数是不同的，塑料的线膨胀系数最大，其次是金属、殷钢，熔凝石英的线膨胀系数很小。

人们在实验中发现，同一材料在不同的温度区段，其线膨胀系数是不同的，例如某些合金，在金相组织发生变化的温度附近，会出现线膨胀量的突变。但在温度变化不大的范围内，线膨胀系数仍然是一个常量。因此，线膨胀系数的测定是人们了解材料特性的一种重要手段。在设计任何要经受温度变化的工程结构（如桥梁、铁路等）时，必须采取措施防止热胀冷缩的影响。

式(3-11-1)中，ΔL 是一个很小的变化量，以金属为例，若原长 $L=300$ mm，温度变化 $t_2-t_1=100$ ℃，金属的线膨胀系数 α 约为 10^{-5}℃$^{-1}$，估计 $\Delta L\approx 0.30$ mm，这样微小的长度变化，普通米尺、游标卡尺的精度是不够的，可采用千分尺、读数显微镜、光杠杆放大法、光学干涉法等测量。考虑到测量方便和测量精度，采用光杠杆测量。

光杠杆的系统是由平面镜及镜座、望远镜和直尺组成的。光杠杆放大原理图如图 3-11-1 所示。当金属杆伸长时，从望远镜中可读出待测杆伸长前后十字光标所对标尺的读数为 n_1 和 n_2，此时有：

$$\Delta L=\frac{(n_2-n_1)b}{2D} \tag{3-11-3}$$

将式(3-11-3)带入式(3-11-2)，则有：

$$\alpha=\frac{(n_2-n_1)b}{2DL(t_2-t_1)} \tag{3-11-4}$$

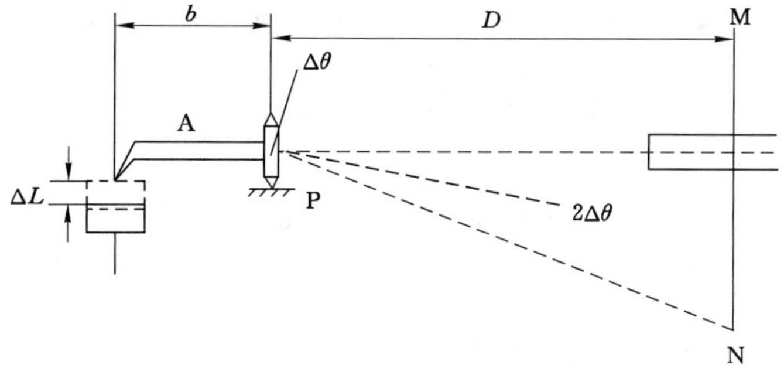

图 3-11-1　光杠杆原理图

四、实验步骤

(1) 安装实验设备。将温度控制器和线膨胀系数测定仪通过温度传感器连接起来。即将温度传感器插入被测管的孔中。将传感器的导线端插入温度传感器的插孔中。将平面反光镜放在线膨胀系数测定仪的指定位置,注意要保证小铁钩与被测物接触。将望远镜和标尺照明器分别固定在望远镜直横尺基座杆上。且保证望远镜的镜头端面与标尺照明器的刻度相平行。同时,目测使望远镜的高度和平面反光镜的高度基本在同一水平面上。

(2) 将温度控制器的插座和标尺照明器的插头插在电源插座上。

(3) 目测调节望远镜的位置,即可以在望远镜的旁边观察对面的平面镜,让另一位同学不断调节平面镜的俯仰角,直到看到光亮为止。

(4) 调节用于固定望远镜的螺母,直到通过望远镜可以看到光亮为止。然后再调节望远镜微调旋钮,直到可以清楚地看到标尺的刻度为止。

(5) 调节可控望远镜仰角的旋钮使望远镜的十字光标刚好与标尺刻度线重合。(注意:如果望远镜中亮光视场不完整时,要重新调节望远镜仰角旋钮,使望远镜中亮光视场完整)

(6) 读出十字光标在直尺上的读数 n_1,记录初温 t_1,打开加热开关,使温度达到指定温度 T_1 附近,记下实际温度 t_2 和此时标尺刻度 n_2。每隔 10 ℃记一次 n 的值,直到达到 100 ℃左右。

(7) 测量平面反光镜与标尺照明器的刻度面的距离 D,将光杠杆在白纸上轻轻压出三个足尖印痕,用游标卡尺测量其前后足尖连线的距离 l。

五、注意事项

(1) 做完实验后要将平面反光镜取下放在桌子上。将温度控制器的加热开关和电源开关关闭,并将其与电源断开。

(2) 做完一次实验之后要等到线膨胀系数测定仪及待测金属管冷却到室温之后才能进行下一次实验。

(3) 实验过程中,要使实际温度在设定温度附近并且能稳定 1～2 min 后再进行读数。

六、实验数据记录与处理

(1) 数据记录

表 3-11-1　　数据记录表

温度/℃	10	20	30	40	50	60	70	80
n/cm								

铜棒原长 $L=$　　$D=$　　$b=$

(2) 以 t 为横坐标,n 为纵坐标作出 n—t 关系曲线,求直线斜率 k,并由此计算 α。

(3) 用最小二乘法求直线斜率 k,并计算 α 的标准误差。

七、思考题

(1) 对于一种材料来说,线膨胀系数是否一定是一个常数? 为什么?

(2) 你还能想出一种测微小长度的方法,从而测出线膨胀系数吗?

(3) 引起 α 测量误差的主要因素是什么?

实验十二　线性电阻和非线性电阻的伏安特性曲线测定

一、线性电阻器伏安特性测量及测试电路设计

(一) 实验目的

按被测电阻大小、电压表和电流表内阻大小,掌握线性电阻元件伏安特性测量的基本方法。

(二) 伏安特性

在电阻器两端施加一直流电压,在电阻器内就有电流通过。根据欧姆定律,电阻器电阻值为:

$$R = \frac{U}{I} \tag{3-12-1}$$

式中 R——电阻器在两端电压为 U,通过的电流为 I 时的电阻值,Ω;

U——电阻器两端电压,V;

I——电阻器内通过的电流,A。

欧姆定律式(3-12-1)表述成下式:

$$I = \frac{U}{R}$$

以 U 为自变量，I 为函数，作出电压—电流关系曲线，称为该元件的伏安特性曲线。

对于线绕电阻、金属膜电阻等电阻器，其电阻值比较稳定，其伏安特性曲线是一条通过原点的直线（图 3-12-1），即电阻器内通过的电流与两端施加的电压呈正比，这种电阻器也称为线性电阻器。

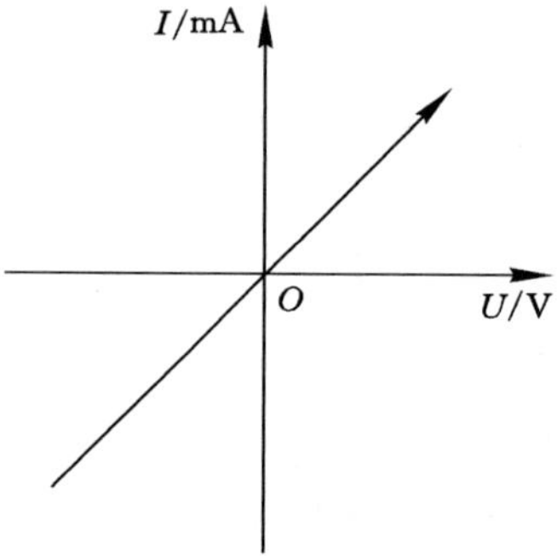

图 3-12-1　线性元件伏安特性曲线

（三）线性电阻的伏安特性测量电路的设计

当电流表内阻为 0，电压表内阻无穷大时，图 3-12-2 和图 3-12-3 所示两种测试电路都不会带来附加测量误差。被测电阻 $R=\dfrac{U}{I}$。

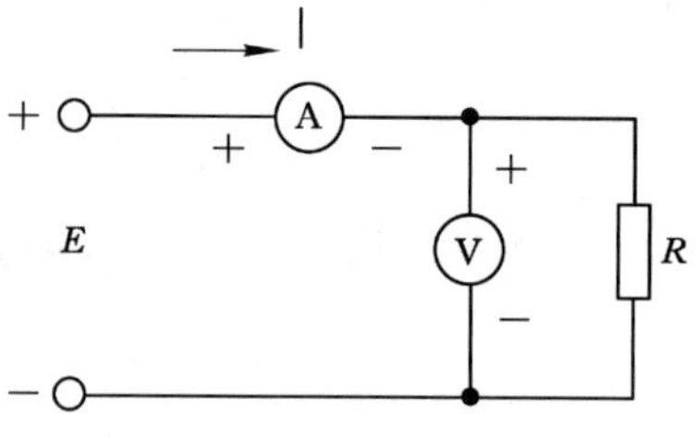

图 3-12-2　电流表外接测量电路

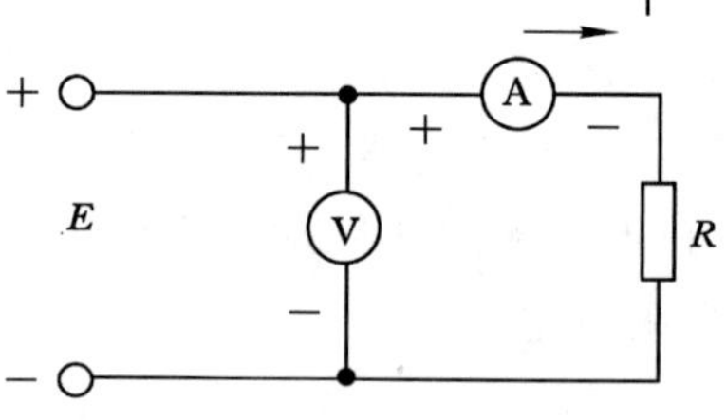

图 3-12-3　电流表内接测量电路

实际的电流表具有一定的内阻，记为 R_I；电压表也具有一定的内阻，记为 R_U。因为 R_I 和 R_U 的存在，如果简单地用 $R=\dfrac{U}{I}$ 公式计算电阻器电阻值，必然带来附加测量误差。为了减少这种附加误差，测量电路可以粗略地按下述办法选择：

（1）当 $R_U \gg R$，R_I和 R 相差不大时，宜选用电流表外接电路，此时 R 为估计值。

（2）当 $R \gg R_I$，R_U和 R 相差不大时，宜选用电流表内接电路。

（3）当 $R \gg R_I$，$R_U \gg R$ 时，必须先用电流表内接和外接电路作测试而定：

方法如下：先按电流表外接电路接好测试电路，调节直流稳压电源电压，使数字表显示较大的数字，保持电源电压不变，记下两表值为 U_1，I_1；将电路改成电流表内接式测量电路，记下两表值为 U_2，I_2。

将 U_1，U_2和 I_1，I_2比较，如果电压值变化不大，而 I_2较 I_1有显著的减少，说明 R 是高值电阻，此时选择电流表内接式测试电路为好；反之，电流值变化不大，而 U_2较 U_1有显著的减少，说明 R 为低值电阻，此时选择电流表外接测试电路为好。

当电压值和电流值均变化不大，此时两种测试电路均可选择。（思考：什么情况下会出现如此情况）

如果要得到测量准确值，就必须按式(3-12-2)和式(3-12-3)予以修正。

即电流表内接测量时：

$$R = \frac{U}{I} - R_I \tag{3-12-2}$$

电流表外接测量时：

$$\frac{1}{R} = \frac{I}{U} - \frac{1}{R_U} \tag{3-12-3}$$

式中 R——被测电阻阻值，Ω；

U——电压表读数值，V；

I——电流表读数值，A；

R_I——电流表内阻值，Ω；

R_U——电压表内阻值，Ω。

（四）实验设计及实验

（1）被测电阻器：选择 1 kΩ 电阻器，误差≤±0.5%。

（2）线路设计：见图 3-12-4。

（3）实验内容：

① 电流表外接测试；

② 电流表内接测试；

③ 测试电路优选方法验证；

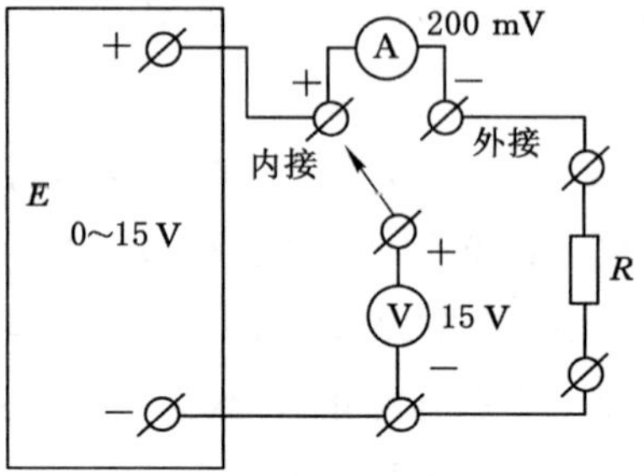

图 3-12-4 实验电路接线图

④ 按式(3-12-2)和式(3-12-3)修正计算结果。

(4) 实验记录:

见表 3-12-1。

表 3-12-1　　1 kΩ 电阻器伏安特性曲线测试数据表

电流表内接测试				电流表外接测试			
U/V	I/A	R 直算值/Ω	R 修正值/Ω	U/V	I/A	R 直算值/Ω	R 修正值/Ω

(五) 就下述提示写出实验总结

(1) 电阻器伏安特性概述。

(2) 电流表内接、外接两种测试方法,根据 $R=1\ \text{k}\Omega$,$R_U=1\ \text{M}\Omega$,$R_I=10\ \Omega$和测试误差,讨论两种测试方式优劣。

二、二极管伏安特性曲线的测定及测试电路设计

（一）实验目的

通过对二极管伏安特性的测试，掌握锗二极管和硅二极管的非线性特点，从而为以后正确设计使用这些器件打下基础。

（二）伏安特性描述

对二极管施加正向偏置电压时，二极管中就有正向电流通过（多数载流子导电），随着正向偏置电压的增加，开始时，电流随电压变化很缓慢，而当正向偏置电压增至接近二极管导通电压时（锗管为 0.2 V 左右，硅管为 0.7 V左右），电流急剧增加，二极管导通后，电压的少许变化，电流的变化都很大。

对上述两种器件施加反向偏置电压时，二极管处于截止状态，其反向电压增加至该二极管的击穿电压时，电流猛增，二极管被击穿，在二极管使用中应竭力避免出现击穿现象，这很容易造成二极管的永久性损坏。所以在测定二极管反向特性时，应串入限流电阻，以防因反向电流过大而损坏二极管。

二极管伏安特性示意图如图 3-12-5 和图 3-12-6 所示。

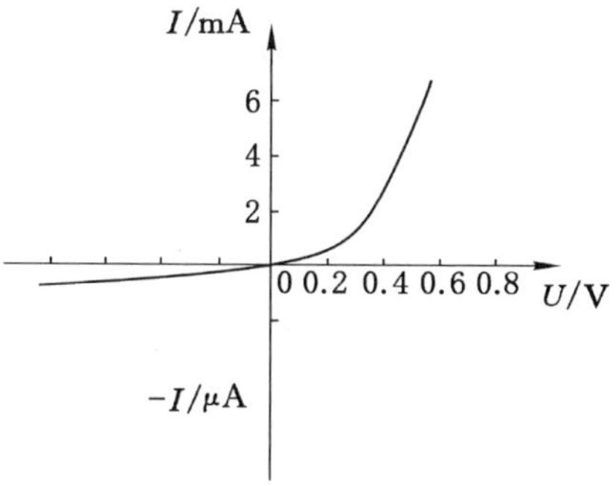

图 3-12-5 锗二极管伏安特性示意图

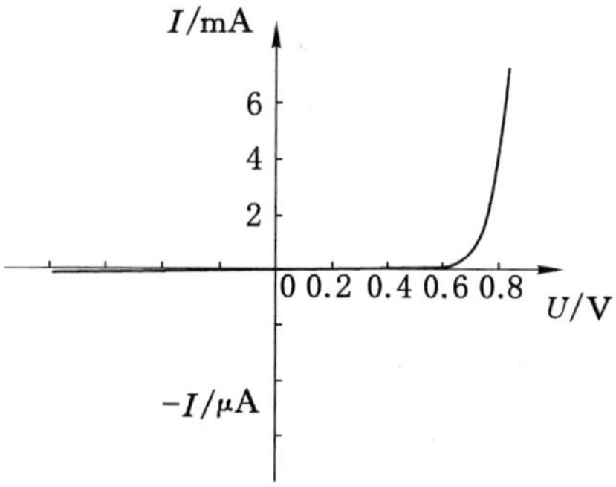

图 3-12-6 硅二极管伏安特性示意图

（三）实验设计

（1）反向特性测试电路

二极管的反向电阻值很大，采用电流表内接测试电路可以减小测量误差。测试电路如图 3-12-7 所示，变阻器电阻值设置为 700 Ω。

（2）正向特性测试电路

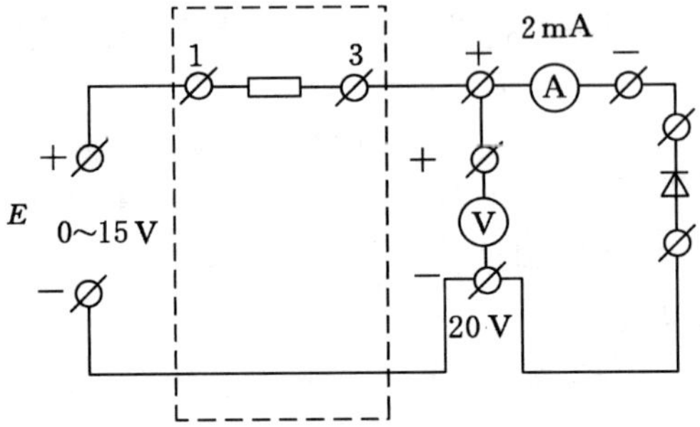

图 3-12-7　二极管反向特性测试电路

二极管在正向通道时，呈现的电阻值较小，拟采用电流表外接测试电路，如图 3-12-8 所示。电源电压在 0～10 V 内调节，变阻器电阻值开始设置为 700 Ω，调节电源电压，以得到所需电流值。

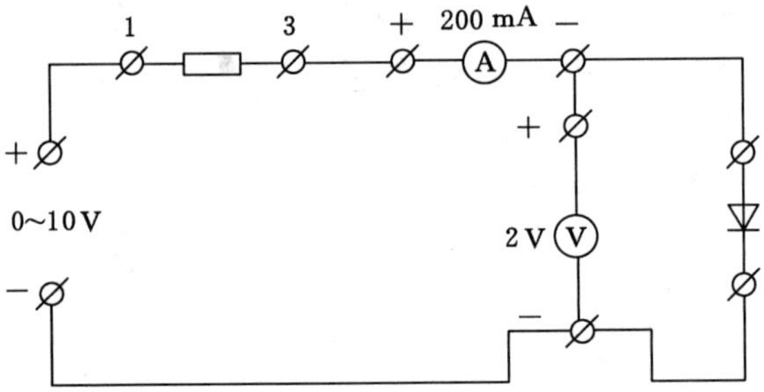

图 3-12-8　二极管正向特性测试电路

（四）数据记录

格式见表 3-12-2 和表 3-12-3。

表 3-12-2　　反向伏安特性曲线测试数据表

U/V								
I/μA								
电阻计算值/kΩ								

表 3-12-3　　正向伏安特性曲线测试数据表

I/mA								
U/V								
电阻直算值/kΩ								
电阻修正值/kΩ								

注：① 电阻修正值按电流表外接修正公式(3-12-3)计算所得。

② 实验时二极管正向电流不得超过 20 mA。

（五）就下述提示进行实验讨论

（1）二极管反向电阻和正向电阻差异如此大，其物理原理是什么？

（2）在制定表 3-12-3 时，考虑到二极管正向特性严重非线性，电阻值变化范围很大，在表中加一项“电阻修正值”栏，与电阻直算值比较，讨论其误差产生过程。

三、钨丝灯伏安特性的测试实验

（一）实验目的

通过本实验了解钨丝灯电阻随施加电压增加而增加的特性，并了解钨丝灯的使用。

（二）钨丝灯特性描述

实验所用灯泡中钨丝和家用白炽灯泡中钨丝同属一种材料，但丝的粗细和长短不同，就做成了不同规格的灯泡。

本实验所用钨丝灯泡规格为 12 V，0.1 A。只要控制好两端电压，使用就是安全的，金属钨的电阻温度系数为 48×10^{-4}℃$^{-1}$，系正温度系数，当灯泡两端施加电压后，钨丝上就有电流流过，产生功耗，灯丝温度上升，致使灯泡电阻增加。灯泡不加电压时电阻称为冷态电阻。施加额定电压时测得的电阻称为热态电阻。由于正温度系数的关系，冷态电阻小于热态电阻。在一定的电流范围内，电压和电流的关系为：

$$U = KI^n \tag{3-12-4}$$

式中 U—— 灯泡两端电压，V；

I——灯泡流过的电流，A；

K，n——与灯泡有关的系数。

为了求得常数 K 和 n，可以通过二次测量所得 U_1、I_1 和 U_2、I_2 得到：

$$U_1 = KI_1^n \tag{3-12-5}$$

$$U_2 = KI_2^n \tag{3-12-6}$$

将式(3-12-6)除以式(3-12-5)可得：

$$n = \frac{\lg \frac{U_1}{U_2}}{\lg \frac{I_1}{I_2}} \tag{3-12-7}$$

将式(3-12-7)代入式(3-12-5)可以得到：

$$K = U_1 I_1^{-n} \tag{3-12-8}$$

（三）实验设计

灯泡电阻在端电压 12 V 范围内，大约为几欧姆到一百多欧姆，电压表在 20 V 档内阻为 1 MΩ，远大于灯泡电阻，而电流表在 200 mA 档时内阻为 100 Ω，和灯泡电阻相比，相差不多，因此宜采用电流表外接法测量，电路图见图 3-12-9。变阻器电阻值置 100 Ω，按表 3-12-4 规定的过程，逐步增加电源电压，记下相应的电流表数据。

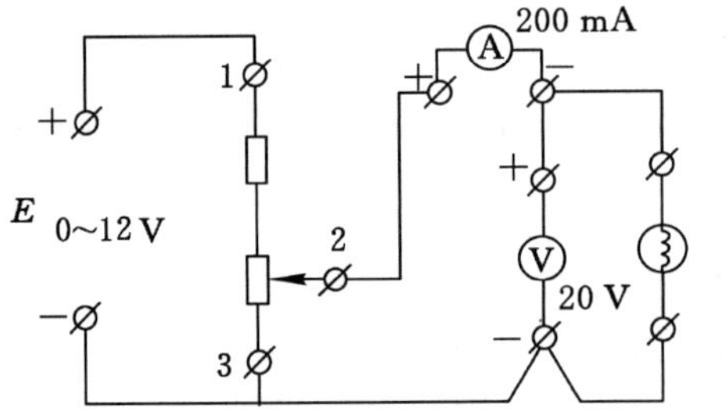

图 3-12-9　钨丝灯泡伏安特性测试电路

（四）实验记录

见表 3-12-4。

表 3-12-4　　钨丝灯泡伏安特性曲线测试数据表

灯泡电压 U/V											
灯泡电流 I/mA											
灯泡电阻计算值/Ω											

由实验数据在坐标纸上画出钨丝灯泡的伏安特性曲线，并将电阻直算值也标注在坐标图上。

选择两对数据(如 $U_1=2$ V,$U_2=8$ V,及相应的 I_1、I_2),按式(3-12-7)和式(3-12-8)计算出 K、n 两系数值。由此写出式(3-12-4),并进行多点验证。

四、注意事项

(1) 稳压管和二极管的正向特性大致相同,正向测量时一定要限制正向电流,不要超过最大正向电流的 70%左右;给定正向工作电流的器件,正向最大电流按给定的工作电流。稳压管反向击穿电压即为稳压值,此时要串入电阻箱限制其稳压工作电流不超过最大工作电流,二极管反向击穿时,电流值会比较大,此时也要限制其反向电流不超过 200 mA 以免击穿损坏!

(2) 钨丝灯泡冷电阻约 10 Ω,突然加上 12 V 电压,有可能造成灯泡钨丝的断裂。为了保证钨丝灯泡安全,加电前应串入 100 Ω 限流电阻。

五、思考题

(1) 试从钨丝灯泡的伏安特性曲线解释为什么在开灯的时候容易烧坏?

(2) 在图 3-12-7 和图 3-12-8 中,电流表接法有何不同?为何要采用这样的接法?

附录

(一) 电压表

表头参数:

(1) 满量程电压:2 V

(2) 表头最大显示:19 999

电压表量程和对应的内阻值如表 3-12-5 所示。

表 3-12-5　　电压表量程和对应的内阻值

电压表量程	2 V	20 V
电压表内阻值	1 MΩ	10 MΩ
测量精度	0.2%	0.2%

注意:换用量程测量时,必须转换量程开关和对应的测量输入插座。

(二) 电流表

表头参数:

(1) 满量程电流：200 mA

(2) 表头最大显示：19 999

电流表量程及所对应的内阻值如表 3-12-6 所示。

表 3-12-6　　电流表量程和对应的内阻值

电流表量程	2 mA	20 mA	200 mA
电流表内阻值	100 Ω	10 Ω	1 Ω
测量精度	0.5%	0.5%	0.5%

第四章　综合性和设计性实验

实验十三　迈克尔逊干涉仪的应用

迈克尔逊干涉仪是用分振幅的方法实现干涉的光学仪器，设计十分巧妙。迈克尔逊发明它后，最初用于著名的以太漂移实验。后来，他又首次用之于系统研究光谱的精细结构以及将镉（Cd）的谱线的波长与国际米原器进行比较。迈克尔逊干涉仪在基本结构和设计思想上给科学工作以重要启迪，为后人研制各种干涉仪打下了基础。迈克尔逊干涉仪在物理学中有十分广泛的应用，如用于研究光源的时间相干性，测量气体、固体的折射率和进行微小长度测量等。

一、实验目的

（1）了解迈克尔逊干涉仪的结构、原理和调节方法。

（2）了解光的干涉现象及其形成条件。

（3）观察等倾干涉条纹，测量氦氖激光器的波长。

（4）学习一种测量气体折射率的方法。

二、实验仪器

迈克尔逊干涉仪，He-Ne激光器及电源，扩束镜（凸透镜），挡光片一片，升降台，玻璃板，白光光源。

三、实验原理

1．一般介绍

迈克尔逊干涉仪的原理见图4-13-1。光源S发出的光束射到分光板G_1上，G_1的后面镀有半透膜，光束在半透膜上反射和透射，被分成光强接近相等并相互垂直的两束光。这两束光分别射向两平面镜M_1和M_2，经它们反射后

又汇聚于分光板 G_1，再射到光屏 E 处，从而得到清晰的干涉条纹。平面镜 M_1 可在光线 1 的方向上平行移动。补偿板 G_2 的材料和厚度与 G_1 相同，也平行于 G_1，起着补偿光线 2 的光程的作用。如果没有 G_2，则光线 1 会三次经过玻璃板，而光线 2 只能一次经过玻璃板。G_2 的存在使得光线 1、2 由于经过玻璃板而导致的光程相等，从而使光线 1、2 的光程差只由其他几何路程决定。由于本实验采用相干性很好的激光，故补偿板 G_2 并不重要。但如果使用的是单色性不好、相干性较差的光，如纳光灯或汞灯，甚至白炽灯，G_2 就成为必需的了。这是因为波长不同的光折射率不同，由分光板 G_1 的厚度所导致的光程就会各不一样。补偿板 G_2 能同时满足这些不同波长的光所需的不同光程补偿。

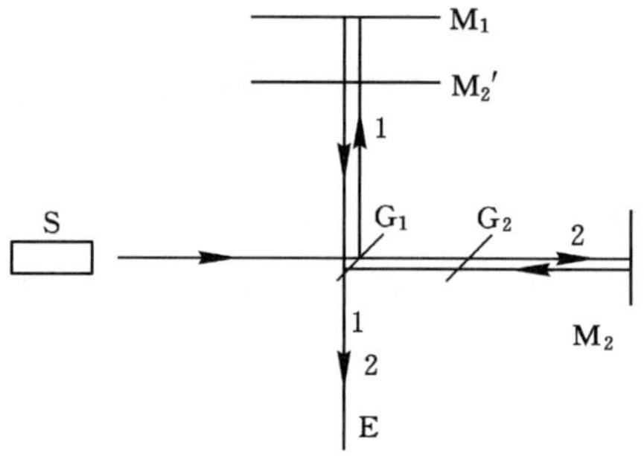

图 4-13-1　干涉原理图

用迈克尔逊干涉仪可以观察各种类型的条纹，见表 4-13-1。

表 4-13-1　　干涉分类

种类		光源	条纹位置	观察方式
非定域干涉		点光源	任意处	屏
定域干涉	等倾干涉	扩展光源	无穷远	凸透镜＋屏（焦平面处）或眼睛
	等厚干涉		膜附近	屏

2. 等倾干涉与激光波长的测量

平面镜 M_2 通过 G_1 成虚像 M_2'，故可认为两束相干光线是由 M_1 和 M_2' 反射来的。用扩束镜会聚激光，可得到一个点光源。它经平面镜 M_1 和 M_2' 反射后的光线可视为由虚光源 S_1 和 S_2' 发出（图 4-13-2），其间距为 $2d$（d 为 M_1 和 M_2' 的间距）。此两虚光源发射的球面波在相遇空间处处相干，故为非定域干涉。用屏观察干涉花样时，取不同的空间位置和空间取向，原则上可以观察到圆、椭圆、双曲线和直线条纹（但受实验仪器的限制，一般只能看到圆和椭圆）。通常使屏垂直于 S_1 和 S_2' 的连线，此时观察到一组同心圆，圆心在 S_1 和 S_2' 的连线上。若使屏旋转一个角度，则得到一组椭圆。

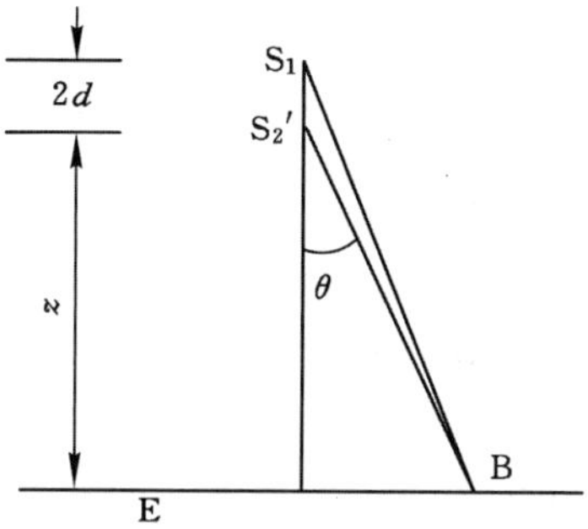

图 4-13-2　光程图

由 S_1、S_2' 到屏上任一点 B 的两光线的光程差为 $\delta=\overline{S_1B}-\overline{S_2'B}$。考虑到 $d\ll z$，且 θ 很小，从图 4-13-2 可以看出：

$$\delta = 2d\cos\theta \approx 2d\left(1-\frac{1}{2}\theta^2\right) \tag{4-13-1}$$

当

$$\delta = 2d\cos\theta = \begin{cases} k\lambda & (\text{明纹中心}) \\ (2k+1)\lambda/2 & (\text{暗纹中心}) \end{cases} \tag{4-13-2}$$

时，在屏上就可以看到相应的明纹或暗纹。

由式(4-13-1)和式(4-13-2)可知：

$\theta=0$ 时光程差最大，即圆心处的干涉级最高。若盯住同一级圆条纹（δ 不变），移动平面镜 M_1 使 d 增加时，θ 会增加，即条纹向外扩大。此时中心处 $\theta=0$，故光程差（干涉级）将变大，表现为不断冒出圆环。反之，d 减小时，条纹内缩，最后在中心处消失。对于中心处，每冒出或消失一个圆环，条纹就改变一个级别，相当于光程差 $\delta=2d=\overline{S_1S_2'}$ 改变一个波长。设 M_1 移动了 $|\Delta d|$ 的距离，同时冒出或消失的圆环个数为 N，则光波波长：

$$\lambda = \frac{2|\Delta d|}{N} \tag{4-13-3}$$

从仪器上读出 $|\Delta d|$，并数出相应的条纹变化条数 N，就可由式(4-13-3)测出光波的波长 λ。若将 λ 作为标准值，测出冒出或消失 N 个圆环时 M_1 移

动的距离，与由式(4-13-3)算出的理论值比较，可以校正仪器传动系统的误差。

圆条纹间距可以用相邻条纹的角间距 $\Delta\theta$ 来表示。对式(4-13-1)求微分，得 $\frac{\Delta\theta}{\Delta\delta}=-\frac{1}{2\theta d}$(负号表示光程差 δ 增加时 θ 减小)，其中，$\Delta\delta$ 为相邻条纹的光程差之差，即 λ。把 $\Delta\delta=\lambda$ 代入，得：

$$|\Delta\theta|=\frac{\lambda}{2\theta d} \tag{4-13-4}$$

可见，当 d 固定时，θ 越大，$|\Delta\theta|$ 越小。也就是说，平面镜 M_1 不动时，越往外条纹越密，同时越细。当 d 增加时，间距 $|\Delta\theta|$ 将变小，条纹变密、变细；反之，条纹变疏、变粗。

上面的讨论都是 $d>0$ 即 M_1 比 M_2' 靠外的情况。对于 $d<0$(M_1 比 M_2' 靠里)的情况，只要把上述讨论中的 δ 理解成为 $|\delta|$、d 理解成为 $|d|$ 就行了。这意味着，不论平面镜 M_1 往哪个方向移动，只要是使距离 $|d|$ 增加，圆条纹都会不断从中心冒出来并扩大，同时条纹会变密、变细。反之，如果使距离 $|d|$ 减小，条纹都会缩小并消失在中心处，同时条纹会变疏、变粗。这表明 $d=0$(即两臂等长)是一个临界点。当往同一个方向不断地移动 M_1 时，只要经过这个临界点，看到的现象就会反过来(见图 4-13-3)。因此，在利用式(4-13-3)测波长时，最好先把两臂的长度调成有明显差别($|d|\gg 0$)，避免在移动 M_1 时不小心通过了临界点，造成计数上的麻烦。

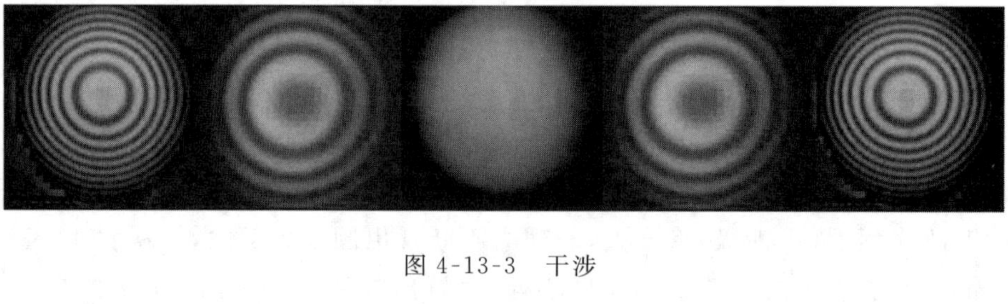

图 4-13-3 干涉

3. 等厚干涉与透明玻璃板厚度的测量

如图 4-13-4 所示，如果 M_1 和 M_2' 间形成一很小的角度，则 M_1 与 M_2' 之间有一楔形空气薄层，此时将产生等厚干涉条纹。当光束入射角 θ 足够小时，可由式(4-13-1)求两相干光束的光程差，即：

$$\delta=2d\cos\theta\approx 2d(1-\frac{1}{2}\theta^2)=2d-d\theta^2 \tag{4-13-5}$$

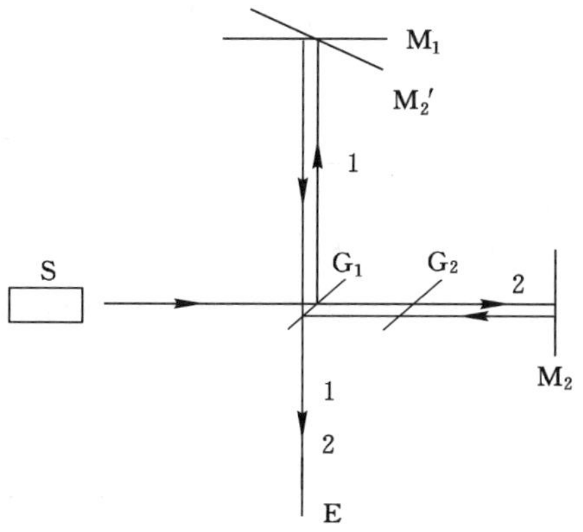

图 4-13-4　迈克尔逊干涉仪光路图

在 M_1、M_2' 的交线上，$d=0$，即 $\delta=0$，因此在交线处产生一直线条纹，称为中央明纹。在左右两旁靠近交线处，由于 θ 和 d 都很小，此时式(4-13-5)中的 $d\theta^2$ 项与 $2d$ 相比可忽略，因而有：

$$\delta = 2d \tag{4-13-6}$$

所以产生的条纹近似为直线条纹，且与中央条纹平行。离中央条纹较远处，因 $d\theta^2$ 项的影响增大，条纹发生显著的弯曲，弯曲方向突向中央明纹。离交线越远，d 越大，条纹弯曲得越明显。

由于干涉条纹的明暗和间距决定于光程差 δ 与波长的关系，若用白光作光源，则每种不同波长的光所产生的干涉条纹明暗会相互交错重叠，结果就看不到明暗相间的条纹了。换句话说，如果换用白光作光源，在一般情况下，不出现干涉条纹。进一步分析还可以看出，在 M_1、M_2' 两面相交处，交线上 $d=0$，但是 1、2 两束光在半反射膜面上的反射情况不同，引起不同的光程差，故各种波长的光在交线附近可能有不同的光程差。因此，用白光作光源时，在 M_1、M_2' 两面的交线附近的中央条纹可能是白色条纹，也可能是暗条纹。在它的两旁还大致对称的有几条彩色的直线条纹，稍远就看不到条纹了。

光通过折射率为 n、厚度为 l 的均匀透明介质时，其光程比通过同厚度的空气要大 $l(n-1)$。在迈克尔逊干涉仪中，当白光的中央条纹出现在视场的中央后，如果光路 1 中加入一块折射率为 n、厚度为 l 的均匀薄玻璃片，由于光束 1 的往返，光束 1 和光束 2 在相遇时所获得的附加光程差 δ' 为：

$$\delta' = 2l(n-1)$$

此时，若将 M_1 向 G_1 方向移动距离 $\Delta d=\delta'/2$，则光束 1、2 在相遇时的光

程差又恢复至原样，这样，白光干涉的中央条纹将重新出现在视场中央。此时：

$$\Delta d=\frac{\delta'}{2}=l(n-1) \qquad (4\text{-}13\text{-}7)$$

根据式(4-13-7)，测出 M_1 前移的距离 Δd，如已知薄玻璃片的折射率 n，则可求出其厚度 l；反之，如已知玻璃片的厚度 l，则可求出其折射率 n。

四、实验仪器介绍

迈克尔逊干涉仪结构如图 4-13-5 所示，反射镜 M_1 由精密丝杆转动，可沿导轨前后移动，称为移动反射镜；反射镜 M_2 固定在仪器架上，称为固定反射镜；M_1 和 M_2 的镜架背后各有三个调节螺丝，用来调节反射镜的法线方向；与 M_2 镜架连接的有垂直方向和水平方向两个拉簧螺丝，利用拉簧的弹性可以比较精细地调节 M_2 镜面的方位。确定 M_1 位置的有三个读数装置，即导轨侧面的毫米刻度主尺和两个调节手轮上的百分度盘，10 为读数窗口，14 为微调鼓轮。迈克尔逊干涉仪上带有精密的读数装置，其读数方法与螺旋测微器相同，只是有两层嵌套而已。具体地说，读数装置由三部分组成：(1) 主尺。是毫米刻度尺，装在导轨的侧面，只读到毫米整数位(2 位)，不估读。(2) 粗调手轮。控制着刻度圆盘，从读数窗口可以看到刻度。旋转手轮使圆盘转一周，动镜 M_1 就移动 1 mm。而圆盘有 100 个分格，故圆盘转动一个分格时 M_1

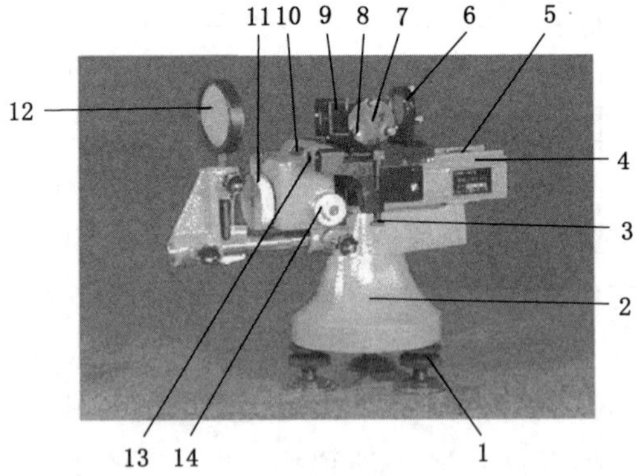

图 4-13-5 迈克尔逊干涉仪结构图

1——底角调平螺钉；2——底座；3——垂直方向的拉簧螺丝；4——导轨；5——精密丝杆；6——反射镜 M_1；7——反射镜 M_2；8——反射镜调节螺钉；9——补偿板；10——读数窗口；11——粗调手轮；12——毛玻璃屏；13——水平方向的拉簧螺丝；14——微调鼓轮

就移动 0.01 mm。(3) 微调鼓轮。其上又有 100 个分格。微调鼓轮转一周使 M_1 移动 0.01 mm,故它转一个分格使 M_1 移动 0.000 1 mm。读数时还要估读一位。可见,每一级装置读数时只读出整数个分格数,不估读,其估读位由下一级给出;而最后一级则要估读。这样,一个读数由导轨刻度尺读数(2 位)、正面窗口读数(2 位)和微调鼓轮读数(3 位)构成,共 7 位有效数字。

由激光器光源产生的平行入射光,在 6 处用毛玻璃屏通过分光板可以看到光源的若干个像,利用 M_1、M_2 镜架背后的螺丝,细心调整镜面方位,使最亮的两个像重合,再在光源后加上扩束镜,就可以在屏上看到干涉条纹,然后用拉丝弹簧调整干涉条纹形状满足实验要求。

五、实验内容及步骤

1. 迈克尔逊干涉仪的基本调节

(1) 打开氦氖激光器,调节其高度和方向,使激光束大致照到两平面镜 M_1、M_2 及屏 E 的中部,并使从两平面镜反射来的两束光能尽量原路返回,即尽可能回到激光器的出光口。

(2) 屏上可以看到两排光点,都以最亮者居中。调节 M_1 和 M_2 后面的三个螺丝,使两个最亮点重合(此时 M_1 和 M_2 相互垂直)。此时,要检查回到激光器的两束光是否仍照在出光口或附近。

2. 观察等倾干涉条纹,测量氦氖激光波长

(1) 在氦氖激光器前放置一个扩束镜(短焦距凸透镜),使平行光聚焦为点光源并扩散开。此时,在屏上可以看到圆形干涉条纹。然后,双向转动 M_1 的微调鼓轮,观察条纹冒出和缩进现象,判定 M_1 和 M_2'之间的距离 $|d|$ 是增大还是减小;观察条纹粗细、疏密情况,判断 $|d|$ 是较大还是较小。旋转光屏 E,使之不平行于 M_1 和 M_2',可以观察到椭圆条纹。如果干涉条纹很细,不利于随后的测量,可旋转粗调手轮使 $|d|$ 大幅度减小,从而使条纹变疏、变粗。

(2) 固定一个方向转动微调鼓轮直至条纹变化稳定。然后记下此时的读数 d_1。继续向这个方向转动鼓轮,观察屏上的圆环冒出或缩进 $N=100$ 个,再记录一次读数 d_2。然后利用式(4-13-3)计算波长。

(3) 重复上述过程两次,再次得到两个波长值。

(4) 计算三个波长的平均值 $\bar{\lambda}$,将其与标准波长值 $\lambda_0=632.8$ nm 比较,计算相对误差。

注意:由于仪器存在空程误差,一定要在条纹的变化稳定后才能开始测

量。而且测量一旦开始，微调鼓轮的转动方向就不能中途改变。

3．观察等厚干涉条纹，测量透明玻璃板厚度

(1) 调节白光条纹。先用单色光源调好等倾圆条纹，使 M_1 与 G_1 的距离稍大于 M_2 与 G_1 的距离，然后稍稍旋转 M_2 镜台下的水平拉簧螺丝，使 M_1、M_2' 呈一很小的夹角，此时看见弯曲的条纹。向前移动 M_1 使条纹变直，这表明中央条纹在逐渐向视场中央移动。再以白光代替单色光，继续按原方向缓慢地转动鼓轮，使 M_1 继续向前移动，直到白光干涉条纹出现。

(2) 将中央条纹移至视场中某一位置，记下 M_1 的位置，将待测玻璃片放在 M_1 与 G_1 之间的光路中，使玻璃片与 M_1 平行。向前移动 M_1，直至中央条纹重新移至视场中同一位置，再记下 M_1 的位置，则 M_1 所移动的距离即为式(4-13-7)中的 Δd。

六、数据记录及处理

(1) 测量氦氖激光波长

表 4-13-2　　数据记录表

次数	d_1/mm	d_2/mm	λ/nm	$\bar{\lambda}$/nm	$\frac{\lvert\bar{\lambda}-\lambda_0\rvert}{\lambda_0}$
1					
2					
3					

(2) 测量透明玻璃板厚度

七、注意事项

(1) 实验中，请勿正视激光光源，以免损伤眼睛。

(2) 仪器上的光学元件精度极高，不要用手抚摸或让赃物沾上。

(3) 仪器传动机构相当精密，使用时要轻缓小心。

(4) 测量过程中，由于仪器存在空程误差，一定要在条纹的变化稳定后才能开始测量。而且测量一旦开始，微调鼓轮的转动方向就不能中途改变。

八、思考题

(1) 迈克尔逊干涉仪的主要部件有哪些？分别起什么作用？

（2）光的干涉形成的条件以及相关结论是什么？

（3）为什么在测量过程中，微调鼓轮的转动方向不能中途改变？

附录

表 4-13-3　　　　几种常用激光器的主要谱线波长

激光器	谱线波长/nm	激光器	谱线波长/nm
氦氖激光	632.8	CO_2激光	10.6
Nd 玻璃激光	1.35、1.34、1.32、1.06、0.91	红宝石激光	694.3、693.4、510.0、360.0
氦镉激光	441.6、325.0	氩离子激光	528.7、514.5、501.7、496.5、488.0、476.5、472.7、465.8、457.9、454.5、437.1

实验十四　密立根油滴实验

一、实验目的

（1）验证电荷的不连续性，测定基本电荷的大小。

（2）学会对仪器的调整、油滴的选定、跟踪、测量以及数据的处理。

二、实验原理

实验中，用喷雾器将油滴喷入两块相距为 d 的水平放置的平行极板之间，如图 4-14-1 所示。油滴在喷射时由于摩擦，一般都会带电。设油滴的质量为 m，所带电量为 q，加在两平行极板之间的电压为 U，油滴在两平行极板之间将受到两个力的作用，一个是重力 mg，一个是电场力 $qE=q\dfrac{U}{d}$。通过调节加在两极板之间的电压 U，可以使这两个力大小相等、方向相反，从而使油滴达到平衡，悬浮在两极板之间。此时有：

$$mg = q\frac{U}{d} \tag{4-14-1}$$

为了测定油滴所带的电量 q，除了测定 U 和 d 外，还需要测定油滴的质量 m。但是，由于 m 很小，需要采用下面的特殊方法进行测定。

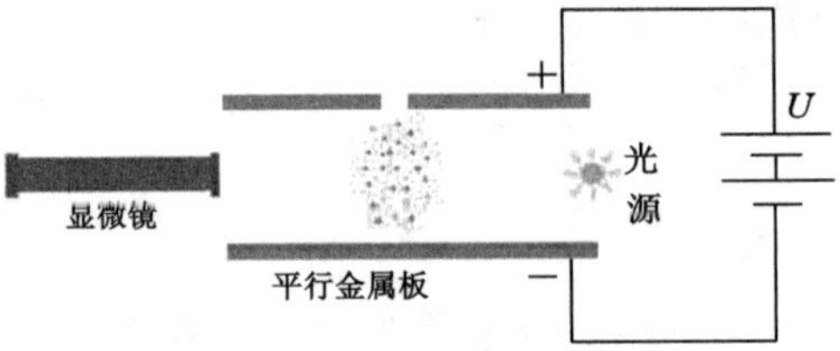

图 4-14-1　油滴在电场中的运动

在平行极板间未加电压时，油滴受重力作用将加速下降，但是由于空气的黏滞性会对油滴产生一个与其速度大小呈正比的阻力，油滴下降一小段距离而达到某一速度 v 后，阻力与重力达到平衡（忽略空气的浮力），油滴将以此速度匀速下降。

由斯托克斯定律可得：

$$f_r = 6\pi a\eta v = mg \tag{4-14-2}$$

式中，η 为空气的黏滞系数；a 为油滴的半径（由于表面张力的作用，小油滴总是呈球状）。

设油滴的密度为 ρ，油滴的质量 m 可用下式表示：

$$m = \frac{4}{3}\pi a^3 \rho \tag{4-14-3}$$

将式(4-14-2)和式(4-14-3)合并，可得油滴的半径为：

$$a = \sqrt{\frac{9\eta v}{2\rho g}} \tag{4-14-4}$$

由于斯托克斯定律对均匀介质才是适用的，对于半径小到 10^{-6} m 的油滴小球，其大小接近空气空隙的大小，空气介质对油滴小球不能再认为是均匀的了，因而斯托克斯定律应该修正为：

$$f_r = \frac{6\pi a\eta v}{1+\dfrac{b}{ap}}$$

式中，b 为一修正常数，取 $b=6.17\times10^{-6}$ m · cmHg；p 为大气压强，单位为 cmHg。利用平衡条件和式(4-14-3)可得：

$$a = \sqrt{\frac{9\eta v}{2\rho g}\cdot\frac{1}{1+\dfrac{b}{ap}}} \tag{4-14-5}$$

式(4-14-5)根号下虽然还包含油滴的半径 a，因为它是处于修正项中，不需要十分精确，仍可用式（4-14-4）来表示。将式（4-14-5）代入式（4-14-3）得：

$$m = \frac{4}{3}\pi\left[\frac{9\eta v}{2\rho g}\cdot\frac{1}{1+\dfrac{b}{ap}}\right]^{\frac{3}{2}}\rho \tag{4-14-6}$$

当平行极板间的电压为0时，设油滴匀速下降的距离为 l，时间为 t，则油滴匀速下降的速度为：

$$v = \frac{l}{t} \tag{4-14-7}$$

将式(4-14-7)代入式(4-14-6)，再将式(4-14-6)代入式(4-14-1)得：

$$q = \frac{18\pi}{\sqrt{2\rho g}}\left[\frac{\eta l}{t}\cdot\frac{1}{1+\dfrac{b}{ap}}\right]^{\frac{3}{2}}\frac{d}{v} \tag{4-14-8}$$

实验发现，对于同一个油滴，如果改变它所带的电量，则能够使油滴达到平衡的电压必须是某些特定的值 U_n。研究这些电压变化的规律可以发现，它们都满足下面的方程：

$$q = ne = mg\frac{d}{U_n}$$

式中，$n=\pm1,\pm2\cdots$；而 e 则是一个不变的值。

对于不同的油滴，可以证明有相同的规律，而且 e 值是相同的常数，这即是说电荷是不连续的，电荷存在着最小的电荷单位，也即是电子的电荷值 e。于是，式(4-14-8)可化为：

$$ne = \frac{18\pi}{\sqrt{2\rho g}}\left[\frac{\eta l}{t}\cdot\frac{1}{1+\dfrac{b}{ap}}\right]^{\frac{3}{2}}\frac{d}{U_n} \tag{4-14-9}$$

根据式(4-14-9)即可测出电子的电荷值 e，验证电子电荷的不连续性。

三、实验仪器

密立根油滴仪、显示器、喷雾器、钟油。

密立根油滴仪由油滴盒、油滴照明装置、调平系统、测量显微镜、供电电源以及电子停表、喷雾器等部分组成。

MOD—5 型油滴仪的外形及实验装置图如图 4-14-2 所示，其改进为用 CCD 摄像头代替人眼观察，实验时可以通过黑白电视机来测量。

油滴盒是由两块经过精磨的平行极板（上、下电极板）中间垫以胶木圆环

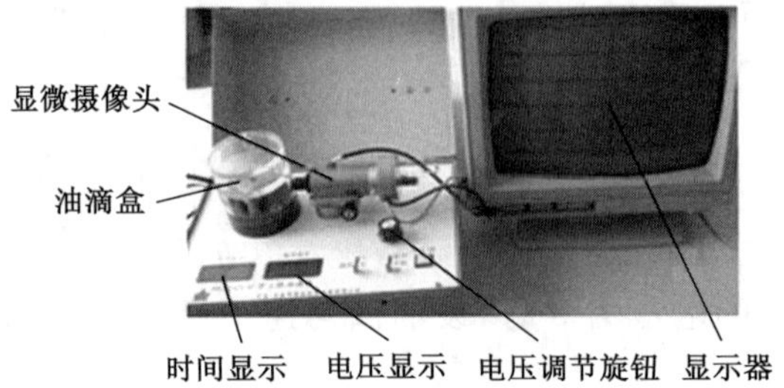

图 4-14-2　MOD—5 型油滴仪

组成的。平行极板间的距离为 d。胶木圆环上有进光孔、观察孔和石英窗口。油滴盒放在有机玻璃防风罩中。上电极板中央有一个 $\phi 0.4$ mm 的小孔，油滴从油雾室经过雾孔和小孔落入上、下电极板之间，如图 4-14-3 所示。油滴由照明装置照明。油滴盒可用调平螺丝调节，并由水准泡检查其水平。

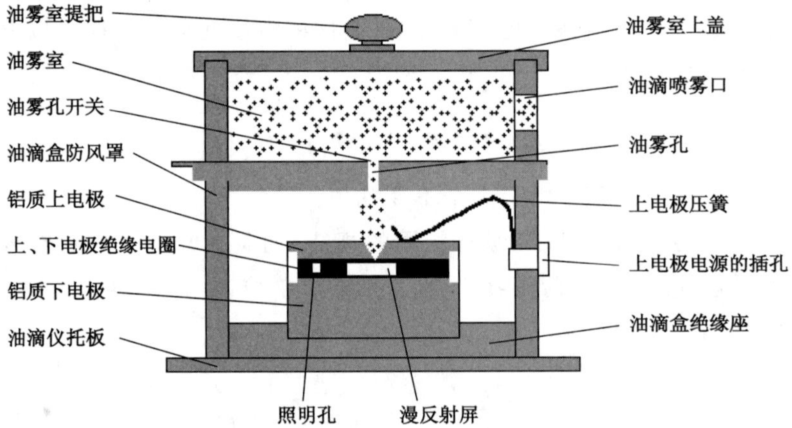

图 4-14-3　油滴盒剖面图

电源部分提供四种电压：

(1) 2.2 V 油滴照明电压。

(2) 500 V 直流平衡电压。该电压可以连续调节，并从电压表上直接读出，还可由平衡电压换向开关换向，以改变上、下电极板的极性。换向开关倒向“+”侧时，能达到平衡的油滴带正电；反之，带负电。换向开关放在“0”位置时，上、下电极板短路，不带电。

(3) 300 V 直流升降电压。该电压可以连续调节，但不稳压。它可通过升降电压换向开关叠加(加或减)在平衡电压上，以便把油滴移到合适的位置。升降电压高，油滴移动速度快；反之，则慢。该电压在电表上无指示。

(4) 12 V 的 CCD 电源电压。

四、实验内容与步骤

1. 仪器调节

(1) 将油滴照明灯接 2.2 V 电源，平行极板接 500 V 直流电源，电源插孔都在电源后盖上。

(2) 调节调平螺丝，使水准仪的气泡移到中央，此时平行极板处于水平位置，电场方向和重力平行。

(3) 将“均衡电压”开关置于“0”位置，“升降电压”开关也置于“0”位置。将油滴从喷雾室的喷口喷入，视场中将出现大量油滴，犹如夜空繁星。如果油滴太暗，可转动小照明灯，使油滴更明亮，微调显微镜，使油滴更清楚。

2. 测量练习

(1) 练习控制油滴：当油滴喷入油雾室并观察到大量油滴时，在平行极板上加上平衡电压(约 300 V 左右，“+”或“-”均可)，驱走不需要的油滴，等待 1～2 min 后，只剩下几颗油滴在慢慢移动，注意其中的一颗，微调显微镜，使油滴很清楚，仔细调节电压使这颗油滴平衡；然后去掉平衡电压，让它达到匀速下降(显微镜中看上去是在上升)时，再加上平衡电压使油滴停止运动；之后，再调节升降电压使油滴上升(显微镜中看上去是在下降)到原来的位置。如此反复练习，以熟练掌握控制油滴的方法。

(2) 练习选择油滴：要做好本实验，很重要的一点就是选择好被测量的油滴。油滴的体积既不能太大，也不能太小(太大时必须带的电荷很多才能达到平衡；太小时由于热扰动和布朗运动的影响，很难稳定)，否则，难于准确测量。对于所选油滴，当取平衡电压为 320 V，匀速下降距离 $l=0.200$ cm 所用时间约为 20 s 时，油滴大小和所带电量较适中，测量也较为准确。因此，需要反复测试练习，才能选择好待测油滴。

(3) 速度测试练习：任意选择几个下降速度不同的油滴，用秒表测出它们下降一段距离所需要的时间，掌握测量油滴速度的方法。

3. 正式测量

由式(4-14-9)可知，进行本实验真正需要测量的量只有两个，一个是油滴的平衡电压 U_n，另一个是油滴匀速下降的速度——即油滴匀速下降距离 l 所需的时间 t。

(1) 测量平衡电压必须经过仔细的调节，应该将油滴悬于分化板上某条横线附近，以便准确地判断出这颗油滴是否平衡，应仔细观察 1 min 左右，如果油滴在此时间内在平衡位置附近漂移不大，才能认为油滴是真正平衡了。记下此时的平衡电压 U_n。

(2) 在测量油滴匀速下降一段距离 l 所需的时间 t 时，为保证油滴下降的速度均匀，应先让它下降一段距离后再测量时间。选定测量的一段距离应该在平行极板之间的中间部分，占分划板中间四个分格为宜，此时的距离为 $l=0.200$ cm。若太靠近上电极板，小孔附近有气流，电场也不均匀，会影响测量结果；若太靠近下极板，测量完时间后，油滴容易丢失，不能反复测量。

(3) 由于有涨落，对于同一颗油滴，必须重复测量 10 次。同时，还应该选择不少于 5 颗不同的油滴进行测量。

(4) 通过计算求出基本电荷的值，验证电荷的不连续性。

五、数据记录及处理

1. 数据处理方法

根据式(4-14-9)和式(4-14-4)可得：

$$ne=\frac{k}{\left[t\left(1+k'/\sqrt{t}\right)\right]^{3/2}}\cdot\frac{1}{U_n} \tag{4-14-10}$$

式中，$k=\dfrac{18\pi}{\sqrt{2\rho g}}(\eta l)^{3/2}d$，$k'=\dfrac{b}{p}\sqrt{\dfrac{2\rho g}{9\eta l}}$。而且取：油的密度 $\rho=981\ \text{kg/m}^3$；重力加速度 $g=9.80\ \text{m/s}^2$；空气的黏滞系数 $\eta=1.83\times10^{-5}\ \text{kg/(m}\cdot\text{s)}$；油滴下降距离 $l=2.00\times10^{-3}$ m；常数 $b=6.17\times10^{-6}\ \text{m}\cdot\text{cmHg}$；大气压 $p=76.0$ cmHg；平行极板距离 $d=5.00\times10^{-3}$ m。

将上述数据代入式(4-14-10)可得，$k=1.43\times10^{-14}\ (\text{kg}\cdot\text{m}^2)/\text{s}^{1/2}$，$k'=0.019\,6\ \text{s}^{1/2}$，则：

$$ne=\frac{1.43\times10^{-14}}{\left[t\left(1+0.02\sqrt{t}\right)\right]^{3/2}}\cdot\frac{1}{U_n} \tag{4-14-11}$$

显然，上面的计算是近似的。但是一般情况下，误差仅在 1%左右。

将式(4-14-11)所得数据除以电子电荷的公认值 $e=1.602\times10^{-19}$ C，所得整数就是油滴所带的电荷数 n，再用 n 去除实验测得的电荷值，就可得到电子电荷的测量值。对不同油滴测得的电子电荷值不能再求平均值。

2. 数据表格

表 4-14-1　　　　　　　　**数据记录表**

油滴编号	U_n/V	t/s	$\overline{U}_n$/V	$\bar{t}$/s	$q/10^{-19}$C	n	$e/10^{-19}$C
1							
2							
3							
4							
5							

六、注意事项

(1) 喷油时，只需喷一两下即可，不要喷得太多，不然会堵塞小孔。

(2) 对选定油滴进行跟踪测量的过程中，如果油滴变得模糊了，应随时调节显微镜镜筒的位置，对油滴聚焦；对任何一个油滴进行的任何一次测量中都应随时调节显微镜，以保证油滴处于清晰状态。

(3) 平衡电压取 300～350 V 为最好，应该尽量在该平衡电压范围内去选择油滴。例如，开始时平衡电压可定在 320 V，如果在 320 V 的平衡电压情况下已经基本平衡时，只需稍微调节平衡电压就可使油滴平衡，此时油滴的平衡电压就在 320～350 V 范围内。

(4) 在监视器上要保证油滴竖直下落。

七、思考题

(1) 为什么对选定油滴进行跟踪时，油滴有时会变得模糊起来？

(2) 通过实验数据进行分析，指出做好本实验关键要抓住哪几步？造成实验数据测量不准的原因是什么？

(3) 为什么对不同油滴测得的电子电荷最后不能再求平均值来得到电子电荷的测量值？

实验十五　霍耳传感器测量铁磁材料的磁滞回线和磁化曲线

一、实验目的

(1) 测量模具钢的磁化曲线和磁滞回线。

(2) 掌握磁性材料退磁的方法。

(3) 学习安培回路定律在磁测量中的应用。

二、实验原理

1. 铁磁物质的磁滞现象

铁磁物质的磁化过程很复杂，这主要是由于它具有磁性的特性。一般都是通过测量磁化场的磁场强度 H 和磁感应强度 B 之间的关系来研究其磁化规律。

如图 4-15-1 所示，当铁磁物质中不存在磁化场时，H 和 B 均为零，在 B—H 图中则相当于坐标原点 O。随着磁化场 H 的增加，B 也随之增加，但两者之间不是线性关系。当 H 增加到一定值时，B 不再增加或增加得十分缓慢，这说明该物质的磁化已达到饱和状态。H_m 和 B_m 分别为饱和时的磁场强度和磁感应强度（对应于图中 A 点）。如果再使 H 逐步退到零，则与此同时 B 也逐渐减小。然而其轨迹并不沿原曲线 AO，而是沿另一曲线 AR 下降到 B_r，这说明当 H 下降为零时，铁磁物质中仍保留一定的磁性。将磁化场反向，再逐渐增加其强度，直到 $H=-H_m$。此时曲线达到 A' 点（即反向饱和点），然后，先使磁化场退回到 $H=0$；再使正向磁化场逐渐增大，直到饱和值 H_m 为止。如此就得到一条与 ARA' 对称的曲线 $A'R'A$，而自 A 点出发又回到 A 点的轨迹为一闭合曲线，称为铁磁物质的磁滞回线，此属于饱和磁滞回线。其中，回线和 H 轴的交点 H_c 和 H_c' 称为矫顽力，回线与 B 轴的交点 B_r 和 B_r' 称为剩余磁感应强度。

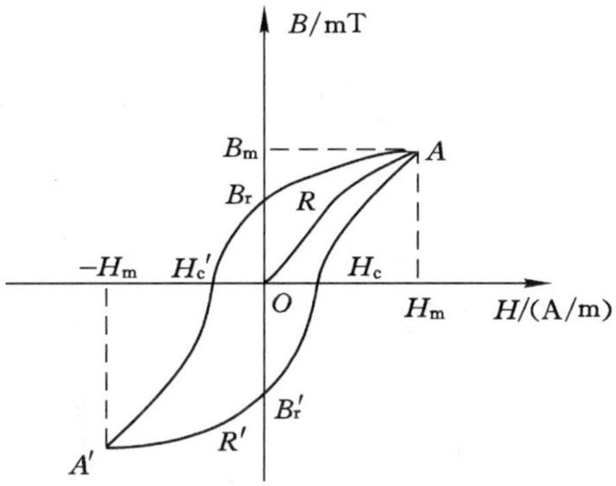

图 4-15-1　磁滞回线和磁化曲线

2. 磁化曲线和磁滞回线的测量

在待测的铁磁材料样品上绕上一组磁化线圈，环形样品的磁路中开一极窄均匀气隙，气隙应尽可能小，磁化线圈中，在对最大磁化电流 I_m 磁锻炼基础上，若对应每个磁化电流 I_k 值，用数字式特斯拉计，测量气隙均匀磁场区中间部位的磁感应强度 B，即能得到该磁性材料的磁滞回线。如图 4-15-1 中的 $ARA'R'A$ 组成的曲线为磁滞回线，OA 曲线为材料的初始磁化曲线。

（1）测量初始磁化曲线或基本磁化曲线都必须由原始 $H=0$ 时 $B=0$ 开始，因此测量前必须对待测量样品进行退磁，以消除剩磁。

（2）环形样品的磁化线圈中通过的电流为 I，则磁化场的磁场强度 H 为：

$$H=\frac{N}{\bar{l}}I \tag{4-15-1}$$

式中，N 为磁化线圈的匝数；$\bar{l}$ 为样品平均磁路长度；H 的单位为 A/m。

为了从间隙中间部位测得样品的磁感应强度 B 值，根据一般经验，截面方形样品的长和宽的线度应大于或等于间隙宽度 8～10 倍，且铁芯的平均磁路长度 $\bar{l}$ 远大于间隙长度，这样才能保证间隙中有一个较大区域的磁场是均匀的，测到的磁感应强度 B 的值才能真正代表样品中磁场在中间部位的实际值。

三、实验仪器

实验仪器如图 4-15-2 所示，它由直流稳流源、交流电压源、数字式特斯拉计（以霍耳传感器为探测器，并有螺旋装置移动）、待测环形磁性材料，上面绕有 2 000 匝线圈，样品的截面为 2.00 cm×2.00 cm，间隙为 0.2 cm。平均磁路长度 23.8 cm，还有双刀双掷开关。

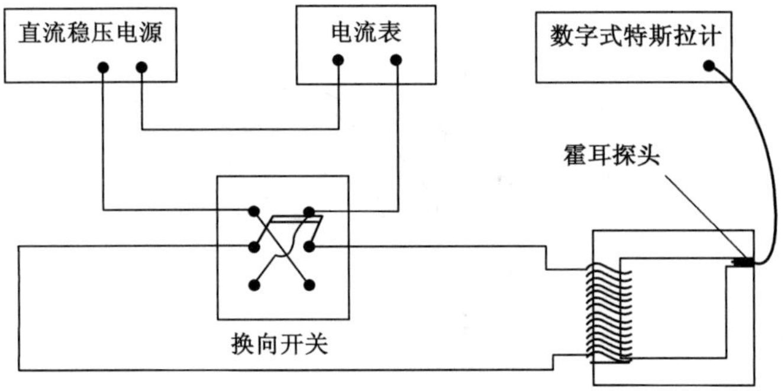

图 4-15-2 磁滞回线和磁化曲线测量装置

四、实验内容

(1) 数字式特斯拉计的探头远离样品间隙，旋动特斯拉计的调零旋钮调零。然后把探头放在间隙的中间，即把刻度对准零。

(2) 测量样品的初始磁化曲线。测量前先对样品进行退磁处理。若使磁化电流不断反向，且幅值由最大值逐渐减小直至零，最终使样品的剩磁 B 为零。如电流值由 0 增至 600 mA 再逐渐减小至 550 mA，然后双刀开关换为反向电流，稳定 10 s 后使电流减小到 500 mA，这样磁化电流不断反向（每次停留 10 s 时间），每次电流减小量为 50 mA，在小于 100 mA 时，减小量为 20 mA。最终将剩磁消除。使得电流为零时，特斯拉计读数为零（大多数可以调到零，至少要使特斯拉计的读数在 10 mT 以下）。然后使电流从 0 开始，间隔 50 mA，达到 600 mA，记录下对应的特斯拉计读数，得到初始磁化曲线。

(3) 测量模具钢的磁滞回线。通过磁化线圈的电流从饱和电流 I_m（约 600 mA）开始逐步减小到 0，然后双刀换向开关将电流换向，电流又从 0 增加到 I_m，重复上述过程，即 $(H_m, B_m) \rightarrow (-H_m, -B_m)$，再从 $(-H_m, -B_m) \rightarrow (H_m, B_m)$。其中每隔 50 mA 测 1 组 (I_i, B_i) 值。由式(4-15-6)求出 H_i 值。用作图纸作模具钢材料的初始磁化曲线和磁滞回线，记录模具钢的饱和磁感应强度 B_m 和矫顽力 H_c。

(4) 得到准确的矫顽力 H_c 和材料饱和时磁场强度 H_m 值。

五、附录

用霍耳传感器测量铁芯材料初始磁化曲线和磁滞回线，铁芯中的缝隙对实验测量的影响：

若铁芯磁路中有一个小平行间隙 l_g，铁芯中平均磁路长度为 $\bar{l}$，而铁芯线圈匝数为 N，通过电流为 I，那么由安培回路定律得：

$$H\bar{l} + H_g l_g = NI \tag{4-15-2}$$

式中，H_g 为间隙中的磁场强度。一般来说，铁芯中的磁感应强度不同于缝隙中的磁感应强度。但是在极窄的情况下，即正方形铁芯截面的长和宽 $\gg l_g$，且铁芯中平均磁路长度 $\bar{l} \gg l_g$ 情况，此时：

$$B_g S_g = BS \tag{4-15-3}$$

式中，S_g 是缝隙中磁路截面；S 为铁芯中磁路截面。在上述条件下，$S_g \approx S$，所以 $B = B_g$，即霍耳传感器在间隙中间部位测出的磁感应强度 B_g 就是铁芯中间部位磁感应强度 B。又在缝隙中：

$$B_g = \mu_0 \mu_r H_g \tag{4-15-4}$$

式中，μ_0 为真空磁导率；μ_r 为相对磁导率，在间隙中，$\mu_r = 1$。所以，$H = B/\mu_0$，这样，铁芯中磁场强度 H 与铁芯中磁感应强度 B 及线圈安培匝数 NI 满足：

$$H\bar{l} + \frac{1}{\mu_0} B l_g = NI \tag{4-15-5}$$

$$H = \frac{NI}{\bar{l}} - \frac{B}{\mu_0} \times \frac{l_g}{\bar{l}} = 8\,403 I - 6.68 \times 10^3 B \tag{4-15-6}$$

式(4-15-6)中，电流 I 单位为 A；磁感应强度 B 单位为 T。在实际测量时，应使待测样品满足 $H\bar{l} \gg \frac{1}{\mu_0} B l_g$ 条件，即线圈的安培匝数 NI 保持不变时，平均

磁路总长度 $\bar{l}$ 须足够大，间隙 l_g 尽可能小，这样，$H \approx \frac{NI}{\bar{l}_0}$。如果 $\frac{1}{\mu_0} B l_g$ 对 $H\bar{l}$ 不可忽略时，可利用式(4-15-5)或式(4-15-6)对初始磁化曲线中 H 值进行修正，得出 H 值准确的结果。

六、数据处理

(1) 样品平均长度 $\bar{l}=23.8$ cm，平均间隙长度 $l_g=0.2$ cm。

(2) 初始磁化曲线 B—H 测量值[根据式(4-15-5)及测得的 B 值求出 H 值]。

表 4-15-1 数据记录表

I/mA	B/mT	H/(A/m)	I/mA	B/mT	H/(A/m)
0			400		
50			450		
100			500		
150			550		
200			600		
250			605		
300			610		
350					

(3) 磁滞回线 B—H 测量值[根据式(4-15-5)及测得的 B 值求出 H 值]。

表 4-15-2 数据记录表

I/mA	B/mT	H/(A/m)	I/mA	B/mT	H/(A/m)
610			−500		
600			−400		
500			−300		
400			−200		
300			−100		
200			0		
100			100		
0			200		

续表 4-15-2

I/mA	B/mT	H/(A/m)	I/mA	B/mT	H/(A/m)
−100			300		
−200			400		
−300			500		
−400			600		
−500			610		
−600					

(4) 作磁滞回线和初始磁化曲线。

七、思考题

(1) 什么叫作初始磁化曲线?

(2) 测量磁滞回线时,如果操作顺序发生错误,应该怎样操作才能继续测量?

(3) 在什么条件下,环形铁磁材料的间隙中测得的磁感应强度能代表磁路中的磁感应强度?

实验十六 脉冲核磁共振实验

一、实验目的

(1) 掌握脉冲核磁共振的基本概念和方法。

(2) 通过观测核磁共振对射频脉冲的响应,了解能级跃迁过程(弛豫)。

(3) 了解自旋回波,利用自旋回波测量横向弛豫时间 T_2。

(4) 测量二甲苯的化学位移,了解傅立叶变换—脉冲核磁共振实验方法。

二、实验原理

核磁共振是指受电磁波作用的原子核系统,在外磁场中能级之间发生的共振跃迁现象。核磁共振是 1946 年由美国斯坦福大学布洛赫(F. Bloch)和哈佛大学珀赛尔(E. M. Purcell)各自独立发现的,两人因此获得 1952 年诺贝尔物理学奖。早期的核磁共振电磁波主要采用连续波,灵敏度较低。1966 年发展起来的脉冲傅立叶变换核磁共振技术，将信号采集由频域变为时域，从而大大提高了检测灵敏度，由此脉冲核磁共振技术迅速发展，成为物理、化学、生物、医学等领域分析鉴定和微观结构研究不可缺少的工具。

核磁共振的物理基础是原子核的自旋。泡利在1924年提出核自旋的假设，1930年在实验中得到证实。1932年人们发现中子，从此对原子核自旋有了新的认识：原子核的自旋是质子和中子自旋之和，只有质子数和中子数两者或者其中之一为奇数时，原子核具有自旋角动量和磁矩。这类原子核称为磁性核，只有磁性核才能产生核磁共振。磁性核是核磁共振技术的研究对象。

1. 基础知识

具有自旋的原子核，其自旋角动量 P 为：

$$P = \sqrt{I(I+1)}\hbar \tag{4-16-1}$$

式中，I 为自旋量子数，其值为半整数或整数，由核性质决定。$\hbar = h/2\pi$，h 为普朗克常数。自旋的核具有磁矩 μ，μ 和自旋角动量 P 的关系为：

$$\mu = \gamma P \tag{4-16-2}$$

式中，γ 为旋磁比。

在外加磁场 $B_0 = 0$ 时，核自旋为 I 的核处于$(2I+1)$度简并态，外磁场 $B_0 \neq 0$时，角动量 $\vec{P}$ 和磁矩 $\vec{\mu}$ 绕 B_0（设为 z 方向）进动，进动角频率为：

$$\omega_0 = \gamma B_0 \tag{4-16-3}$$

式(4-16-3)称为拉摩尔进动公式。由拉摩尔进动公式可知，核磁矩在恒定磁场中将绕磁场方向作进动，进动的角频率 ω_0 取决于核的旋磁比 γ 和磁场磁感应强度 B_0 的大小。

由于核自旋角动量 $\vec{P}$ 空间取向是量子化的，$\vec{P}$ 在 z 方向上的分量只能取$(2I+1)$个值，即：

$$P_z = m\hbar \quad (m = I, I-1, \cdots, -I+1, -I) \tag{4-16-4}$$

式中，m 为磁量子数。相应地：

$$\mu_z = \gamma P_z = \gamma m\hbar \tag{4-16-5}$$

此时，原$(2I+1)$度简并能级发生赛曼分裂，形成$(2I+1)$个分裂磁能级：

$$E = -\vec{\mu} \cdot \vec{B_0} = -\mu\cos\theta B_0 = -\mu_z B_0 = -\gamma m\hbar B_0 \tag{4-16-6}$$

相邻两个能级之间的能量差：

$$\Delta E = \gamma\hbar B_0 \tag{4-16-7}$$

对 $I=1/2$ 的核，例如氢、氟等，在磁场中仅分裂为上、下两个能级。

2. 核磁共振

实现核磁共振的条件：在一个恒定外磁场 B_0 作用下，另在垂直于 B_0 的平面（xy 平面）内加进一个旋转磁场 B_1，使 B_1 转动方向与 μ 的拉摩尔进动同方向，见图 4-16-1。如 B_1 的转动频率 ω 与拉摩尔进动频率 ω_0 相等时，μ 会绕 B_0 和 B_1 的合矢量进动，使 $\vec{\mu}$ 与 $\vec{B_0}$ 的夹角 θ 发生变改变，θ 增大，核吸收 B_1 磁场的能量使势能增加，见式（4-16-6）。如果 B_1 的旋转频率 ω 和 ω_0 不等，自旋系统会交替地吸收和放出能量，没有净能吸收。因此，能量吸收是一种共振现象，只有 B_1 的旋转频率 ω 和 ω_0 相等时才能发生共振。旋转磁场 B_1 可以方便地由振荡回路线圈中产生的直线振荡磁场得到。因为一个 $2B_1\cos\omega t$ 的直线磁场，可以看成由两个反方向旋转的磁场 B_1 合成，见图 4-16-2。一个与拉摩尔进动同方向，另一个反方向。反方向的磁场对 $\vec{\mu}$ 的作用可以忽略。旋转磁场作用方式可以采用连续波方式，也可以采用脉冲方式。

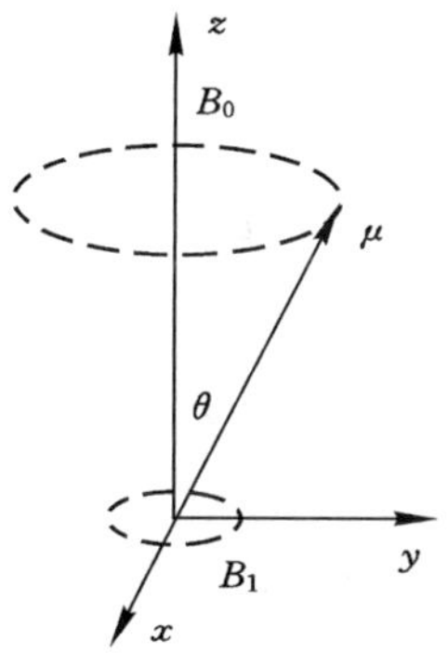

图 4-16-1　拉摩尔进动

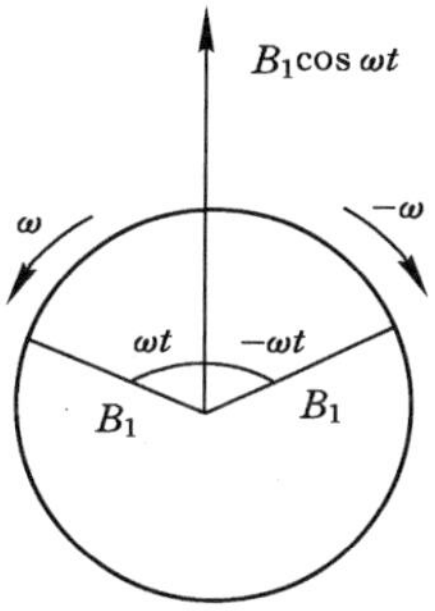

图 4-16-2　直线振荡场

3. 体磁化强度

因为磁共振的对象不可能是单个核，而是包含大量等同核的系统，所以用体磁化强度 $\vec{M}$ 来描述，核系统 $\vec{M}$ 和单个核 $\vec{\mu_i}$ 的关系为：$\vec{M}=\sum_{i=1}^{N}\vec{\mu_i}$。$\vec{M}$ 体现了原子核系统被磁化的程度。具有磁矩的核系统，在恒磁场 $\vec{B_0}$ 的作用下，宏观体体磁化矢量 $\vec{M}$ 将绕 $\vec{B_0}$ 作拉摩尔进动，进动角频率 $\omega_0=\gamma B_0$。

4. 射频脉冲磁场 B_1 瞬态作用

如引入一个旋转坐标系(x',y',z'),z 方向与 $\vec{B}_0$ 方向重合,坐标旋转角频率 $\omega=\omega_0$,则 $\vec{M}$ 在新坐标系中静止。若某时刻,在垂直于 $\vec{B}_0$ 方向上施加一射频脉冲,其脉冲宽度 t_P 满足 $t_P \ll T_1$,T_2(T_1,T_2 为原子核系统的弛豫时间),通常可以把它分解为两个方向相反的圆偏振脉冲射频场,其中起作用的是施加在轴上的恒定磁场 B_1,作用时间为脉冲宽度 t_P,在射频脉冲作用前 $\vec{M}$ 处于热平衡状态,方向与 z 轴(z')重合,施加射频脉冲作用,则 $\vec{M}$ 将以频率 γB_1 绕 x' 轴进动。

$\vec{M}$ 转过的角度 $\theta=\gamma B_1 t_P$[图 4-16-3(a)]称为倾倒角,如果脉冲宽度恰好使$\theta=\pi/2$或 $\theta=\pi$,称这种脉冲为 90°或 180°脉冲。在 90°脉冲作用下 $\vec{M}$ 将倒在 y'上,180°脉冲作用下 $\vec{M}$ 将倒向 $-z$ 方向。由 $\theta=\gamma B_1 t_P$ 可知,只要射频场足够强,则 t_P 值均可以做到足够小而满足 $t_P \ll T_1$,T_2,这意味着射频脉冲作用期间弛豫作用可以忽略不计。

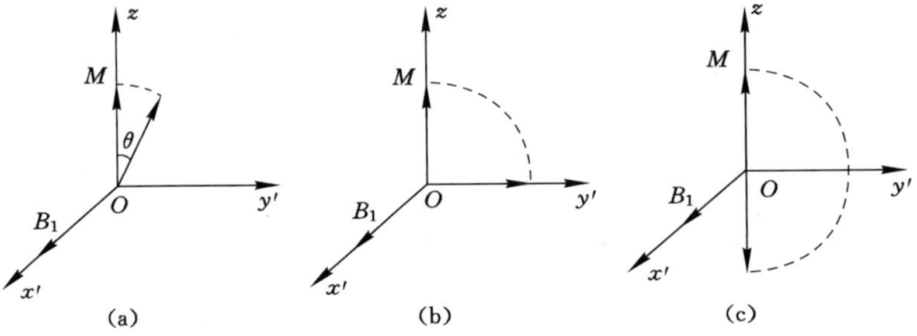

图 4-16-3 射频脉冲对体磁化强度的作用

5. 脉冲作用后体磁化强度 $\vec{M}$ 的行为——自由感应衰减(FID)信号

设 $t=0$ 时刻加上射频场 B_1,到 $t=t_P$,$\vec{M}$ 绕 B_1 旋转 90°而倾倒在 y'轴上,这时射频场 B_1 消失,核磁矩系统将由弛豫过程恢复到热平衡状态。其中,$M_z \to M_0$的变化速度取决于 T_1,$M_x \to 0$、$M_y \to 0$ 的衰减速度取决于 T_2,在旋转坐标系看来,$\vec{M}$ 没有进动,恢复到平衡位置的过程如图 4-16-4(a)所示。在实验室坐标系看来,$\vec{M}$ 绕 z 轴旋进按螺旋形式回到平衡位置,如图 4-16-4(b)所示。

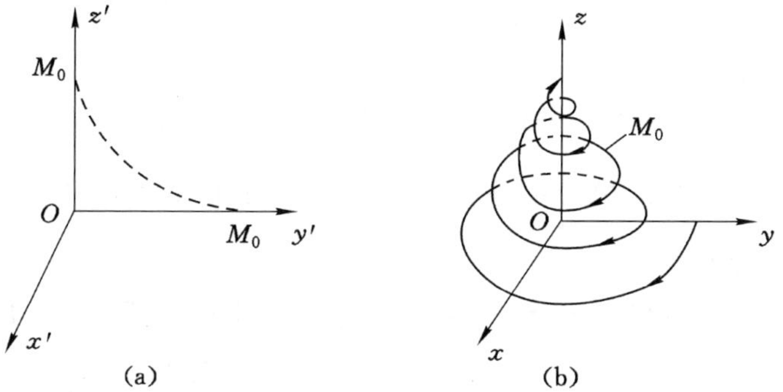

图 4-16-4　90°脉冲作用后的弛豫过程

在这个弛豫过程中,若在垂直于 z 轴方向上置一个接收线圈,便可感应出一个射频信号,其频率与进动频率 ω_0 相同,其幅值按照指数规律衰减,称为自由感应衰减信号,也写作 FID 信号。经检波并滤去射频以后,观察到的 FID 信号是指数衰减的包络线,如图 4-16-5 所示。FID 信号与 $\vec{M}$ 在 xy 平面上横向分量的大小有关,所以 90°脉冲的 FID 信号幅值最大,180°脉冲的幅值为零。

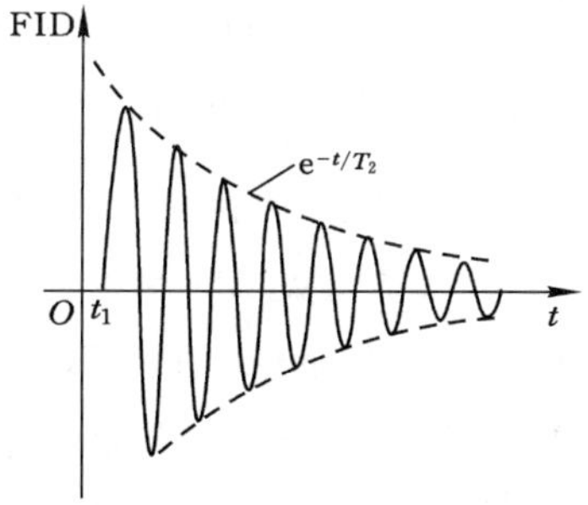

图 4-16-5　自由感应衰减信号

实验中由于恒定磁场 B_0 不可能绝对均匀,样品中不同位置的核磁矩所处的外场大小有所不同,其进动频率各有差异,实际观测到的 FID 信号是各个不同进动频率的指数衰减信号的叠加。设 T_2' 为磁场不均匀所等效的横向弛豫时间,则总的 FID 信号的衰减速度由 T_2 和 T_2' 两者决定,可以用一个称为表观横向弛豫时间 T_2^* 来等效。

$$\frac{1}{T_2^*}=\frac{1}{T_2}+\frac{1}{T_2{}'}$$

若磁场域不均匀，则 T_2' 越小，从而 T_2^* 也越小，FID 信号衰减也越快。

6. 弛豫过程

弛豫和射频诱导激发是两个相反的过程，当两者的作用达到动态平衡时，实验中可以观测到稳定的共振讯号。处在热平衡状态时，体磁化强度 $\vec{M}$ 沿 z 方向，记为 $\vec{M}_0$。

弛豫涉及体磁化强度的纵向分量和横向分量变化，故分为纵向弛豫和横向弛豫。纵向弛豫又称为自旋—晶格弛豫。宏观样品由大量小磁矩的自旋系统和它们所依附的晶格系统组成。系统间不断发生相互作用和能量变换，纵向弛豫是指自旋系统把从射频磁场中吸收的能量交给周围环境，转变为晶格的热能。自旋核由高能态无辐射地返回低能态，能态粒子数差 n 按下式规律变化：

$$n = n_0 \exp(-t/T_1)$$

式中，n_0 为时间 $t=0$ 时的能态粒子差；T_1 为粒子数的差异，与体磁化强度 $\vec{M}$ 的纵向分量 M_z 的变化一致，粒子数差增加，M_z 也相应增加，故 T_1 称为纵向弛豫时间。

横向弛豫又称为自旋—自旋弛豫。自旋系统内部也就是核自旋与相邻核自旋之间进行能量交换，不与外界进行能量交换，故此过程体系总能量不变。自旋—自旋弛豫过程，由非平衡进动相位产生时的体磁化强度 $\vec{M}$ 的横向分量 $M_\perp \neq 0$ 恢复到平衡态时相位无关 $M_\perp = 0$ 表征，所需的特征时间记为 T_2。由于 T_2 与体磁化强度的横向分量 $M_\perp$ 的弛豫时间有关，故 T_2 也称为横向弛豫时间。自旋—自旋相互作用也是一种磁相互作用，进动相位相关主要来自于核自旋产生的局部磁场。射频场 B_1，外磁场空间分布不均匀都可看作局部磁场。

7. 自旋回波法测量横向弛豫时间 T_2（$90°$—τ—$180°$脉冲序列方式）

自旋回波是一种用双脉冲或多个脉冲来观察核磁共振信号的方法，它特别适用于测量横向弛豫时间 T_2，谱线的自然宽度是由自旋—自旋相互作用决定的，但在大多数情况下，由于外磁场不够均匀，谱线就变宽了，与该宽度相对应的横向弛豫时间是前面讨论过的表观横向弛豫时间 T_2^*，而不是 T_2 了，但用自旋回波法仍可以测出横向弛豫时间 T_2。

实际应用中，常用两个或多个射频脉冲组成脉冲序列，周期性地作用于核磁矩系统。比如在 90°射频脉冲作用后，经过 τ 时间再施加一个 180°射频脉冲，便组成一个 90°—τ—180°脉冲序列，这些脉冲序列的脉宽 t_P 和脉距 τ 应满足下列条件：

$$t_P \ll T_1, T_2, \tau$$

$$T_2^* < \tau < T_1, T_2$$

90°—τ—180°脉冲序列的作用结果如图 4-16-6 所示。在 90°射频脉冲后即观察到 FID 信号；在 180°射频脉冲后面对应于初始时刻的 2τ 处可观察到一个“回波”信号，这种回波信号是在脉冲序列作用下由核自旋系统的运动引起的，所以称为自旋回波。

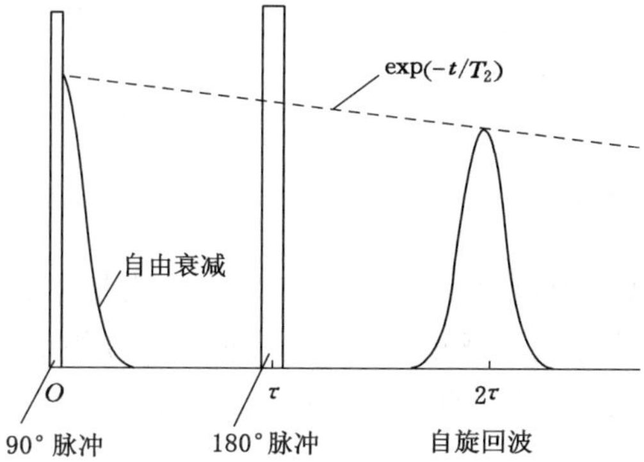

图 4-16-6 自旋回波信号

以下用图 4-16-7 来说明自旋回波的产生过程。图 4-16-7(a)表示体磁化强度 M_0 在 90°射频脉冲作用下绕 x' 轴转到 y' 轴上。图 4-16-7(b)表示脉冲消失后磁矩自由进动受到 B_0 不均匀的影响，样品中部分磁矩的进动频率不同，引起磁矩的进动频率不同，使磁矩相位分散并呈扇形展开。为此可把 $\vec{M}$ 看作许多分量 $\vec{M_i}$ 之和。从旋转坐标系来看，进动频率等于 ω_0 的分量相对静止，大于 ω_0 的分量(图中以 $\vec{M_1}$ 代表)向前转动，小于 ω_0 的分量(图中以 $\vec{M_2}$ 代表)向后转动。图 4-16-7(c)表示 180°射频脉冲的作用使磁化强度各分量绕 z' 轴翻转 180°，并继续沿它们原来的转动方向运动。图 4-16-7(d)表示 $t=2\tau$ 时刻各磁化强度分量刚好汇聚到 $-y'$ 轴上。图 4-16-7(e)表示 $t>2\tau$ 以后，由于磁化强度各矢量继续转动而又呈扇形展开。因此，在 $t=2\tau$ 处得到如图 4-16-6 所示的自旋回波信号。

由此可知，自旋回波与 FID 信号密切相关，如果不存在横向弛豫，则自旋

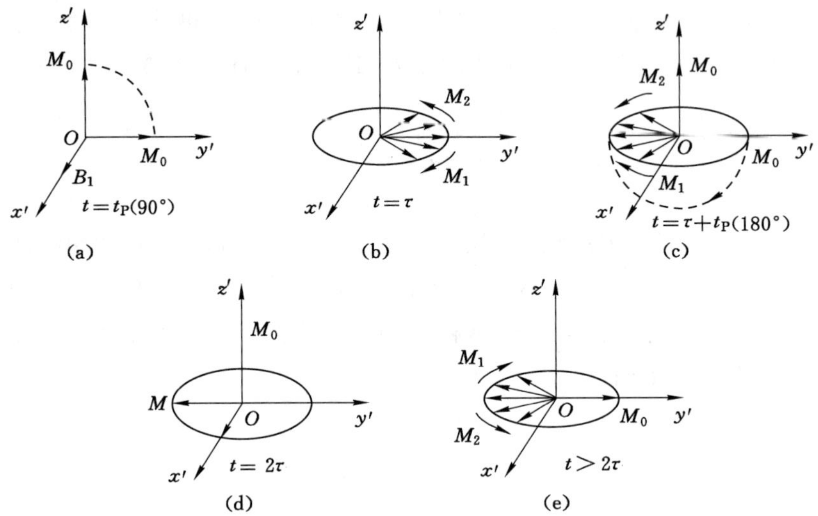

图 4-16-7　90°—τ—180°自旋回波矢量图解

回波幅值应与初始的 FID 信号一样，但在 2τ 时间内横向弛豫作用不能忽略，体磁化强度各横向分量相应减小，使得自旋回波信号幅值小于 FID 信号的初始幅值，而且脉距 τ 越大则自旋回波幅值越小，并且回波幅值 U 与脉距存在以下关系：

$$U = U_0 e^{-t/T_2} \tag{4-16-8}$$

式中，$t=2\tau$；U_0 为 90°射频脉冲刚结束时 FID 信号的初始幅值。实验中只要改变脉距 τ，则回波的峰值就相应的改变，若依次增大 τ 测出若干个相应的回波峰值，便得到指数衰减的包络线。对式(4-16-8)两边取对数，可以得到直线方程：

$$\ln U = \ln U_0 - 2\tau/T_2 \tag{4-16-9}$$

式中，2τ 作为自变量，则直线斜率的倒数便是 T_2。

8. 傅立叶变换—脉冲核磁共振实验方法测物质的化学位移

根据核磁共振条件 $f=\gamma H$，从理论而言，对于同一种原子核 γ 应高度相等，但是原子核与周围电子产生的磁场相互作用，使得在不同化学环境 γ 值有微小差别，如图 4-16-8 所示。这种微小的差别称为化学位移，测量 γ 值作为了解材料化学成分重要的无损检测手段。

化学位移是核磁共振应用于化学上的支柱，它起源于电子产生的磁屏蔽。原子和分子中的核不是裸露的核，它们周围都围绕着电子。所以原子和

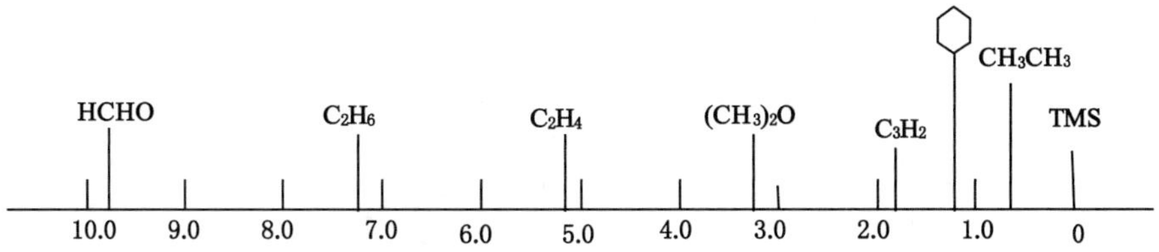

图 4-16-8 化学位移(单位 10^{-6})

分子所受到的外磁场作用,除了 B_0 磁场,还有核周围电子引起的屏蔽作用。电子也是磁性体,它的运动亦受到外磁场影响,外磁场引起电子的附加运动,感应处磁场,方向与外磁场相反,大小则与外磁场呈正比,所以核处实际磁场为:

$$B_{核} = B_0 - \sigma B_0 = B_0(1-\sigma)$$

式中,σ 为屏蔽因子,也是个小量,其值 $\sigma < 10^{-3}$。因此,核的化学环境不同,屏蔽常数 σ 也就不同,从而引起它们的共振频率不同。

$$\omega_0 = \gamma(1-\sigma)B_0$$

化学位移可以用频率进行测量,但是共振频率随外场 B_0 而变,这样标度显然是不方便的,实际化学位移用无量纲的 δ 表示,单位是 10^{-6}。

$$\delta = \frac{\sigma_R - \sigma_S}{1-\sigma_S} \times 10^6 \approx (\sigma_R - \sigma_S) \times 10^6 \qquad (4\text{-}16\text{-}10)$$

式中,σ_R,σ_S 为参照物和样品的屏蔽常数。用 δ 表示化学位移,只取决于样品与参照物屏蔽常数之差值。

实验中采用的样品为二甲苯。二甲苯具有甲基和苯基,它们具有不同的化学位移:甲基化学位移约为 -10^{-6},苯基化学位移为 -6×10^{-6}。在主频率为 20 MHz 的条件下,它们的频率之差为 $5\times10^{-6}\times20$ MHz=100 Hz。

脉冲核磁共振化学位移测量原理:短时间激发脉冲具有较宽的频谱如图 4-16-9 所示,而它的频谱宽度远大于化学位移的宽度,这样才可以激发处于不同化学成分中的原子核。当脉冲结束后不同共振频率的原子核按照其独自的共振频率衰减辐射。将探头测得的自由衰减信号进行傅立叶变换即可得到原子核的共振频率谱,从而推出化学位移。

三、实验仪器

FD—PNMR—Ⅱ脉冲核磁共振谱仪(包括软件)、数字示波器、计算机、甘油样品、二甲苯样品。

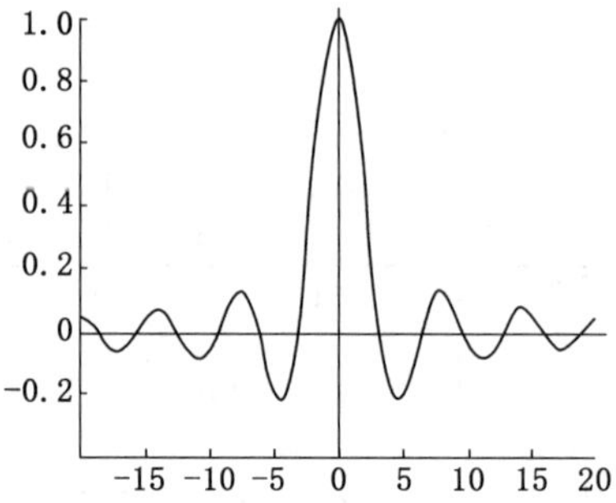

图 4-16-9 脉冲核磁共振频谱示意图

（图中横坐标表示 $f-f_0$，0 处射频脉冲射频频率为 20 MHz）

四、实验步骤

1. 初步调试

(1) 将“脉冲发生器”的第一、二脉冲宽度拔段开关打至 1 ms 档；重复时间打至 1 s 档；脉冲的重复时间电位器及脉冲间隔电位器旋至最大。

(2) “射频相位检波器”的参数设置：将增益拔段开关打至 5 mV 档（即最灵敏档）。

(3) 通电后调试，当调节 I_0 时由零调至最大，若无信号时可能电流方向接反，改变“匀场线圈电源”上的“电流换向开关”，电流方向改变，此时再调节便可得到信号。

2. 测量横向弛豫时间

(1) 观察自由衰减信号（FID 信号）。第一脉冲宽度由零开始调大至某值，通过调节 I_0 调节磁场，观察波形变化，使 FID 信号衰减最慢。设置不同的脉冲宽度使产生不同的倾倒角如 90°，180°等，观察 FID 变化。

(2) 在实验内容(1)调节的基础上，用 90°—τ—180°脉冲的方法获得自旋回波信号，如果自旋回波较小，可以反复调节 I_0 至回波最大。

(3) 将“射频相位检波器”中“检波输出”的输出信号通过“微机信号连接线”接至计算机声卡的“MIC”上，并将计算机“音量控制”中的“麦克风”打开，打开软件记录数据。

(4) 改变脉宽 τ 分别获得回波极大值，依次用计算机记录。由此计算测量样品的横向弛豫时间 T_2。

3. 测量二甲苯的化学位移

(1) 因为二甲苯弛豫时间长，所以“重复时间”和“脉冲间隔”应放在 10 s 档，并且旋至最大。

(2) 按前述步骤调出 90°脉冲自由衰减信号。调节探头位置及匀场线圈位置使自由衰减信号时间延长，调节匀场系统使自由衰减信号时间达到最长

(3) 将“检波输出”的信号接至计算机，打开软件记录数据。由此，得出二甲苯的化学位移，并与理论值进行比较。

五、思考题

(1) 实现核磁共振的条件是什么？

(2) 倾倒角的物理意义是什么，如何实现倾倒角？

(3) 何为 90°—τ—180°脉冲序列，其用处和意义如何？

(4) 不均匀磁场对 FID 信号有何影响？

实验十七　测量超声波在空气中的传播速度

声波是在弹性媒质中传播的一种机械波，由于其振动方向与传播方向一致，故声波是纵波。振动频率在 20 Hz～20 kHz 的声波可以被人们听到，称为可闻声波；频率超过 20 kHz 的声波，称为超声波。超声波具有波长短、易于定向发射等优点，在超声波段进行声速测量比较方便。

对于声波特性的测量（如频率、波速、波长、声压衰减、相位等）是声学应用技术中的一个重要内容，特别是声波波速（简称声速）的测量，在声波定位、探伤、测距等应用中具有重要的意义。

本实验利用压电晶体换能器测量超声波在空气中的速度。声速的测量方法可分为两类。第一类方法是根据 $v=L/t$，测量距离 L 和时间隔 t，即可算出声速 v；第二类方法是根据 $v=f\lambda$，测出频率 f 和波长 λ，就可计算出速度 v。本实验采用的共振干涉法和相位比较法均属于第二类方法。

一、实验目的

(1) 学会用共振干涉法和相位比较法测量空气中的声速。

(2) 学会用逐差法进行数据处理。

(3) 了解声速与气体参数的关系。

二、实验原理

由于超声波具有波长短、易于定向发射等优点，在超声波段进行声速测量是比较方便的。超声波的发射和接收一般通过电磁振动与机械振动的相互转换来实现，最常见的是利用压电效应和磁致伸缩效应。

声波的传播速度 v 与其频率 f 和波长 λ 的关系为：

$$v = f\lambda \tag{4-17-1}$$

由式(4-17-1)可知，测得声波的频率 f 和波长 λ，就可算出声速 v。其中，声波频率 f 可通过频率计测得，本实验的主要任务是测出声波波长 λ。

1. 共振干涉法

实验装置如图 4-17-1 所示，图中，S_1 和 S_2 为压电晶体换能器，S_1 作为声波源，它被振荡频率可以调节的低频信号发生器输出的电信号激励后，由于逆压电效应发生受迫振动，并向周围空气定向发出一近似平面声波；S_2 为超声波接收器，声波传至它的接收面上时，再被反射。当 S_1 与 S_2 的表面互相平行时，声波就在两个平面间往返反射，相互干涉。

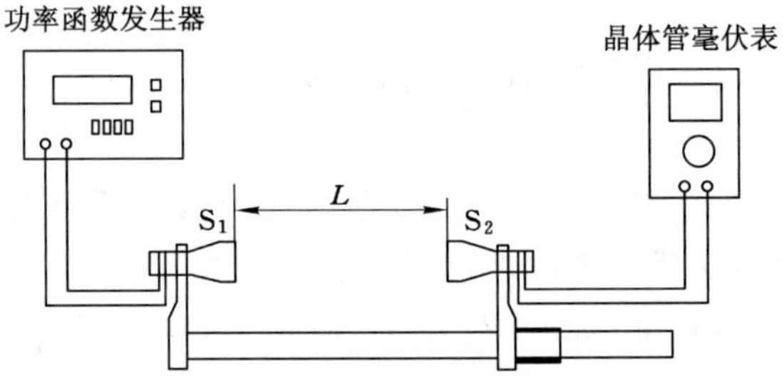

图 4-17-1　共振干涉实验装置

经数学运算可知，在接收器 S_2 表面，从振动位移来说是波节，从声压来说是波腹；在发射器 S_1 表面，则情况较为复杂，其振幅与两个表面的间距有关，所以其振幅随 S_1 和 S_2 表面间的间距 L 而变，当：

$$L = n\frac{\lambda}{2} + \Delta \quad (n = 0, 1, 2\cdots; \Delta \leqslant \lambda)$$

振幅为极大值，称为共振。此时，接收器 S_2 接收到的声压也是极大值，经接收器转换成的电信号也是极大值(参见图 4-17-2)。

图 4-17-2 中，各极大值之间的距离均为 $\frac{\lambda}{2}$，由于衍射和其他损耗，各极

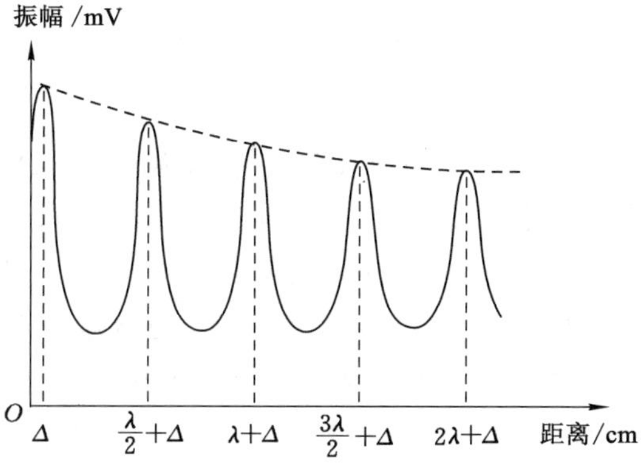

图 4-17-2 S_2 端面产生电压与 S_1、S_2 间距关系示意图

大值幅值随距离增大而逐渐减小。只要测出与各极大值对应的接收器 S_2 的位置，就可以测出波长 λ。

若用游标卡尺测出 20 个极大值的位置，并依次算出每经 10 个 $\frac{\lambda}{2}$ 的距离：

$$\Delta L_{11-1} = L_{11} - L_1 = 10\frac{\lambda}{2}$$

$$\Delta L_{12-2} = L_{12} - L_2 = 10\frac{\lambda}{2}$$

$$\cdots$$

$$\Delta L_{20-10} = L_{20} - L_{10} = 10\frac{\lambda}{2}$$

把等式两边各自相加得：

$$\sum_{i=1}^{10} \Delta L_{(10+i)-i} = 100\frac{\lambda}{2}$$

$$\lambda = \frac{1}{50}\left(\sum_{i=1}^{10} \Delta L_{(10+i)-i}\right)$$

由低频信号发生器或频率计读得超声波的频率值 f 后，即可由下式求得声速：

$$v = \frac{1}{50}\left(\sum_{i=1}^{10} \Delta L_{(10+i)-i}\right)f \tag{4-17-2}$$

若测不到 20 个极大值，则可少测几个。例如，测到 12 个极大值，可依次算出它们经 6 个 $\frac{\lambda}{2}$ 的距离，最后得：

$$v = \frac{1}{18}\left(\sum_{i=1}^{6} \Delta L_{(6+i)-i}\right) f \qquad (4\text{-}17\text{-}3)$$

2. 相位比较法

波是振动状态的传播，也可以说是相位的传播。沿波传播方向的任何两点，当其相位与波源的相位间的相位差相同时，这两点间的距离就是波长的整数倍。利用这个原理，可以精确地测量波长。实验装置如图 4-17-3 所示，沿波传播方向移动接收器 S_2，总可以找到一点，使接收到的信号与发射器的相位相同；继续移动接收器 S_2，到接收到的信号再次与发射器的相位相同时，移过的这段距离恰好等于超声波的波长。

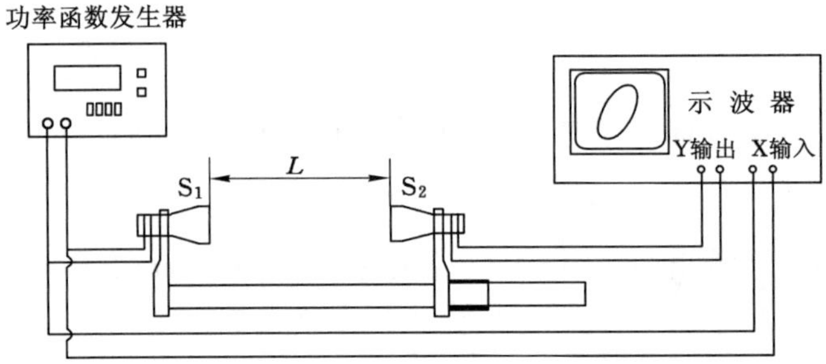

图 4-17-3　相位比较法实验装置

判断相位差可以利用李萨如图形，由于输入示波器的是两个严格一致的频率，李萨如图形是稳定的椭圆。当相位差为零或 π 时，椭圆变成倾斜的直线。

与共振干涉法相类似，可测得 20 个或 12 个相应的数值，以便进行数据处理。

3. 逐差法处理数据

以上处理数据的方法称为逐差法，是实验中处理数据的一种基本方法。

逐差法的优点是充分利用数据，减少偶然误差。因为若简单地取各次测量的平均值，中间各值将全部抵消，只剩始末两个读数，因而与单次测量等价。如在本实验中按以下方法处理数据：

$$\Delta L_{1-0} = L_1 - L_0 = \frac{\lambda}{2}$$

$$\Delta L_{2-1} = L_2 - L_1 = \frac{\lambda}{2}$$

…

$$\Delta L_{20-19} = L_{20} - L_{19} = \frac{\lambda}{2}$$

其平均值为：

$$\Delta L = \frac{1}{20}(\Delta L_{1-0} + \Delta L_{2-1} + \cdots + L_{20-19})$$

$$= \frac{1}{20}(L_{20} - L_0) = \frac{\lambda}{2}$$

得到结果就只与 L_{20}、L_0 两个读数有关。这样就失去了多次测量的优点。

从误差理论可知，多次测量时算术平均值为最近真值。为避免以上情况，一般在连续测量数据的情形时，常把数据分为两组，两组逐次求差再算平均值。这样得到的结果保持了多次测量的优点，但应注意，只有在连续测量的自变量为等距变化，相应两个量之差是均匀的情况下，才可用逐差法处理数据。

三、实验仪器

功率函数信号发生器、声速测定仪（SW—1）（含压电换能器）、交流毫伏表（DA—16）、干湿温度计。

四、实验内容——共振干涉法测量声速

1．发射换能器调谐

熟悉压电晶体换能器、低频信号发生器和交流毫伏表的使用，并按图4-17-1接好电路。将功率函数发生器接功率输出端，置 30 V_{P-P} 档，频率选择置 10～100 kHz 档，开启电源，幅度调到最高，在 35 kHz 附近缓慢调节频率（本实验换能器的固有频率在 35 kHz 左右），使串联在发射换能器上指示灯最亮，然后适当调小幅值。

2．驻波共振调节及测量

由远而近移动 S_2，以改变 L，初步观察 L 改变时，DA—16 晶体管毫伏表上的电压变化情况（先放在×3 V 档，以后根据电压变化再适当选择晶体管毫伏表量程），粗略估计 $\frac{\lambda}{2}$ 值。然后，从相距约 100 mm 开始，重新由远而近移动 S_2，依次记下 L（S_2 的位置坐标），测 12 组数据，同时记下低频信号发生器的输出频率 f、室温 t。

五、数据处理

自拟数据表格，根据实验测得的数据，用逐差法算出声速 v，同时用下列校正公式算出 $v_{校}$：

$$v_{校}=331.25\sqrt{\left(1+\frac{t}{t_0}\right)\left(1+\frac{0.3192p_w}{p}\right)}\approx\sqrt{1+\frac{t}{t_0}}$$

式中，$t_0=273.15$ ℃；p_w 为水蒸气压，单位为 mmHg；p 为大气压，单位为 mmHg。最后算出百分误差$=\frac{\Delta v}{v_{校}}\times 100\%$。

利用李萨如图形（实验装置见图 4-17-3）比较发射器电压与接收器电压之间的相位差。移动接收器，依次记下图形为斜直线时游标卡尺上的读数，连续两次观察到倾角相同的斜直线对应于相位差改变了 2π，也即对应接收器移动了一个波长的距离。

六、注意事项

(1) 实验时应先找到换能器的谐振频率。

(2) 在实验过程中要保持激振电压值不变。

(3) 尽量使用游标尺上的微动装置移动 S_2。

七、思考题

(1) 怎样才能知道接收器 S_2 表面的声压为极大值？用什么仪器进行测量？怎么进行测量？

(2) 为什么在实验过程中改变 L 时，压电晶体换能器 S_1 和 S_2 的表面应保持互相平行？不平行会产生什么问题？

(3) 是否可以用此方法测定超声波在其他媒质（如液体和固体）中的声速？

实验十八　用磁阻传感器测量地磁场

一、实验目的

(1) 掌握磁阻传感器的特性和定标方法。

(2) 掌握地磁场的测量方法。

二、实验原理

地磁场的数值比较小，约 10^{-5}T 量级，但弱磁场测量中需要知道其数值，并设法消除其影响。本实验采用新型坡莫合金磁阻传感器测定地磁场磁感应强度及地磁场磁感应强度的水平分量和垂直分量；测量地磁场的磁倾角，从而掌握磁阻传感器的特性及测量地磁场的一种重要方法。

物质在磁场中电阻率发生变化的现象称为磁阻效应。对于铁、钴、镍及其合金等磁性金属，当外加磁场平行于磁体内部磁化方向时，电阻几乎不随外加磁场变化，当外加磁场偏离金属的内部磁化方向时，此类金属的电阻减小，这就是强磁金属的各向异性磁阻效应。

HMC1021Z 型磁阻传感器由长而薄的坡莫合金(铁镍合金)制成一维磁阻微电路集成芯片(二维和三维磁阻传感器可以测量二维或三维磁场)。它利用通常的半导体工艺，将铁镍合金薄膜附着在硅片上，如图 4-18-1 所示。薄膜的电阻率 $\rho(\theta)$ 依赖于磁化强度 M 和电流 I 方向间的夹角 θ，具有以下关系式：

$$\rho(\theta) = \rho_{\perp} + (\rho_{/\!/} - \rho_{\perp})\cos^2\theta \qquad (4\text{-}18\text{-}1)$$

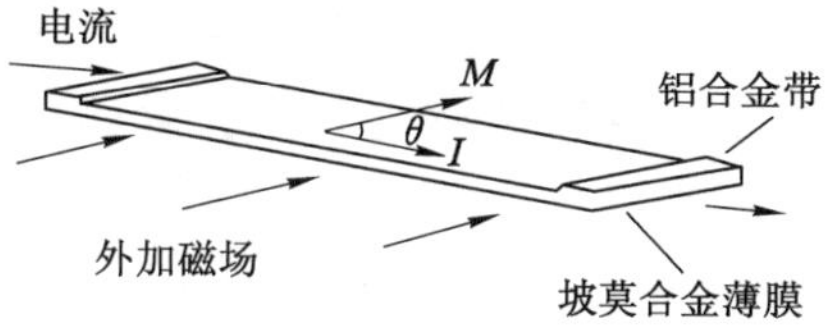

图 4-18-1　磁阻传感器的构造示意图

式中，$\rho_{/\!/}$，$\rho_{\perp}$ 分别为电流 I 平行于 M 和垂直于 M 时的电阻率。当沿着铁镍合金带的长度方向通以一定的直流电流，而垂直于电流方向施加一个外界磁场时，合金带自身的阻值会发生较大的变化，利用合金带阻值这一变化，可以测量磁场大小和方向。

同时，制作时还在硅片上设计了两条铝制电流带，一条是置位与复位带，该传感器遇到强磁场感应时，将产生磁畴饱和现象，也可以用来置位或复位极性；另一条是偏置磁场带，用于产生一个偏置磁场，补偿环境磁场中的弱磁场部分(当外加磁场较弱时，磁阻相对变化值与磁感应强度呈平方关系)，使磁阻传感器输出显示线性关系。

HMC1021Z 型磁阻传感器是一种单边封装的磁场传感器，它能测量与管脚平行方向的磁场。传感器由四条铁镍合金磁电阻组成一个非平衡电桥，非平衡电桥输出部分接集成运算放大器，将信号放大输出。传感器内部结构如图 4-18-2 所示，图中由于适当配置的四个磁电阻电流方向不相同，当存在外界磁场时，引起电阻值变化有增有减。因而输出电压 U_{out} 可以用下式表示为：

$$U_{out} = \left(\frac{\Delta R}{R}\right) U_b \tag{4-18-2}$$

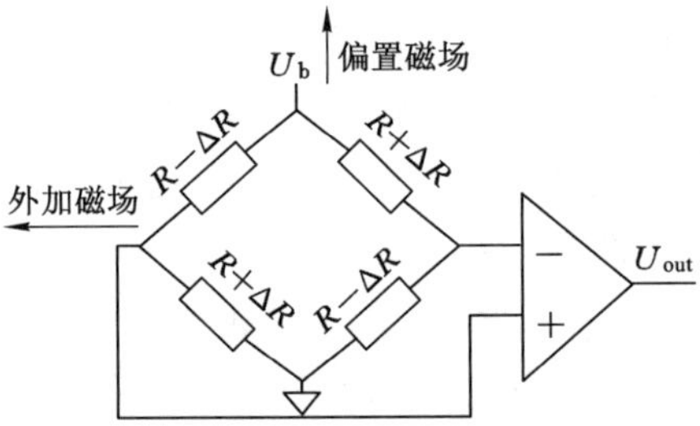

图 4-18-2　磁阻传感器内的惠斯通电桥

$$U_{out} = U_0 + KB \tag{4-18-3}$$

式中，K 为传感器的灵敏度；B 为待测磁感应强度；U_0 为外加磁场为零时传感器的输出量。为了确定磁阻传感器的灵敏度，需要有一个标准磁场来定标。为此，可采用亥姆霍兹线圈。亥姆霍兹线圈公共轴线中心点位置的磁感应强度 B 由下式给出：

$$B = \frac{\mu_0 NI}{R} \frac{8}{5^{3/2}} \tag{4-18-4}$$

式中，N 为线圈匝数；I 为线圈流过的电流强度；R 为亥姆霍兹线圈的平均半径；μ_0 为真空磁导率。

三、实验仪器

测量地磁场装置如图 4-18-3 所示。它主要包括底座、转轴、带角刻度的转盘、磁阻传感器的引线、亥姆霍兹线圈、地磁场测定仪控制主机（包括数字式电压表、5 V 直流电源等）。

四、实验内容与步骤

(1) 用亥姆霍兹线圈产生磁场作为已知量，测量磁阻传感器的灵敏度 K。

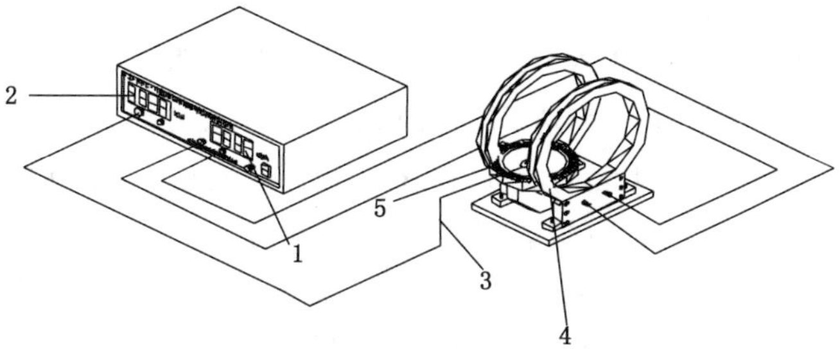

图 4-18-3　FD—HMC—2 型磁阻传感器与地磁场实验仪

1——恒流源；2——数字电压表；3——磁阻传感器输入输出引线；

4——亥姆霍兹线圈；5——带角刻度的转盘

① 将亥姆霍兹线圈与直流电源连接好。

② 使磁阻传感器的管脚和磁感应强度的方向平行，即转盘刻度调节到角度 $\theta=0^\circ$。调节底板上螺丝使转盘至水平（用水准仪指示）。

③ 按一下复位键，调节电流到零，电压调零。

④ 依次调节电流到 10 mA，20 mA，30 mA，40 mA，50 mA，60 mA，分别记录下正向电压读数 $U_{正}$。

⑤ 调节电流到零，电流换向，按一下复位键，电压调零，重复步骤④，记录下反向电压读数 $U_{反}$。测正向和反向两次，目的是消除地磁沿亥姆霍兹线圈方向（水平）分量的影响。

⑥ 平均电压 $\overline{U}=|U_{正}-U_{反}|/2$，利用逐差法计算出灵敏度 $K=\Delta\overline{U}/\Delta B$。

(2) 测量地磁场的水平分量 $B_{/\!/}$，地磁场的磁感应强度 $B_{总}$，地磁场的垂直分量 $B_{\perp}$ 和磁倾角 β。

① 将亥姆霍兹线圈与直流电源的连线拆去。

② 将磁阻传感器平行固定在转盘上，调节底板上螺丝使转盘水平（用水准仪调节水平）。将传感器管脚指向地理正北，把转盘刻度调节到角度 $\theta=0^\circ$。

③ 水平旋转转盘，找到传感器输出电压最大方向，该方向就是地磁场磁感应强度的水平分量 $B_{/\!/}$ 的方向。记录此时传感器输出的最大电压 U_1，再旋转转盘，记录传感器输出的最小电压 U_2。测量 6 组数据（自拟表格）。

由 $B_{/\!/}=\overline{U}_{/\!/}/K=|U_1-U_2|/(2K)$，计算出当地地磁场水平分量 $B_{/\!/}$。

④ 使装置沿着地磁磁感应强度水平分量 $B_{/\!/}$ 方向放置（把转盘刻度调节

到角度 $\theta=0°$，调节底板使磁阻传感器输出最大电压），同时调节底板上螺丝使转盘水平（用水准仪调节水平）。将带有磁阻传感器的转盘平面调整为铅直，此时转盘面为地磁子午面方向。转动转盘角度，分别记下传感器输出最大电压和最小电压时转盘指示值 β_1 和 β_2，同时记录此最大读数 U_1' 和最小读数 U_2'。测量 6 组数据值（自拟表格），求其平均值。

⑤ 将磁阻传感器平行固定在转盘上，调节底板上螺丝使转盘水平（用水准仪调节水平）。将传感器管脚指向地理正南，把转盘刻度调节到角度 $\theta=0°$。

⑥ 重复步骤③、④，比较传感器管脚指向地理正北、正南两组测量结果。

⑦ 由磁倾角 $\beta=(\beta_1+\beta_2)/2$ 计算 β 值。

⑧ 计算出当地地磁场的磁感应强度 $B_{总}=\overline{U}_{总}=|U_1'-U_2'|/(2K)$。

⑨ 计算地磁场的垂直分量 $B_{\perp}=B_{总}\sin\beta$。

五、注意事项

(1) 实验仪器周围一定范围内不应存在铁磁性金属物体。

(2) 本磁阻传感器遇强磁场时，会产生磁畴饱和现象，使灵敏度降低。此时应按“复位”按钮，可使它恢复到原灵敏度。

六、思考题

(1) 在测磁阻传感器灵敏度时，为什么要测正向输出电压和反向输出电压两次？

(2) 如果在测量地磁场时，在磁阻传感器周围较近处放一个铁钉，对测量结果将产生什么影响？

实验十九　光的等厚干涉实验

等厚干涉是薄膜干涉的一种。当薄膜层的上、下表面有一很小的倾角时，从光源发出的光经上、下表面反射后在上表面附近相遇时产生干涉，并且厚度相同的地方形成同一干涉条纹，这种干涉就叫等厚干涉。其中，牛顿环和劈尖是等厚干涉两个最典型的例子。光的等厚干涉原理在生产实践中具有广泛的应用，它可用于检测透镜的曲率，测量光波波长，精确地测量微小长度、厚度和角度，检验物体表面的光洁度、平整度等。

一、实验目的

（1）观察光的等厚干涉现象，了解等厚干涉的特点。

（2）学习用干涉方法测量平凸透镜的曲率半径和微小厚度。

（3）学习用逐差法处理数据。

二、实验原理

1．牛顿环

牛顿环是由一块曲率半径较大的平凸玻璃，以其凸面放在一块光学平板玻璃上构成的，这样平凸玻璃的凸面和平板玻璃的上表面之间形成一个空气薄层，其厚度由中心到边缘逐渐增加，当平行单色光垂直照射到牛顿环上，经空气薄膜层上、下表面反射的光在凸面处相遇将产生干涉。其干涉图样是以玻璃接触点为中心的一组明暗相间的圆环（图 4-19-1）。

如图 4-19-2 所示，设平凸玻璃面的曲率半径为 R，与接触点 O 相距为 r 处的空气薄层厚度为 e，那么由几何关系：

$$R^2 = (R-e)^2 + r^2 = R^2 - 2Re + e^2 + r^2$$

因 $R \gg e$，所以 e^2 项可以被忽略，有：

$$e = \frac{r^2}{2R} \qquad (4\text{-}19\text{-}1)$$

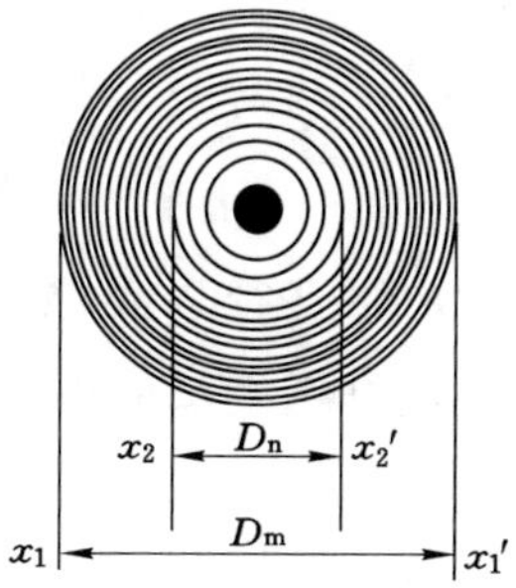

图 4-19-1　干涉图样

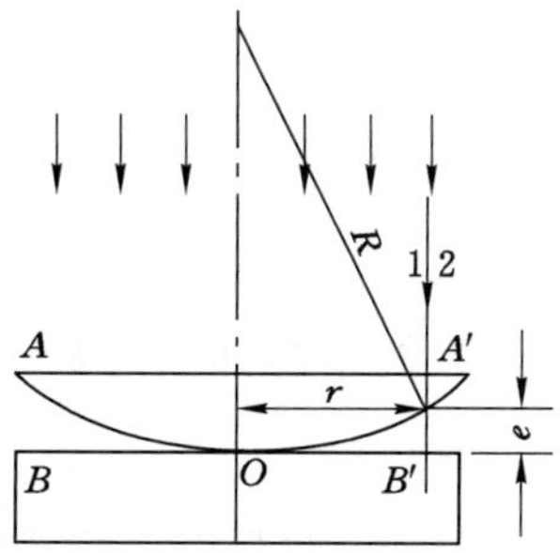

图 4-19-2　钠光垂直照射牛顿环

现在考虑垂直入射到 r 处的一束光，它经薄膜层上、下表面反射后在凸面处相遇时其光程差：

$$\delta = 2e + \lambda/2$$

式中，$\lambda/2$ 为光从平板玻璃表面反射时的半波损失，把式(4-19-1)代入得：

$$\delta = \frac{r^2}{R} + \frac{\lambda}{2} \tag{4-19-2}$$

由干涉理论，产生暗环的条件为：

$$\delta = (2K+1)\frac{\lambda}{2} \quad (K = 0,1,2,3\cdots) \tag{4-19-3}$$

从式(4-19-2)和式(4-19-3)可以得出，第 K 级暗纹的半径：

$$r_K^2 = KR\lambda \tag{4-19-4}$$

所以只要测出 r_K，如果已知光波波长 λ，即可求出曲率半径 R；反之，已知 R 也可由式(4-19-4)求出波长 λ。在实际测量中，由于两块玻璃接触处不是一个理想的点，从而使得干涉图样中心为一暗斑；或者由于空气层中有微小尘粒引起光程的改变，使得干涉图样中心有可能是一个亮斑。以上两种情况将产生暗纹半径的测量和干涉级次确定的不准确性。但可以通过测量两个暗环的直径的平方差的办法加以消除。

由式(4-19-4)，第 m 环暗纹和第 n 环暗纹的直径可表示为：

$$D_m^2 = 4(m+x)R\lambda \tag{4-19-5}$$

$$D_n^2 = 4(n+x)R\lambda \tag{4-19-6}$$

式中，$m+x$ 和 $n+x$ 为 m 环和 n 环的干涉级次；x 为空气层中尘粒引起光程改变而产生的干涉级次的变化量。

把式(4-19-5)和式(4-19-6)相减得到：

$$D_m^2 - D_n^2 = 4(m-n)R\lambda$$

则曲率半径为：

$$R = \frac{D_m^2 - D_n^2}{4(m-n)\lambda} \tag{4-19-7}$$

从式(4-19-7)可知，只要测出第 m 环和第 n 环直径以及数出环数差 $m-n$，就无须确定各环的级数了，且避免了圆心无法准确确定的困难。

2. 劈尖

两块平板玻璃，使其一端平行相接，另一端夹入一纸片(或待测样品)，这样两块平板玻璃之间形成一个具有一微小倾角和劈形的空气薄层，这一装置就称为劈尖。如图 4-19-3 所示。

当有平行光垂直照射时，空气薄层上、下表面反射光产生干涉，从而形成明暗交替、间隔相等的干涉条纹(图 4-19-4)。其中，第 K 级暗纹的光程差满足：

$$\delta = 2e_k + \frac{\lambda}{2} = (2K+1)\frac{\lambda}{2} \quad (K = 0,1,2\cdots)$$

当 $K=0$ 时，$e_k=0$ 即为两玻璃接触端。

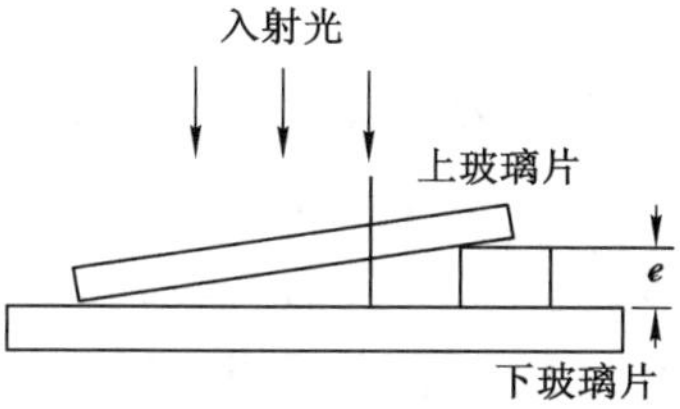

图 4-19-3　劈尖

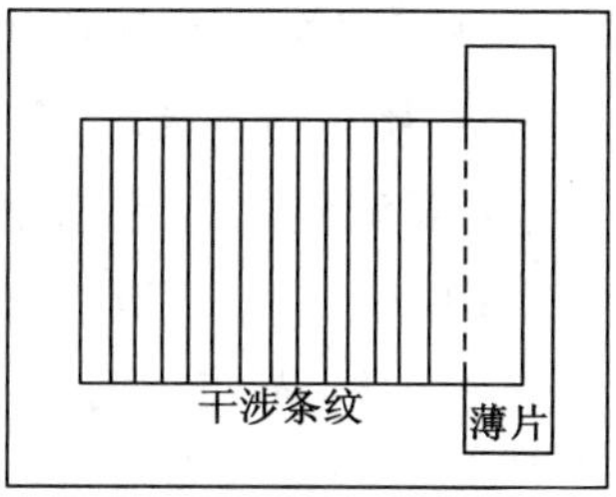

图 4-19-4　劈尖干涉条纹

设纸片处干涉级次为 N，由于两暗纹间的厚度差为 $\Delta e = \lambda/2$，纸片厚度为 $e_N = N\lambda/2$，所以只要测出干涉图样中总的条纹数 N，即可算出纸片厚度，但实际上 N 数值往往很大不易数出，通常只要测出 10 条条纹的间隔 L_{10} 和玻璃片交线到纸片的距离 L，就可算出总的条纹数：

$$N = \frac{10}{L_{10}}L$$

所以：

$$e_N = 5\lambda\frac{L}{L_{10}}$$

已知 λ，即可求出 e_N。

三、实验内容与步骤

1. 观察牛顿环的干涉图样

(1) 调整牛顿环仪的三个调节螺丝，把自然光照射下的干涉图样移到牛顿环仪的中心附近。注意调节螺丝不能太紧，以免中心暗斑太大甚至损坏牛顿环仪。

把牛顿环仪置于显微镜的正下方(图 4-19-5)，调节读数显微镜上 45°角半反射镜 P 的位置，直至从目镜中能看到明亮的均匀光照。

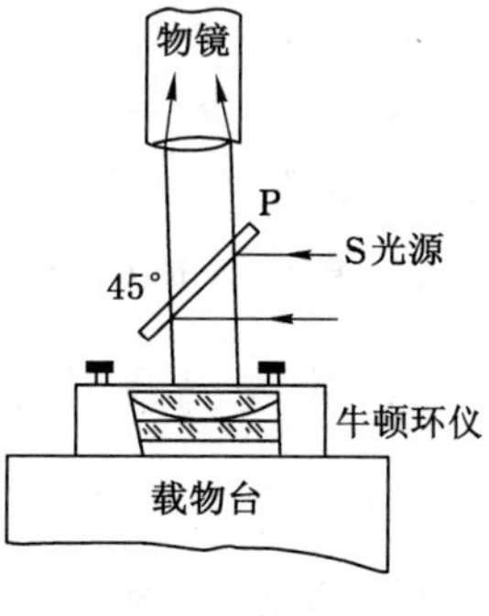

图 4-19-5　读数显微镜

（2）调节读数显微镜的目镜，使十字叉丝清晰，自下而上调节物镜直至观察到清晰的干涉图样。移动牛顿环仪，使中心暗斑（或亮斑）位于视域中心，调节目镜系统，使叉丝横丝与读数显微镜的标尺平行，消除视差，并观测待测的各环左右是否都在读数显微镜的读数范围之内。

2. 测量牛顿环的直径

（1）选取要测量的 m 和 n 各五个条纹，如取 m 为 30、28、26、24、22 五个环，n 为 20、18、16、14、12 五个环。

（2）转动鼓轮，先使镜筒向左移动，顺序数到 35 环，再向右转到 30 环，使叉丝尽量对准干涉条纹的中心，记录读数。然后继续转动测微鼓轮，使叉丝依次与 30、28、26、24、22、20、18、16、14、12 环对准，顺次记下读数。再继续转动测微鼓轮，使叉丝依次与圆心右 12、14、16、18、20、22、24、26、28、30 环对准，也顺次记下各环的读数。注意在一次测量过程中，测微鼓轮应沿一个方向旋转，中途不得反转，以免引起回程差。

3. 调整并观测劈尖的干涉图样

（1）把两块玻璃片一端平行相接，并使下玻璃片略微向前伸出（见图 4-19-3），两玻璃片的交线尽量与端线平行，在另一端夹入平整纸片，使纸片的边线尽量与端线平行，并让玻璃片边线与读数显微镜标尺平行，放于物镜正下方。

（2）转动显微镜上的 45°角半反射片，使得目镜中看到的视场均匀明亮，注意显微镜底座的反射镜不能有向上的反射光。自下而上调节目镜直至观察到清晰的干涉图样，移动劈尖使条纹与叉丝的竖线平行，并消除视差。

（3）测 10 条条纹的间距 L_{10}：以某一条纹为 L_x，记下读数显微镜读数，数过 10 条测出 L_{x+10}，则 $L_{10}=|L_{x+10}|-L_{10}$。

（4）测 N 条条纹的总间距 L：测出玻璃片接触处的读数 L_0，再测出纸片夹入处的读数 L_N（见图 4-19-4），则 $L=|L_N|-L_0$。

（5）重复测量 L 和 L_{10} 各五次。

四、数据记录及处理

1. 测量平凸透镜的曲率半径

（1）将测量数据填入表 4-19-1。钠光波长 $\lambda=589.3$ nm，环数差 $m-n=10$。

表 4-19-1　　数据记录表

环数			D_m /mm	环数			D_n /mm	$D_m^2-D_n^2$	$\overline{D_m^2-D_n^2}$	$u(D_m^2-D_n^2)$
m	左	右		n	左	右				
30				20						
28				18						
26				16						
24				14						
22				12						

(2) 确定平凸透镜凸面曲率半径的最佳值和不确定度 u_R。

曲率半径的最佳值：

$$\overline{R}=\frac{\overline{D_m^2-D_n^2}}{4(m-n)\lambda}$$

$$\frac{u_R}{R}=\sqrt{\left[\frac{\overline{u(D_m^2-D_n^2)}}{\overline{D_m^2-D_n^2}}\right]^2+\left(\frac{u_m}{m-n}\right)^2+\left(\frac{u_n}{m-n}\right)^2}$$

式中，$u_m=u_n=0.1$。

(3) 写出实验结果：$R=\overline{R}\pm u_R$(mm)并作分析和讨论。

2. 测量薄片的厚度

(1) 将数据填入表 4-19-2，并计算 L_{10} 和 L 的平均值。

表 4-19-2　　数据记录表　　mm

	L_{m+10}	L_m	$L_{10}=\lvert L_{m+10}-L_m\rvert$	L_N	L_0	$L=\lvert L_N-L_0\rvert$
1						
2						
3						
4						
5						

(2) 计算纸片厚度 e 的最佳值 $\bar{e}$ 和不确定度 u_e(要求考虑仪器误差)。

(3) 写出实验结果：$e=\bar{e}\pm u_e$(mm)，并作分析和讨论。

五、思考题

(1) 实验中为什么用测量式 $R=\frac{D_m^2-D_n^2}{4(m-n)\lambda}$，而不用更简单的 $R=\frac{r_K^2}{K\lambda}$ 函数关系式求出 R 值？

(2) 在本实验中若遇到下列情况，对实验结果是否有影响？为什么？

① 牛顿环中心是亮斑而非暗斑；

② 测各个 D_m 时，叉丝交点未通过圆环的中心，因而测量的是弦长而非真正的直径。

(3) 在测量过程中，读数显微镜为什么只能单方向前进，而不准后退？

实验二十　光电效应测普朗克常数

一、实验目的

(1) 通过实验深刻理解爱因斯坦的光电子理论，了解光电效应的基本规律。

(2) 掌握用光电管进行光电效应研究的方法。

(3) 学习对光电管伏安特性曲线的处理方法，并用以测定普朗克常数。

二、实验原理

爱因斯坦从他提出的“光量子”概念出发，认为光并不是以连续分布的形式把能量传播到空间，而是以光量子的形式一份一份地向外辐射。对于频率为 ν 的光波，每个光子的能量为 $h\nu$，其中，$h=6.626\ 1\times10^{-34}\ \mathrm{J\cdot s}$，称为普朗克常数。

当频率为 ν 的光照射金属时，具有能量 $h\nu$ 的一个光子和金属中的一个电子碰撞，光子把全部能量传递给电子，电子获得的能量一部分用来克服金属表面对它的束缚，剩余的能量就成为逸出金属表面后光电子的动能。显然，根据能量守恒有：

$$E_k = h\nu - W_s \tag{4-20-1}$$

方程(4-20-1)称为爱因斯坦方程。这里 W_s 为逸出功，是金属材料的固有属性。对于给定的金属材料，W_s 是一定值。

爱因斯坦方程表明：光电子的初动能与入射光频率之间呈线性关系。入射光的强度增加时，光子数目也增加。这说明光强只影响光电子所形成的光电流的大小。当光子能量 $h\nu < W_s$ 时，不能产生光电子。即存在一个产生光电流的截止频率 ν_0（$\nu_0 = W_s/h$）。

本实验采用的实验原理图见图 4-20-1。一束频率为 ν 的单色光照射在真空光电管的阴极 K 上，光电子将从阴极逸出。在阴极 K 和阳极 A 之间外加一个反向电压 U_{KA}（A 接负极），它对光电子运动起减速作用。随着反向电压 U_{KA} 的增大，到达阳极的光电子相应减少，光电流减小。当 $U_{KA} = U_s$ 时，光电流降为零。此时，光电子的初动能全部用于克服反向电场作用。即：

$$eU_s = E_k \quad (4\text{-}20\text{-}2)$$

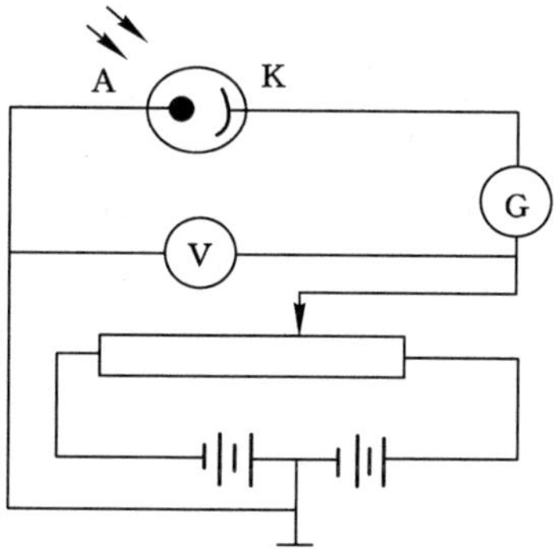

图 4-20-1　光电效应实验示意图

此时的反向电压 U_s 叫截止电压。入射光频率不同时，截止电压也不同。将式(4-20-2)代入式(4-20-1)得：

$$U_s = \frac{h}{e}(\nu - \nu_0) \quad (4\text{-}20\text{-}3)$$

式中，h，e 都是常量，对同一光电管 ν_0 也是常量，实验中测量不同频率下的 U_s，作出 U_s—ν 曲线。在式(4-20-3)得到满足的条件下，这是一条直线。若电子电量 e 为已知，由斜率 $k = h/e$ 可以求出普朗克常数 h，由直线在 U_s 轴上的截距可以求出逸出功 W_s，由直线在 ν 轴上的截距可以求出截止频率 ν_0，见图 4-20-2。

实验中测得的伏安特性曲线与理想的有所不同，这是因为：

(1) 光电管的阴极采用逸出电位低的碱金属材料制成，这种材料即使在高真空也有易氧化的趋向，使阴极表面各处的逸出电势不尽相等。同时，逸出具有最大动能的光电子数目大为减少。随着反向电压的增高,光电流不是陡然截止,而是较快降低后平缓地趋近零点。

(2) 阳极是用逸出电势较高的铂、钨等材料做成。本来只有远紫外线照射才能逸出光电子。但在使用过程中常会沉积上阴极材料,当阳极受到部分漫反射光照射时也会发生光电子。因为施加在光电管上的外电场对于这些光电子来说正好是个加速电场,使得发射的光电子由阳极飞向阴极,构成反向电流。

(3) 暗盒中的光电管即使没有光照射,在外加电压下也会有微弱电流流通,称作暗电流。其主要原因是极间绝缘电阻漏电(包括管座以及玻璃壳内外表面的漏电)、阴极在常温下的热电子辐射等。暗电流与外加电压基本上呈线性关系。

由于以上原因,实测曲线上每一点的电流是阴极光电子发射电流、阳极反向光电子电流及暗电流三者之和。理想光电管的伏安特性曲线如图4-20-3的虚线所示,实际测量曲线如图中的实线表示。

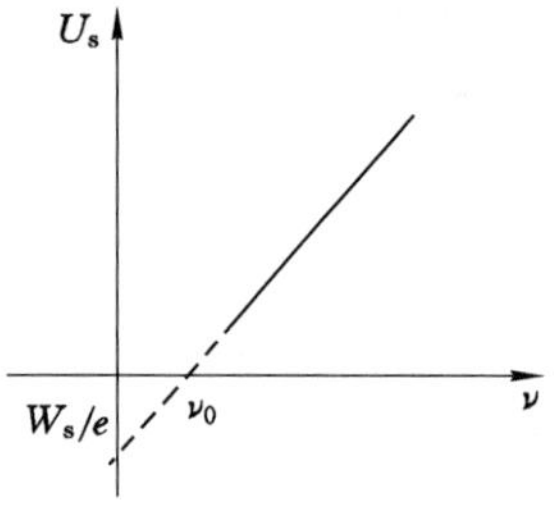

图 4-20-2 U_s—ν 曲线

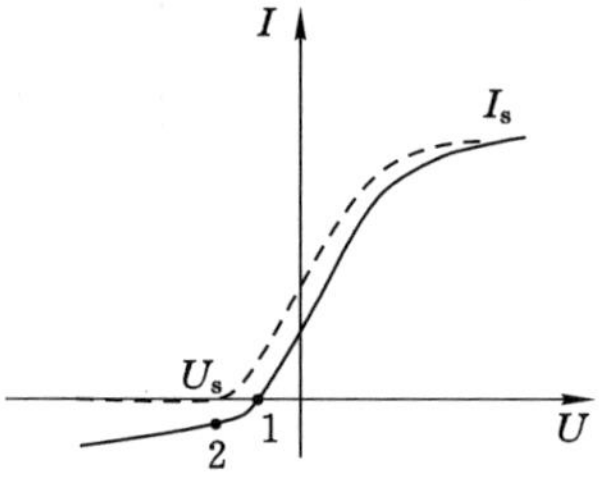

图 4-20-3 光电管伏安特性曲线

光电效应实验仪原理见图 4-20-4。常见的 GDh—1 型光电管阴极为 Ag—O—K 化合物,最高灵敏度波长为 410±10 nm。为避免杂散光和外界电磁场的影响,光电管装在留有窗口的暗盒内。

实验光源为高压氩灯,与滤色片配合使用,可以提供 356. 6,404. 7,435. 8,546. 1,577. 0 nm 五种波长的单色光。

由于光电流强度非常微弱,一般需要经过微电流放大器放大后才能读出。微电流放大器的测量范围 $10^{-8}\sim10^{-13}$ A,共分六档。光电管的极间电压由直流电源提供,电源可以从负到正在一定范围调节。

实验时可以由电压表和电流表逐点读数,并根据测量数据作图。也可以

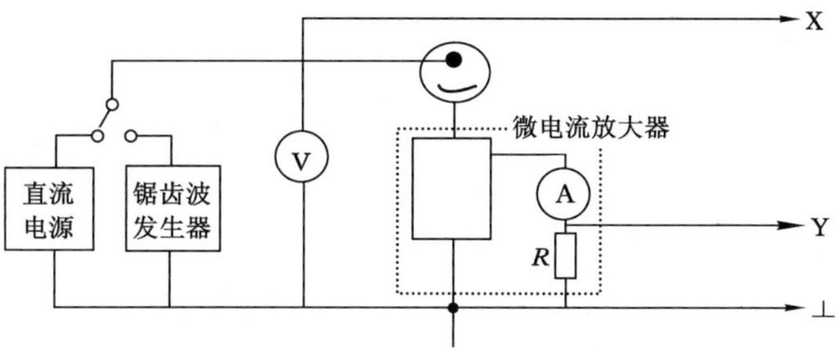

图 4-20-4　光电效应实验原理图

由锯齿波发生器产生随时间连续增大的电压加在光电管上，此时光电流也是连续变化的。将电流、电压量分别接在 X—Y 记录仪的 Y 端和 X 输入端（或计算机 A/D 转换器的输入端），就能自动画出光电管的伏安特性曲线。

由于暗电流和阳极电流的存在，准确地测量截止电压是困难的。一般采用下述两种方法进行近似处理：

（1）若在截止电压点附近阴极电流上升很快，则实测曲线与横轴的交点（图 4-20-3 中的“1”点）非常接近于 U_s点。以此点代替 U_s点，就是“交点法”。

（2）若测量的反向电流饱和很快，则反向电流由斜率很小的斜线开始偏离线性的“抬头点”（图 4-20-3 中的“2”点）电压值与 U_s点电压非常接近，可以用“抬头点”电压值代替 U_s点电压。

三、实验内容与步骤

（1）按要求布置好仪器，打开微电流放大器的电源预热 20 min。

（2）罩好暗盒窗上的遮光罩，测量暗电流随电压的变化。

（3）选择好某一波长的入射光，由 −3 V 开始增加电压进行粗测。注意观察电流变化较大时对应的电压区间，细测时在此区间内应多取一些测量点，以减小描绘曲线时的误差。

（4）在上述基础上精确测量 I 随 U 变化的数据。

（5）更换滤色片，选择其他波长，重复第（2）项和第（3）项实验内容。

（6）作各波长 I—U 曲线，用“抬头点”确定 U_s点。

（7）作 U_s—ν 曲线，验证爱因斯坦公式。用作图法或最小二乘法求斜率并外推直线求截距，计算普朗克常数 h、逸出功 W_s和截止频率 ν_0。

（8）用移动光源位置或改变窗口大小的方法改变入射光的强度，观测

W_s、ν_0和饱和电流 I_s的变化。

四、注意事项

(1) 氙灯打开后,直至实验全部完成后再关闭。一旦中途关闭电源,至少等 5 min 后再启动。

(2) 注意勿使电源输出端与地短路,以免烧毁电源。

(3) 实验过程中不要改变光源与光电管之间的距离[第(8)项实验内容除外],以免改变入射光的强度。

(4) 注意保持滤色片的清洁,但不要随意擦拭滤色片。

(5) 实验后用遮光罩罩住光电管暗盒,以保护光电管。

五、思考题

(1) 光电流是否随光源的强度变化? 截止电压是否因光源强度不同而改变,请解释。

(2) 本实验是如何满足照到光电管的入射光束为单色光的?

(3) 实验过程中若改变了光源与光电管之间距离,会产生什么影响?

(4) 光电管的阴极和阳极之间存在接触电位差,试分析这对本实验结果有无影响?

实验二十一　利用霍耳效应测量磁场

一、实验目的

(1) 了解霍耳效应的基本原理。

(2) 学习用霍耳效应测量磁场。

二、实验原理

霍耳效应从本质上讲,是运动的带电粒子在磁场中受洛伦兹力的作用而引起的偏转。当带电粒子(电子或空穴)被约束在固体材料中,这种偏转就导致在垂直电流和磁场的方向产生正负电荷在不同侧的聚积,从而形成附加的横向电场。如图 4-21-1 所示,磁场 B 位于 z 的正向,与之垂直的半导体薄片上沿 x 正向通以电流 I_s(称为工作电流),假设载流子为电子(N 型半导体材

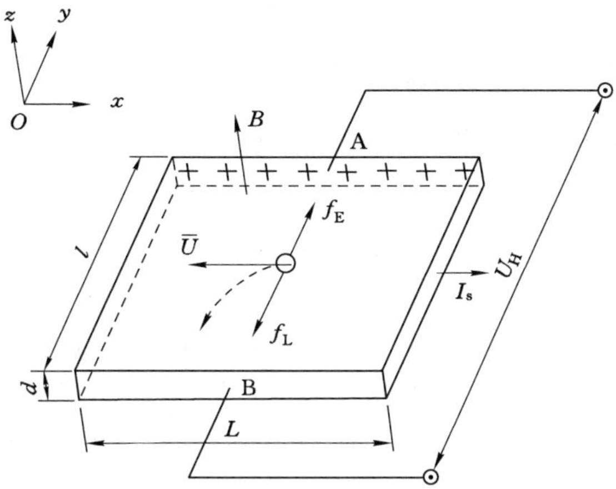

图 4-21-1　霍耳效应原理图

料)，它沿着与电流 I_s 相反的 x 负向运动。

由于洛伦兹力 f_L 作用，电子即向图中虚线箭头所指的位于 y 轴负方向的 B 侧偏转，并使 B 侧形成电子积累，而相对的 A 侧形成正电荷积累。与此同时，运动的电子还受到由于两种积累的异种电荷形成的反向电场力 f_E 的作用。随着电荷积累的增加，f_E 增大，当两力大小相等(方向相反)时，即 $f_L = -f_E$，则电子积累便达到动态平衡。此时在 A、B 两端面之间建立的电场称为霍耳电场 E_H，相应的电势差称为霍耳电压 U_H。

设电子速率为 v，向图示的 x 负方向运动，在磁场 B 作用下，所受洛伦兹力为：

$$f_L = evB$$

同时，电场作用于电子的力为：

$$f_E = eE_H = eU_H/l$$

当达到动态平衡时：

$$f_L = f_E, vB = U_H/l \tag{4-21-1}$$

设霍耳元件宽度为 l，厚度为 d，载流子浓度为 n，则霍耳元件的工作电流为：

$$I_s = nevld \tag{4-21-2}$$

由式(4-21-1)和式(4-21-2)可得：

$$U_H = E_H l = \frac{l}{ne}\frac{I_s B}{d} = R_H \frac{I_s B}{d} \tag{4-21-3}$$

即霍耳电压 U_H(A、B 间电压)与 I_s、B 的乘积呈正比，与霍耳元件的厚度呈反比，比例系数 $R_H=\frac{l}{ne}$ 称为霍耳系数，它是反映材料霍耳效应强弱的重要参数。当霍耳元件的材料和厚度确定时，设：

$$K_H = R_H/d = l/ned \tag{4-21-4}$$

将式(4-21-4)代入式(4-21-3)得：

$$U_H = K_H I_s B \tag{4-21-5}$$

式中，K_H 称为元件的灵敏度，它表示霍耳元件在单位磁感应强度和单位控制电流下的霍耳电势大小，其单位是 mV/(mA · T)，一般要求 K_H 越大越好。此外，元件厚度 d 越薄，K_H 越大，所以制作时，往往采用减小 d 的办法来增加灵敏度，但不能认为 d 越薄越好，因为此时元件的输入和输出电阻将会增加，这对霍耳元件是不利的。

应当注意：当磁感应强度 B 和元件平面法线呈一角度 θ 时(图 4-21-2)，作用在元件上的有效磁场是其法线方向上的分量 $B\cos\theta$，此时：

$$U_H = K_H I_s B\cos\theta$$

所以一般在使用时应调整元件两平面方位，使 U_H 达到最大，即 $\theta=0$，此时有：

$$U_H = K_H I_s B\cos\theta = K_H I_s B \tag{4-21-6}$$

由式(4-21-6)可知，当工作电流 I_s 或磁感应强度 B 两者之一改变方向时，霍耳电势 U_H 方向随之改变；若两者方向同时改变，则霍耳电势 U_H 极性不变。

霍耳元件测量磁场的基本电路(图 4-21-3)，将霍耳元件置于待测磁场的相应位置，并使元件平面与磁感应强度 B 垂直，在其控制端输入恒定的工作电流 I_s，即可测量出霍耳元件的 U_H 的值。然而，在实验中直接测得的电压并

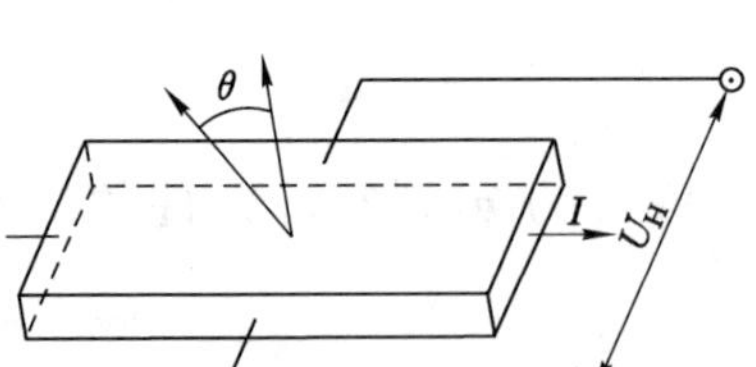

图 4-21-2　磁场与元件平面法线不平行示意图

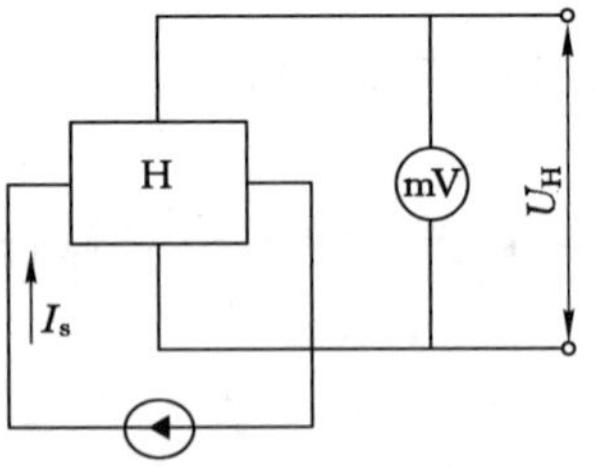

图 4-21-3　霍耳元件测量磁场基本原理图

非是霍耳电压 U_H，它还包括附加电压 U_0（不等位电压）、U_P（Nernst 效应）和 U_S（Right-Leduc 效应）。所以在实际测量时需要测量不同电流和磁场方向组合下的电压值来求平均，从而抵消其影响，得到实际的霍耳电压。

三、实验内容与步骤

（一）仪器连接

按仪器面板上的文字和符号提示将 DH4512 型霍耳效应测试仪与 DH4512 型霍耳效应实验架正确连接。

（1）将 DH4512 型霍耳效应测试仪面板右下方的励磁电流 I_m 的直流恒流源输出端（0～0.5 A），接 DH4512 型霍耳效应实验架上的 I_m 磁场励磁电流的输入端（将红接线柱与红接线柱对应相连，黑接线柱与黑接线柱对应相连）。

（2）"测试仪"左下方供给霍耳元件工作电流 I_s 的直流恒流源（0～3 mA）输出端，接"实验架"上 I_s 霍耳片工作电流输入端（将红接线柱与红接线柱对应相连，黑接线柱与黑接线柱对应相连）。

（3）"测试仪"U_H 霍耳电压输入端，接"实验架"中部的 U_H 霍耳电压输出端。

注意：以上三组线千万不能接错，以免烧坏元件。

（4）用一边是分开的接线插座、一边是双芯插头的控制连接线与测试仪背部的插孔相连接（红色插头与红色插座相连，黑色插头与黑色插座相连）。

（二）研究霍耳效应

1．测量霍耳电压 U_H 与工作电流 I_s 的关系

（1）先将 I_s，I_m 都调零，调节中间的霍耳电压表，使其显示为 0 mV。

（2）将霍耳元件移至线圈中心，调节 I_m＝500 mA，调节 I_s＝0.5 mA，按表中 I_s，I_m 正负情况切换"实验架"上的方向，分别测量霍耳电压 U_H 值（U_1，U_2，U_3，U_4）填入表 4-21-1。以后 I_s 每次递增 0.50 mA，测量各 U_1，U_2，U_3，U_4 值。绘出 I_s—U_H 曲线，验证线性关系。

表 4-21-1 **U_H—I_s** I_m＝500 mA

I_s/mA	U_1/mV	U_2/mV	U_3/mV	U_4/mV	$U_H=\frac{\lvert U_1\rvert+\lvert U_2\rvert+\lvert U_3\rvert+\lvert U_4\rvert}{4}$/mV
	$+I_s+I_m$	$+I_s-I_m$	$-I_s-I_m$	$-I_s+I_m$	
0.50					
1.00					

续表 4-21-1

I_s/mA	U_1/mV	U_2/mV	U_3/mV	U_4/mV	$U_H=\frac{\lvert U_1\rvert+\lvert U_2\rvert+\lvert U_3\rvert+\lvert U_4\rvert}{4}$/mV
	$+I_s+I_m$	$+I_s-I_m$	$-I_s$　I_m	$-I_s+I_m$	
1.50					
2.00					
2.50					
3.00					

2. 测量霍耳电压 U_H 与励磁电流 I_m 的关系

(1) 先将 I_m、I_s 调零，调节 I_s 至 3.00 mA。

(2) 调节 I_m=100,150,200,…,500 mA(间隔为 50 mA)，分别测量霍耳电压 U_H 值，填入表 4-21-2 中。

(3) 根据表 4-21-2 中所测得的数据，绘出 I_m—U_H 曲线，验证线性关系的范围，分析当 I_m 达到一定值以后，I_m—U_H 直线斜率变化的原因。

表 4-21-2　　U_H—I_m　　I_s=3.00 mA

I_m/mA	U_1/mV	U_2/mV	U_3/mV	U_4/mV	$U_H=\frac{\lvert U_1\rvert+\lvert U_2\rvert+\lvert U_3\rvert+\lvert U_4\rvert}{4}$/mV
	$+I_s+I_m$	$+I_s-I_m$	$-I_s-I_m$	$-I_s+I_m$	
100					
150					
200					
…					
500					

(三) 霍耳效应测磁场分布

1. 通电圆线圈中磁感应强度 B 的分布

(1) 先将 I_m、I_s 调零，调节中间的霍耳电压表，使其显示为 0 mV。

(2) 将霍耳元件置于通电圆线圈中心，调节 I_m=500 mA，调节 I_s=3.00 mA，测量相应的 U_H。

(3) 将霍耳元件从中心向边缘移动，每隔 5 mm 选一个点测出相应的 U_H，填入表 4-21-3。

表 4-21-3　　　　　　U_H—x　　　　　　$I_s=3.00$ mA，$I_m=500$ mA

x/mm	U_1/mV	U_2/mV	U_3/mV	U_4/mV	$U_H=\frac{\|U_1\|+\|U_2\|+\|U_3\|+\|U_4\|}{4}$/mV
	$+I_s+I_m$	$+I_s-I_m$	$-I_s-I_m$	$-I_s+I_m$	
0					
5					
10					
15					
20					
…					

（4）由以上所测 U_H 值，由公式：

$$U_H = K_H I_s B$$

得到：

$$B = \frac{U_H}{K_H I_s}$$

计算出各点的磁感应强度，并绘 B—x 图，得出通电圆线圈内 B 的分布。

2. 测螺线管磁场分布

将霍耳元件置于通电螺线管边缘并把此时的移动距离 L 取为零。保持值 I_s 不变（取 $I_s=3.00$ mA），测绘 $I_m=0.1$ A、0.2 A、0.3 A、0.4 A、0.5 A 条件下 U_H—L 曲线，记入表 4-21-4 中。

表 4-21-4　　　　　　U_H—L　　　　　　$I_s=3.00$ mA

L/mm	U_1/mV	U_2/mV	U_3/mV	U_4/mV	U_5/mV
	$I_m=0.1$ A	$I_m=0.2$ A	$I_m=0.3$ A	$I_m=0.4$ A	$I_m=0.5$ A
0					
1.0					
2.0					
3.0					
4.0					
5.0					

四、思考题

（1）霍耳效应的定义是什么？用它测磁场的原理是什么？工作电流 I_s、

螺线管磁场 B、霍耳电势差 U_H 三者方向关系是什么？

(2) 由于霍耳元件的霍耳灵敏度 K_H 与温度有关，实验中应注意什么？

(3) 测试仪与实验架连接时最要注意的是什么？“I_s调节”与“I_m调节”的操作要注意什么？

实验二十二　电表的改装与校准

一、实验目的

(1) 掌握将微安表头改装成电流表或电压表的原理及校准方法。

(2) 熟悉滑线变阻器的两种用途。

(3) 了解电表的标称误差及电表等级的意义。

二、实验原理

在测量电流或电压时，可能需要各种量程的电流表或电压表，这些电流表或电压表一般都是由小量程的电表(俗称表头)，经并联或串联适当阻值的电阻改装而成的。

1. 把微安表改装为电流表

将小量程的表头改装成大量程的电流表，实际上就是扩大原来电表的量程，通常是在表头上并联一个低值电阻 R_s，使得流过表头的电流只是总电流的一部分，大部分电流流过分流电阻 R_s，如图 4-22-1 所示。设表头内阻为 R_g，满偏电流为 I_g。并联了电阻 R_s 后，当表头满偏时，电路中的总电流为 I，由欧姆定律可得：

$$(I-I_g)R_s = I_gR_g \tag{4-22-1}$$

$$R_s = \frac{I_gR_g}{I-I_g} = \frac{R_g}{n-1} \tag{4-22-2}$$

式中，$n=\dfrac{I}{I_g}$ 为电流表量程扩大的倍数。

本实验要求将量程为 $I_g=50\ \mu\text{A}$ 的微安表(内阻 R_g 见表头，几千欧)，改装为量程为 $I=15\ \text{mA}$ 的电流表。

2. 把微安表改装为电压表

将表头串联一个高值电阻 R_p，就将表头改成了电压表，如图 4-22-2 所

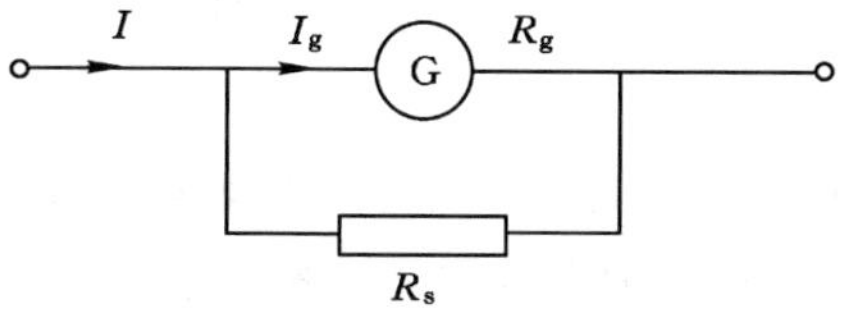

图 4-22-1　表头改装为电流表电路

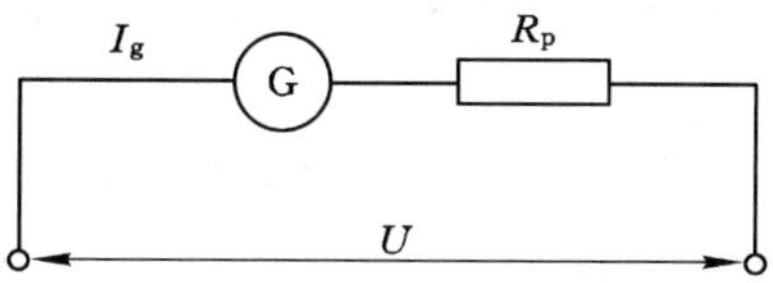

图 4-22-2　表头改装为电压表电路

示。表头两端的电压只是总电压 U 的一部分，当表头满偏时，根据欧姆定律：

$$U = I_g(R_g + R_p) \tag{4-22-3}$$

$$R_p = \frac{U - I_g R_g}{I_g} = (n' - 1)R_g \tag{4-22-4}$$

式中，$n' = \dfrac{U}{I_g R_g}$为电压表量程扩大的倍数。

本实验要求将量程为 $I_g = 50\ \mu\text{A}$ 的微安表（内阻 R_g 见表头，几千欧），改装为量程为 $U = 5\ \text{V}$ 的电流表。

3. 电表的标称误差和校准

标称误差是一种简化而实用的相对误差。为了确定标称误差，用将需要校准的电表和一个标准电表同时测量一定的电流（或电压），称为校准，校准结果得到电表各个刻度的绝对误差，选取其中最大的绝对误差除以量程，即为该电表的标称误差，即：

$$\text{标称误差} = \frac{\text{最大的绝对误差}}{\text{量程}} \times 100\% \tag{4-22-5}$$

根据标称误差的大小，电表分为不同的等级。一般分为 0.05、0.1、0.2、0.5、1.0、1.5、2.5、4.0、5.0 九级。电表等级常标在电表的板面上，如 0.5，表示该电表为 0.5 级，其标称误差不大于 0.5%。

在校准电流表时，设改装表的各个指示值为 I'，标准表对应的指示值为 I，则各个刻度的绝对误差为 $\Delta I' = I - I'$，以 I' 为横坐标，$\Delta I'$ 为纵坐标，作出改装表的校准曲线，两个校准点之间用直线连接，如图 4-22-3 所示。在以

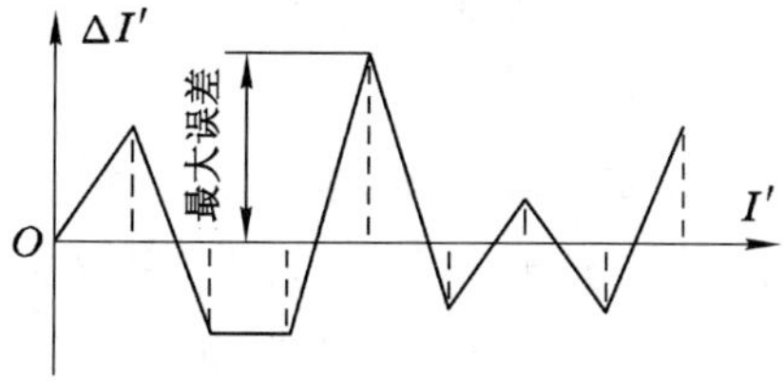

图 4-22-3　改装电流表的校准曲线

后使用这个改装表时，根据校准曲线可以修正电表的读数，得到较为准确的结果。

校准电压表的方法与校准电流表的方法相同，校准曲线以改装电压表的读数 U' 为横轴，以绝对误差 $\Delta U'=U-U'$ 为纵轴，如图 4-22-4 所示。

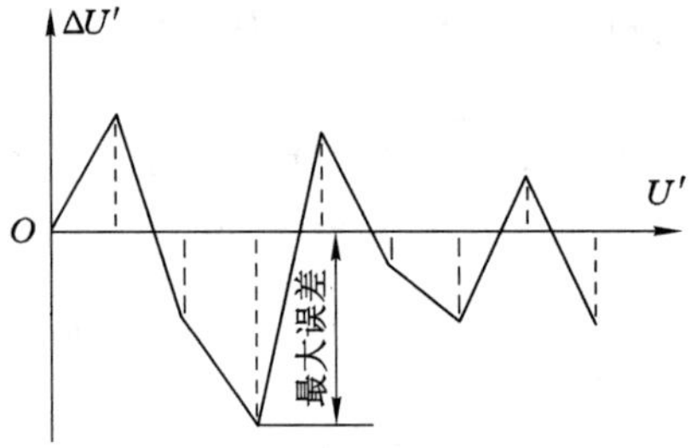

图 4-22-4　改装电压表的校准曲线

三、实验仪器

微安表（$I_g=50.0\ \mu A$，R_g 约 4 000 Ω，具体数值贴在微安表背面，1.5 级）、电流表（多量程，0.5 级）、电阻箱（0.02 级）、滑线变阻器（200 Ω）、导线、开关、电源。

四、实验内容与步骤

1. 把表头改装为 $I=15$ mA 的电流表并校准之

(1) 根据表头量程 I_g、表头内阻 R_g 以及改装后电流表的量程 I，由式(4-22-2)算出分流电阻 R_s 的理论值。置电阻箱数值为 R_s 作为分流电阻，按图 4-22-1 并联即成为改装好的电流表。

(2) 按照图 4-22-5 连接校准电路，电源电压调为 2 V，标准电流表的量程选 15 mA。

(3) 校准零点。检查标准表和改装表的机械零点，如不指零应进行零点调整。

(4) 校准量程。将滑线变阻器的滑动头滑至最右端，合上开关 K，再将滑动头缓慢向左移动，使改装表正好指到满刻度，观察标准表是否指在满刻度 15.00 mA 处。若不是，则略微改变一下电阻箱 R_s 的阻值（一般只需改变零点几欧）并调节滑线变阻器，使改装表和标准表同时满刻度，这一过程称为校准改装表的量程。校准量程后电阻箱的读数 R_s' 为分流电阻的实际值。注意，在改变 R_s 阻值时，应先断开开关，避免在调节 R_s 时出现瞬时断路而损坏表头。

（5）校准刻度。将改装后的电表全量程分为 10 等分，调节滑线变阻器，改变回路电流，记下两表对应读数，填入表 4-22-1 中。

（6）作校准曲线。根据标准表和改装表的对应值，算出各个刻度的绝对误差 $\Delta I'=I-I'$。在坐标纸上画出以 I' 为横坐标，$\Delta I'$ 为纵坐标的校正曲线。

（7）确定改装电流表等级。

2．将表头改装成量程为 $U=5$ V 的电压表并校准之

（1）根据表头量程 I_g，表头内阻 R_g 以及改装后电压表的量程 U，由式(4-22-4)计算出分压电阻 R_p 的值。在电阻箱上调出 R_p 的值并与表头串联，即成为改装的电压表。

（2）按图 4-22-6 连接校准电路，将电源电压调至 6 V，标准电压表量程取 5 V。

（3）校准零点、校准量程、校准刻度、画校准曲线、确定改装电压表等级，其要求与改装电流表类同。

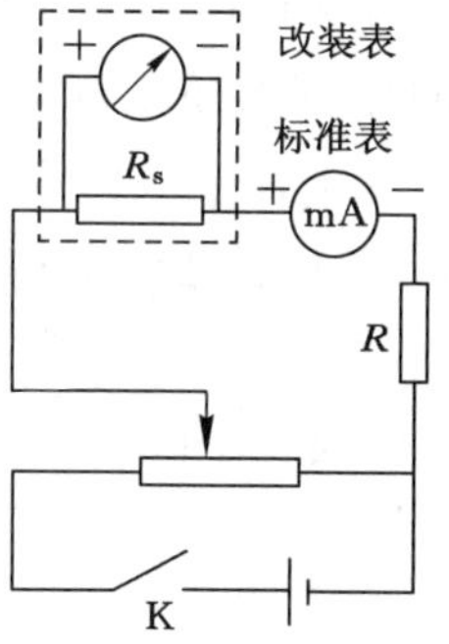

图 4-22-5　电流表校准电路

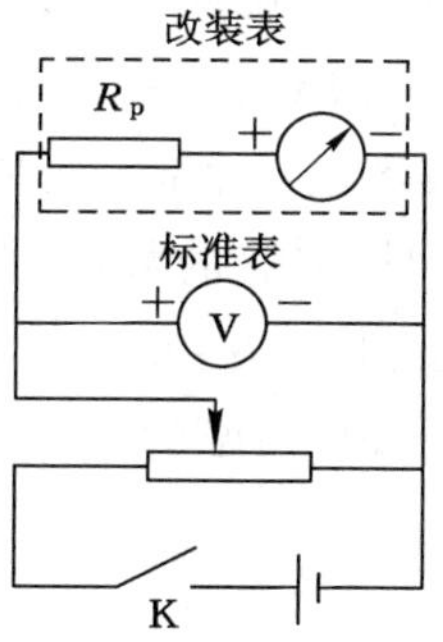

图 4-22-6　电压表校准电路

五、数据记录

（1）改装电流表数据记录：

$R_g=$ 　　Ω，$R_s=$ 　　Ω，$R_s'=$ 　　Ω

表 4-22-1　　校准电流表

改装表 I'/mA											
标准表 I/mA											
$\Delta I'$/mA											

(2) 改装电压表数据记录：

$R_g=$　　Ω，$R_p=$　　Ω，$R_p{}'=$　　Ω

表 4-22-2　　校准电压表

改装表 U'/V										
标准表 U/V										
$\Delta U'$/V										

(3) 使用坐标纸，根据实验数据作校正曲线，并计算改装电表的等级。

六、思考题

(1) 校准电流表时，如果发现改装表的读数相对于标准表的读数都偏高，试问要达到标准表的数值，此时改装表的分流电阻应调大还是调小？

(2) 校准电压表时，如果发现改装表的读数相对于标准表的读数都偏低，试问要达到标准表的数值，此时改装表分压电阻应调大还是调小？

(3) 如何将 $I_g=50.0\ \mu A$，$R_g=4.000\times10^3\ \Omega$ 的表头改装为量程为 500 mA和 150 mA 的双量程电流表？画出设计线路图，并计算其分流电阻。

实验二十三　半导体激光器 P—I 特性测试实验

一、实验目的

(1) 学习半导体激光器发光原理和光纤通信中激光光源工作原理。

(2) 了解半导体激光器平均输出光功率与注入驱动电流的关系。

(3) 掌握半导体激光器 P(平均发送光功率)—I(注入电流)曲线的测

试方法。

二、实验原理

半导体激光二极管(LD)简称半导体激光器，它通过受激辐射发光，是一种阈值器件。处于高能级 E_2 的电子在光场的感应下发射一个和感应光子一模一样的光子，而跃迁到低能级 E_1，这个过程称为光的受激辐射。所谓一模一样，是指发射光子和感应光子不仅频率相同，而且相位、偏振方向和传播方向都相同，它和感应光子是相干的。由于受激辐射与自发辐射的本质不同，导致半导体激光器不仅能产生高功率(≥10 mW)辐射，而且输出光发散角窄(垂直发散角为 30°～50°，水平发散角为 0～30°)，与单模光纤的耦合效率高(30%～50%)，辐射光谱线窄(Δλ=0.1～1.0 nm)，适用于高比特工作，载流子复合寿命短，能进行高速信号(>20 GHz)直接调制，非常适合于作高速长距离光纤通信系统的光源。

阈值电流是非常重要的特性参数。图 4-23-1 中 A 段与 B 段的交点表示开始发射激光，它对应的电流就是阈值电流 I_{th}。半导体激光器可以看作一种光学振荡器，要形成光的振荡，就必须要有光放大机制，即激活介质处于粒子数反转分布，而且产生的增益足以抵消所有的损耗。将开始出现净增益的条件称为阈值条件。一般用注入电流值来标定阈值条件，即阈值电流 I_{th}。

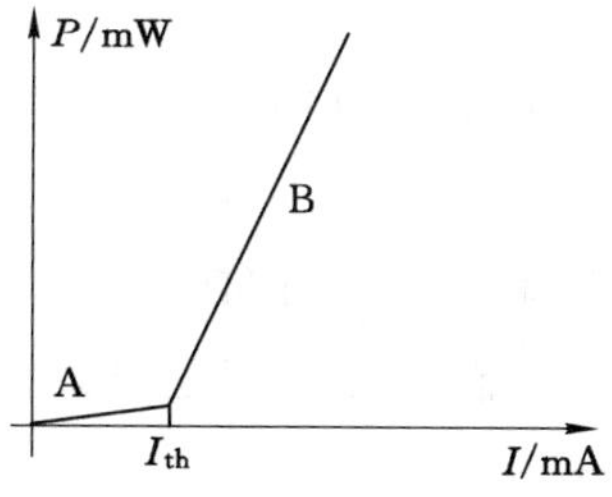

图 4-23-1　半导体激光器 P—I 曲线示意图

P—I 特性是半导体激光器最重要的特性。当注入电流增加时，输出光功率也随之增加，在达到 I_{th} 之前半导体激光器输出荧光，到达 I_{th} 之后输出激光，输出光子数的增量与注入电子数的增量之比为：

$$\eta_d = \left(\frac{\Delta P}{h\nu}\right)\Big/\left(\frac{\Delta I}{e}\right) = \frac{e}{h\nu} \cdot \frac{\Delta P}{\Delta I} \qquad (4\text{-}23\text{-}1)$$

式中，$\Delta P/\Delta I$ 是图 4-23-1 激射时的斜率；h 为普朗克常数($6.626\,1\times10^{-34}$ J·s)；

ν 为辐射跃迁情况下释放出的光子的频率。

P—I 特性是选择半导体激光器的重要依据。在选择时，应选阈值电流 I_{th} 尽可能小，I_{th} 对应 P 值小而且没有扭折点的半导体激光器。这样的激光器工作电流小，工作稳定性高，消光比大，而且不易产生光信号失真。并且要求 $P-I$ 曲线的斜率适当。斜率太小，则要求驱动信号太大，给驱动电路带来麻烦；斜率太大，则会出现光反射噪声及使自动光功率控制环路调整困难。

三、实验仪器

ZY12OFCom13BG3 型光纤通信原理实验箱、FC 接口光功率计、FC/PC-FC/PC 单模光纤跳线、万用表、连接导线。

四、实验内容与步骤

(1) 将光发模块中的可调电阻 W101 逆时针旋转到底，使数字驱动电流达到最小值。

(2) 拨动双刀三掷开关，将 BM1、BM2 选择在中间档，即将 R110 与电路断开。

(3) 用万用表测得 R110 电阻值，找出所测电压与半导体激光器驱动电流之间的关系($U=IR_{110}$)。

(4) 拨动双刀三掷开关，BM1 选择到半导体激光器数字驱动，BM2 选择到 1310。

(5) 旋开光发端机光纤输出端口(1310 nm T)防尘帽，用 FC-FC 光纤跳线将半导体激光器与光功率计输入端连接起来，并将光功率计测量波长调整到 1310 nm 档。

(6) 连接导线：将 T502 与 T101 连接，将数字信号码型拨成 10101010，10101010，10101010。

(7) 连接好实验箱电源，先开交流电源开关，再开直流电源开关，即按下 K01，K02(电源模块)，并打开光发模块和数字信号源的直流电源(K10 与 K50)。

(8) 用万用表测量 R110 两端电压(红表笔插 T103，黑表笔插 T104)。

(9) 慢慢调节电位器 W101，使所测得的电压为表 4-23-1 中数值，依次测量对应的光功率值，并将测得的数据填入表 4-23-1，精确到 0.1 μW。

表 4-23-1　　LD 的 P—I 特性测试表

U/mV	1	2	3	4	5	6	7	8
I/mA								
P/μW								
P/dBm								
U/mV	9	10	12	14	16	18	20	22
I/mA								
P/μW								
P/dBm								
U/mV	24	26	28	30	32	34	36	38
I/mA								
P/μW								
P/dBm								

(10) 做完实验后先关闭光发模块和数字信号源的直流电源(K10 与 K50),然后依次关掉各直流开关(电源模块),以及交流电开关。

(11) 拆下光纤跳线及光功率计,用防尘帽盖住实验箱半导体激光器光纤输出端口,将实验箱还原。

(12) 将各仪器设备摆放整齐。

五、数据处理

(1) 测量半导体激光器输出功率和注入电流,并画出 P—I 关系曲线。

(2) 根据 P—I 特性曲线,找出半导体激光器阈值电流,计算半导体激光器斜率效率。

六、注意事项

(1) 半导体激光器驱动电流不可超过 40 mA,否则有烧毁激光器的危险。

(2) 由于光功率计、光纤跳线等光学器件的插头属易损件,使用时应轻拿轻放,切忌用力过大。

七、思考题

(1) 试说明半导体激光器发光工作原理。

(2) 环境温度的改变对半导体激光器 P—I 特性有何影响?

(3) 分析以半导体激光器为光源的光纤通信系统中,半导体激光器 P—I 特性对系统传输性能的影响。

实验二十四　发光二极管 P—I 特性测试实验

一、实验目的

(1) 学习发光二极管的发光原理。

(2) 了解发光二极管平均输出光功率与注入电流的关系。

(3) 掌握发光二极管 P(平均发送光功率)—I(注入电流)曲线的测试。

二、实验原理

半导体光源主要有半导体发光二极管(LED)和半导体激光器(LD)两种。LD 已经在上一个实验介绍过,本实验主要介绍 LED。

发光二极管(LED)结构简单,是一个正向偏置的 PN 同质结,电子—空穴对在耗尽区辐射复合发光,称为电致发光。发光二极管(LED)发射的不是激光,输出功率较小、具有较宽的谱宽(30～60 nm)、发射角较大(≈100°)、与光纤的耦合效率较低。其优点是:寿命很长,理论推算可达 10^8～10^{10} h,其次是受温度影响较小,输出光功率与注入电流的线性关系较好,价格也比较便宜,驱动电路简单,不存在模式噪声等问题。半导体发光二极管(LED)可以作为中短距离、中小容量的光纤通信系统的光源。

对于发光二极管(LED)而言,自发辐射产生的功率是由正向偏置电压产生的注入电流提供的,当注入电流为 I,工作在稳态时,电子—空穴对通过辐射和非辐射复合,其复合率等于载流子注入率 I/q,其中,发射电子的复合率决定于内量子效率 η_{int},光子产生率为$(I\eta_{int}/q)$,因此 LED 内产生的光功率为:

$$P_{int}=\eta_{int}(\hbar\omega/q)I \tag{4-24-1}$$

式中,$\hbar\omega$ 为光量子能量。假定所有发射的光子能量近似相等,并设从 LED 逸出的功率内部产生功率的份额为 η_{ext},则 LED 的发射功率为:

$$P_e=\eta_{ext}P_{int}=\eta_{ext}\eta_{int}(\hbar\omega/q)I \tag{4-24-2}$$

η_{ext}亦称为外量子效率。由式(4-24-2)可知,LED 发射功率 P 和注入电流 I 近似呈正比。这说明 LED 的 P—I 曲线线性度好,调制时动态范围大,信号失真小。该实验测量其电光转换特性（P—I 特性），工作电流不同的时候，输出功率也不同，基本上呈线性关系。如图 4-24-1 所示。

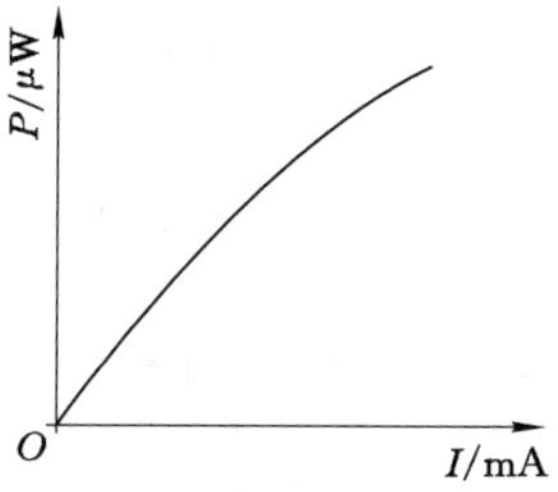

图 4-24-1　LED 发光二极管 P—I 曲线示意图

实验中发光二极管电流的确定通过测量串联在电路中 R110 的电压值。电路中的驱动电流在数值上等于 R110 两端电压与电阻值之比。实验中先用万用表测出 R110 的精确值，计算得出发光二极管的驱动电流，然后用光功率计测得一定驱动电流下发出的光功率，从而完成 P—I 特性的测试。

三、实验仪器

ZY12OFCom13BG3 型光纤通信原理实验箱、FC 接口光功率计、850 nm 光发端机（HFBR—1414T）、ST/PC-FC/PC 多模光纤跳线、万用表、连接导线。

四、实验内容与步骤

（1）将光发模块中的可调电阻 W101 逆时针旋转到头，使数字驱动电流达到最小值。

（2）拨动双刀三掷开关，将 BM1、BM2 选择在中间档，即将 R110 与电路断开。

（3）用万用表测得 R110 电阻值，找出所测电压与半导体发光二极管驱动电流之间的关系（$U=IR_{110}$）。

（4）拨码开关 BM1 和 BM2 分别拨到数字和 850 nm 档，选择 850 nm 数字驱动电路。

（5）用 ST-FC 光纤跳线将 850 nm 光发端与光功率计连接，并将光功率计选择波长 850 nm 档，连接导线 T504（数字信号源模块）与 T101。

（6）接好电源，先开交流电源开关，再开直流电源开关，即按下 K01，K02（电源模块），这时电源指示灯全亮。

(7) 接通光发模块和数字信号源模块直流电源(K10 与 K50),并将K501,K502,K503 拨为全"1"。

(8) 用万用表测量 R110 两端电压(红表笔插 T103,黑表笔插 T104)。

(9) 慢慢调节电位器 W101 使所测得的电压为表 4-24-1 中数值,依次测量对应的光功率值。并将测得的数据填入表 4-24-1,测量精度为 0.1 μW。

表 4-24-1　　LED 的 P—I 特性测试表

U/mV	5	10	15	20	25	30	35	40	45	50	55
I/mA											
P/μW											
P/dBm											

(10) 做完实验后将拨码开关 BM1 和 BM2 拨到中间状态,然后依次关掉各直流开关,以及交流电开关。

(11) 拆下光纤跳线和光功率计,拆除连线,将实验箱还原,将各实验仪器摆放整齐。

五、数据处理

(1) 测量发光二极管平均输出光功率和注入电流,并画出 P—I 关系曲线。

(2) 根据 P—I 特性曲线,计算发光二极管斜率效率。

六、注意事项

(1) 实验中发光二极管驱动电流不可大于 60 mA,否则有烧毁发光二极管的危险。

(2) 由于光源、光功率计、光纤跳线等光电器件的插头属易损件,应轻拿轻放,使用时切忌用力过大,不可带电拔插光电器件。

七、思考题

(1) 说明发光二极管工作原理,比较分析发光二极管与半导体激光器发光原理的区别。

（2）环境温度的改变对发光二极管 P—I 特性曲线有何影响？

（3）发光二极管 P—I 特性曲线是否严格线性？为什么？

实验二十五　全息照相

普通的照相术是把从物体表明反射（或漫射）来的光或物体本身发出的光经过物镜成像，并且将光强记录在感光底片上，再在照相纸上显现出物体的平面像。而全息照相术不仅要在感光底片上记录下物光的光强分布，而且还把物光的位相也记录下来，也就是把物光的所有信息全部记录下来，然后通过一定的方法“再现”出物体的立体图像。这种既记录振幅又记录位相的照相就称为全息照相（Holography）。

全息照相术是 20 世纪 60 年代发展起来的。1948 年，英国科学家伽伯（D. Gabor）在研究提高电子显微镜的分辨本领时提出了全息原理，并开始了全息照相的研究工作，但是由于缺乏理想的相干光源和高分辨率的记录介质，这方面工作的进展一直相当缓慢。1960 年梅曼（T. H. Maiman）研制成世界上第一台红宝石激光器，使全息照相由理论变成了现实，全息照相技术研究才逐渐引起科学界的重视。并在 1963 年成功地拍摄了第一张全息照片。

全息照相的基本原理是以波的干涉和衍射为基础的，不仅光波可用全息术，还可以有红外的、微波的和声波的全息术，甚至用电子计算机也能制备全息模板，从而使得全息技术在广泛的领域得到应用：可用于显微技术、信息存贮、精密计量、无损探伤等方面，并可发展成立体电影和电视。全息技术的应用涉及家庭娱乐、医疗卫生、军事侦察、工业探伤等众多领域。特别是近年来随着知识经济时代的到来，全息技术将发挥出更大的应用价值。英国科学家伽伯也因为发明了全息技术而获得了 1971 年度的诺贝尔物理学奖。

本实验将通过静态全息照相的拍摄和再现，了解全息照相的主要特征及操作要领。

一、实验目的

（1）了解全息照相的基本原理和主要特点。

（2）学习拍摄静态全息照片的有关技术和再现观察的方法。

二、实验原理

（一）全息照相的原理

全息照片的拍摄光路如图 4-25-1 所示，激光束经过分束板 P 后分为强度比例适宜的两束光。其中一束光经 M_1 反射，再经透镜 L_1 扩束后直接投射到照相底片 H 上，形成参考光（R 光）；另一束经 M_2 反射，L_2 扩束后，均匀投在物体表面上，经漫反射后的物光（O 光）照射到底片 H 上。由于激光的高度相干性，两束光在底片上任一点都有确定的位相关系，以干涉叠加形成稳定的干涉图样而被 H 记录下来。

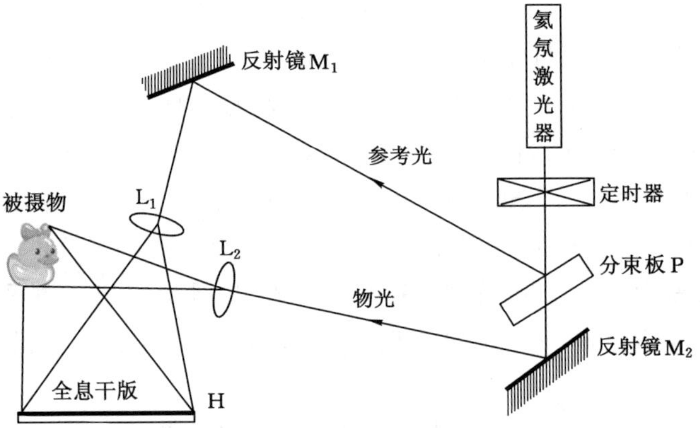

图 4-25-1　全息照相光路图

从物体表面任一点出发的物光波，都是一个球面波，它与参考光波在 H 相遇，干涉而形成一套干涉图样。从物体上各点发出的物光波与对应点的位置分布有关，不同点发出的物光波其振幅和位相均不相同，对应的干涉图样也不一样。总的物光波可以看作无数物点发出光波的总和。因此，在全息感光板上形成的，是无数组亮暗程度、疏密、方向各不相同的干涉图样的叠加。曝光以后，经过显影、定影等一系列技术处理过程，就得到了记录物光波全部信息的全息图。

在全息底片上任一点(x,y)处物光 O 和参考光 R 的光场分布分别为：

$$O(x,y,t)=A_o(x,y)\cos[\omega t+\varphi_o(x,y)] \tag{4-25-1}$$

$$R(x,y,t)=A_r(x,y)\cos[\omega t+\varphi_r(x,y)] \tag{4-25-2}$$

将它们用指数函数表示：

$$O(x,y,t) = A_o(x,y)\mathrm{e}^{i[\omega t+\varphi_o(x,y)]} \tag{4-25-3}$$

$$R(x,y,t) = A_r(x,y)\mathrm{e}^{i[\omega t+\varphi_r(x,y)]} \tag{4-25-4}$$

由于它们是相干光束，全息底片上的光强是它们合振幅的平方[略去 (x,y)]，即：

$$\begin{aligned} I(x,y) &= |O+R|^2 = OO^* + O^*R + OR^* + RR^* \\ &= A_o^2 + A_r^2 + A_oA_r\mathrm{e}^{i} + A_oA_r\mathrm{e}^{i(\varphi_r-\varphi_o)} \\ &= A_o^2 + A_r^2 + 2A_oA_r\cos(\varphi_o-\varphi_r) \end{aligned} \tag{4-25-5}$$

式(4-25-5)中，前两项反映了底片上物光和参考光的强度分布，第三项反映了两束相干光的振幅和相对位相的关系。这样的感光底片上不仅记录了物光束的强度，而且还将物光束的位相信息记录下来了，故称全息照相。全息底片上所记录的不是物体的直观形象，而是一组复杂的干涉条纹，要观察全息底片上记录的物像，必须采用一定再现手段。再现观察所用光路图如图 4-25-2 所示。拍摄好的底片经过适当的显影、定影、漂白处理后，底片上各点的振幅透过率与入射光强 $I(x,y)$ 的关系为：

$$t(x,y) = t_0 + \beta I(x,y) \tag{4-25-6}$$

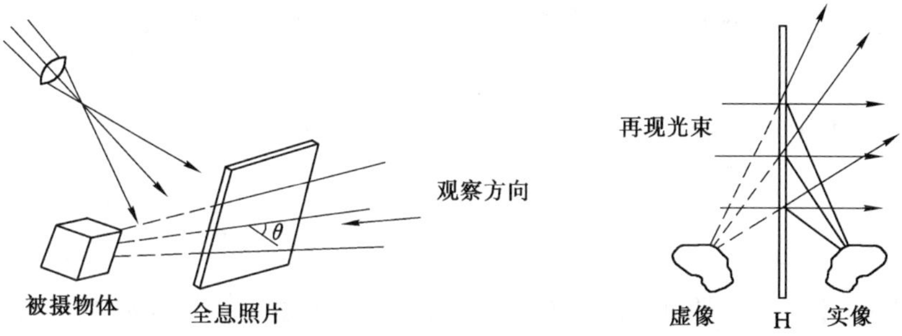

图 4-25-2　全息照相再现光路示意图

式中，t_0 为底片的灰雾度，由底片本身的性质决定；β 为比例系数(对于负片 $\beta<0$)，其绝对值由拍摄技术决定。为了重现物光的波前，必须用一相干光照射全息图。设重现光波的复振幅为 R，透过全息图的复振幅为 $A(x,y)$，所以有：

$$\begin{aligned} A(x,y) &= t(x,y)R = t_0R + \beta R\,|O+R|^2 \\ &= t_0R + \beta R(|O|^2 + |R|^2) + \beta RR^*O + \beta RRO^* \\ &= t_0R + \beta R(|O|^2 + |R|^2) + \beta\,|R|^2O + \beta R^2O^* \end{aligned} \tag{4-25-7}$$

式(4-25-7)表示经全息图透射后的光包含三个不同的分量。第一、二项代表强度经过衰减的直接透射光;第三项正比于物光 O,是原来物光波的准确再现(振幅发生了改变),形成物体的虚像;第四项是与物光共轭的光波,它在与虚像相反的一侧会聚成物体的共轭实像,如图 4-25-2 所示。

(二) 全息照相的基本条件

要成功地拍摄好一张较好的全息照片,必须具备下列几个基本条件。

(1) 相干性好的光源。

物光和参考光必须是相干光。He-Ne 激光的相干长度较大,是一般实验室常用的相干光源。激光器的功率在 1～3 mW 即可。当然,功率较大的激光器可使曝光时间相应缩短,减少干扰,效果更好。

(2) 光学系统应有足够的机械稳定性。

由于全息底片上记录的是精细的干涉条纹,在记录过程中,轻微的振动或其他扰动,只要使光程差发生波长数量级的变化,就会引起干涉条纹的混乱与叠加,使条纹模糊不清,以致看不到物体的衍射像。因此,在曝光的时间内,干涉条纹的移动不得超过条纹间距的 1/4。这样全息实验台一般都在远离振源的地方,全息照相各元件全都固定在防振工作台上,以免外界的干扰。

理论指出,全息干涉的条纹间距决定于物光与参考光的夹角 θ 和光波长 λ:

$$d = \frac{\lambda}{2\sin \theta/2} \tag{4-25-8}$$

以 He-Ne 激光器作光源,波长 λ=6 328 nm,如 $\theta=30°$,则干涉条纹间距 $d \approx 1.2\times10^{-3}$ mm。即每毫米记录下近千条干涉条纹。而且 θ 越大,干涉条纹间距越小。这就要求底片有较高的分辨率。目前,国产的超微粒全息底片的分辨率已达到 3 000 条/mm。但是,高分辨率的底片感光灵敏度不高,一般全息照相的曝光时间较普通照相时间长。

选择合理的光路是获得优质全息图的关键之一,在安排光路时应注意:

(1) 尽量减小物光与参考光的光程差。实验中要妥善安排光路,使它们的光程差控制在几厘米之内。

(2) 参考光与物光的光强比,一般控制在 3∶1～10∶1 之间,为此应选择合适分光比的分束板和衰减片。检查光强比的简单办法是在准备放全息底片的地方放一白屏,分别挡住参考光和物光,观察它们的照明情况,使参考光强度大于物光强度，但又不很大。

(3) 投射到感光片上的物光与参考光的夹角 θ，一般选取 30°～60°。

三、实验仪器

全息实验台、He-Ne 激光器、分束板、反射镜、扩束镜、被摄物体、全息感光片、曝光定时器、暗室冲洗设备及显影液、定影液等。

四、实验内容与步骤

(一) 全息照片的拍摄

(1) 调节分束板、反射镜、物体和屏的位置，使物光和参考光基本等光程。

(2) 使物体被均匀照明，物光与参考光能均匀照射在全息底片上。

(3) 调整分束板的分光比，使参考光与物光的光强比合适。

(4) 设置好曝光定时器的曝光时间(曝光时间由实验室给定)。

(5) 打开曝光定时器电源挡住激光束，关闭实验室照明灯。装好底片，注意底片乳胶应面向着光束的方向。

(6) 静置数分钟，启动曝光定时器曝光。

(7) 将曝光后的感光底片放入 D-19 型显影液中显影，再用 F-5 型定影液定影(显影、定影时间由实验室给定)。然后将干板放入漂白液中漂白至全息底片透明。最后用清水冲洗 10 min 后晾干。

(二) 全息照片的再现

将拍摄冲洗好的全息图放回原位置，遮住物光和被摄物体，只用参考光束照明全息图，即可观察到与原物一模一样的像，仔细观察再现像的特点，特别是立体感，并与原物比较。

(三) 二次曝光全息照片的拍摄和观察

按图 4-25-1 布置，拍摄物体的一次曝光全息照片，保持光路及装置不变，将待测物加压(或略微转动)，再进行一次曝光，经冲洗后就得到二次曝光全息图。也可以对一张全息底片进行多次曝光，即转动底片拍摄多次。再现时，同样转动不同角度出现图像。

(四) 全息照片观察

(1) 数据记录表

表 4-25-1 数据记录表

	虚实	大小	正倒	位置
拍摄时放置				
绕 x 轴旋转 180°				
绕 y 轴旋转 180°				
绕 z 轴旋转 180°				

注：位置一栏填写与被摄物同侧或异侧。

（2）挡去一半的结果

（3）观察实像的情况

五、注意事项

（1）遵守光学实验的操作规定。

（2）曝光过程中避免人为的振动，保持肃静。

（3）遵守暗房操作规程。

（4）注意安全，不要直视激光束，不要随便触摸激光器和电源。

六、思考题

（1）全息照相与普通照相有哪些不同？全息图的主要特点是什么？

（2）为什么反射全息图可以用白光来再现？

（3）三维全息图和平面全息图的主要区别是什么？

（4）给出拍摄全息图的基本光路，说明拍摄时的技术要求。

（5）为什么在拍摄全息图时，需要考虑参考光束与物光光束的光强比？

实验二十六　弗兰克—赫兹实验

一、实验目的

（1）掌握弗兰克—赫兹实验的原理和方法，理解该实验的物理构思与设计技巧。

（2）学习测定氩原子第一激发电位的方法。

（3）通过对氩原子激发电位的测量，证实原子能级的存在，加深对能级概念的理解。

二、实验原理

玻尔提出的原子理论指出：原子只能较长时间地停留在一些稳定状态（简称为定态）。原子在这种状态时，不发射或吸收能量。各定态有一定的能量，其数值是彼此分隔的。原子的能量不论通过什么方式发生改变，它只能从一个定态跃迁到另一个定态。原子从一个定态跃迁到另一个定态而发射或吸收辐射时，辐射频率是一定的。如果用 E_m 和 E_n 分别代表有关两定态能量，辐射的频率 ν 决定于如下关系：

$$h\nu = E_m - E_n \tag{4-26-1}$$

式中，普朗克常数 $h=6.626\,1\times10^{-34}$ J·s。为了使原子从低能级向高能级跃迁，可以通过具有一定能量的电子与原子相碰撞进行能量交换的办法来实现。

设初速度为零的电子在电位差为 U_0 的加速电场作用下，获得能量 eU_0。当具有这种能量的电子与稀薄气体的原子发生碰撞时，就会发生能量交换。如以 E_1 代表氩原子的基态能量、E_2 代表氩原子的第一激发态能量，那么当氩原子吸收从电子传递来的能量恰好为：

$$eU_0 = E_2 - E_1 \tag{4-26-2}$$

时，氩原子就会从基态跃迁到第一激发态，而且相应的电位差称为氩的第一激发电位（或称氩的中肯电位）。

测定出这个电位差 U_0，就可以根据式(4-26-2)求出氩原子的基态和第一激发态之间的能量差了（其他元素气体原子的第一激发电位亦可依此法求得）。弗兰克—赫兹实验的原理如图 4-26-1 所示，图 4-26-2 为具体实验仪器示意图。在充氩的弗兰克—赫兹管中，电子由热阴极 K 发出，阴极 K 和第一栅极 G_1 之间的加速电压 U_{G_1K} 主要用于消除阴极电子散射的影响，阴极 K 和栅极 G_2 之间的加速电压 U_{G_2K} 使电子加速。在板极 A 和第二栅极 G_2 之间加有反向拒斥电压 U_{G_2A}。

当电子通过 KG_2 空间进入 G_2A 空间时，如果有较大的能量（$\geqslant eU_{G_2A}$），就能冲过反向拒斥电场而到达板极形成板流，为微电流计 μA 表检出。如果电子在 KG_2 空间与氩原子碰撞，把自身一部分能量传给氩原子而使后者激发的话，电子本身所剩余的能量就很小，以致通过第二栅极后已不足以克服拒斥电场而被折回到第二栅极，此时，通过微电流计 μA 表的电流将显著减小。

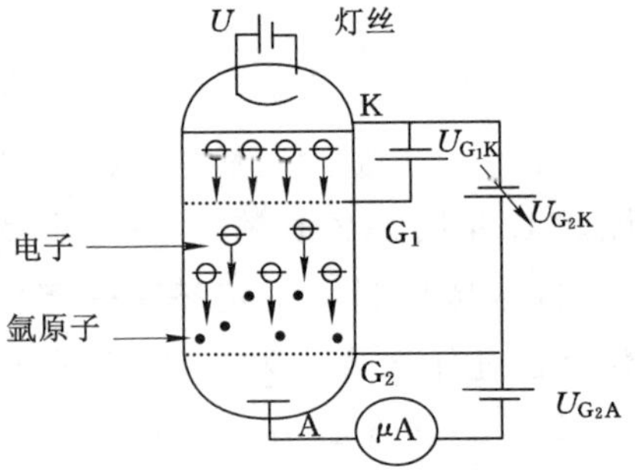

图 4-26-1 弗兰克—赫兹管示意图

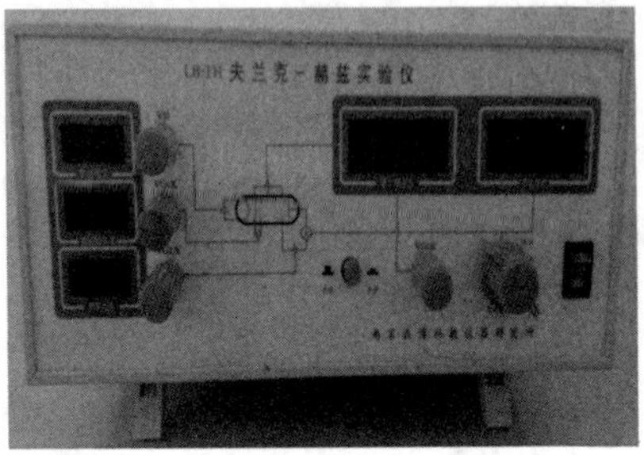

图 4-26-2 弗兰克—赫兹实验仪

实验时，使栅极电压 U_{G_2K} 由零逐渐增加并仔细观察微电流计的电流指示，如果原子能级确实存在，而且基态和第一激发态之间有确定的能量差的话，就能观察到如图 4-26-3 所示的 I_A—U_{G_2K} 曲线。

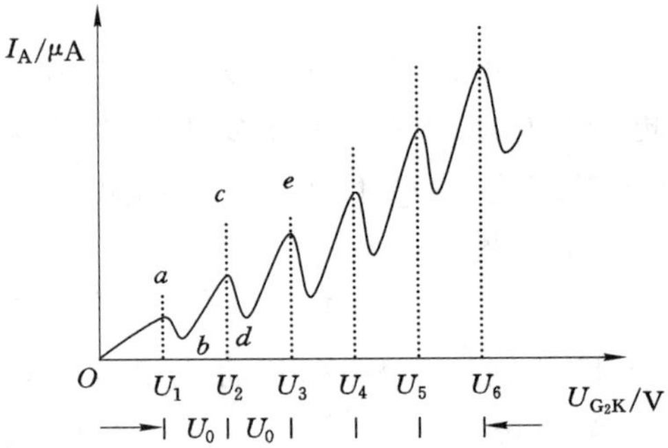

图 4-26-3 I_A—U_{G_2K}的曲线

图 4-26-3 所示的曲线反映了氩原子在 KG_2 空间与电子进行能量交换的情况。当 KG_2 空间电压逐渐增加时，电子在 KG_2 空间被加速而取得越来越大的能量。但起始阶段，由于电压较低，电子的能量较小，即使在运动过程中与原子相碰撞也只有微小的能量交换（为弹性碰撞）。穿过第二栅极的电子所形成的板极电流 I_A将随第二栅极电压 U_{G_2K} 的增加而增大（图 4-26-3 所示 Oa 段）。当 G_2K 间的电压达到氩原子的第一激发电位 U_0 时，电子在第二栅极附近与氩原子发生非弹性碰撞，将自身从加速电场获得的全部能量交给后者，并且使后者从基态激发到第一激发态。而电子本身由于把全部能量给了氩原子，即使穿过了第二栅极也不能克服反向拒斥电场而被折回第二栅极（被筛选掉）。所以板极电流将显著减小（图 4-26-3 所示 ab 段）。随着第二栅

极电压的不断增加，电子的能量也随之增加，在与氩原子相碰撞后还留下足够的能量，可以克服反向拒斥电场而达到板极 A，此时电流又开始上升（图 4-26-3所示 bc 段）。直到 G_2K 间电压是两倍氩原子的第一激发电位时，电子在 G_2K 间又会因二次碰撞而失去能量，因而又会造成第二次板极电流的下降（图 4-26-3 所示 cd 段），同理，凡 G_2K 之间电压满足：

$$U_{G_2K} = nU_0 \quad (n = 1,2,3 \cdots) \tag{4-26-3}$$

时板极电流 I_A 都会相应下跌，形成规则起伏变化的 $I_A—U_{G_2K}$ 曲线。而各次板极电流 I_A 达到峰值时相对应的加速电压差 $U_{n+1}-U_n$，即两相邻峰值之间的加速电压差值就是氩原子的第一激发电位值 U_0。

本实验就是要通过实际测量来证实原子能级的存在，并测出氩原子的第一激发电位原子处于激发态是不稳定的。在实验中被慢电子轰击到第一激发态的原子要跃迁回基态，进行这种反跃迁时，就应该有 eU_0 电子伏特的能量发射出来。反跃迁时，原子是以放出光量子的形式向外辐射能量。这种光辐射的波长满足：

$$eU_0 = h\nu = h\frac{c}{\lambda} \tag{4-26-4}$$

三、实验内容与步骤

（1）正确认识电路连接及原理。

（2）启动预热。（注：预热开始，就必须设定好以下几个值：V 灯、U_{G_1K}、U_{G_2K}、U_{G_2A}，根据仪器给定参数设定）

（3）手动测量：

待加热炉稳定在所需温度、微电流测量放大器工作稳定、弗兰克—赫兹管灯丝预热后，即可进行逐点测量。

① 仪器上的按键调成手动。先进行粗略观察：将测量放大器“倍率”旋钮拨到$\times10^{-4}$或$\times10^{-5}$。旋动“栅压调节”旋钮，缓慢增加 U_{G_2K}电压值；全面观察一次 I_A的起伏变化情况。当“μA”表至满度时可以相应改变“倍率”旋钮，扩大量程以读出 I_A值。

② 再从零伏特起仔细调节 U_{G_2K}，细心观察 I_A的变化。读出 I_A的峰谷值和对应每个 I_A峰值的 U_{G_2K}电压。为便于作图，在峰谷值附近可多测几组 I_A和 U_{G_2K}值（填入表 4-26-1）。记下测试及读数条件（先读 I_A值，再读 U_{G_2K}值）。然后取适当比例在方格纸上作出 $I_A—U_{G_2K}$曲线。得出所测量的第一激发电

位值。

表 4-26-1　　　　数据记录表

U_{G_2K}/V										
$I_A/\mu A$										

③ 为了更全面地了解弗兰克—赫兹实验中 $I_A—U_{G_2K}$变化规律和准确测出 U_0值，适当改变灯丝电压 U_H值，如 $U_H=5.7$ V 和 $U_H=7.0$ V。分别进行 $I_A—U_{G_2K}$变化曲线测量。

(4) 用示波器观察板极电流 I_A随栅极电压 U_{G_2K}变化的波形(教师集中演示)。

① 将仪器后面的电流输出接到示波器上，并将仪器上的按键调成自动。

② "灯丝电压"调至 6.3 V，"倍率"旋钮拨到$\times10^{-3}$或$\times10^{-4}$。

③ 此时示波器屏幕上可以看到一条完整的 $I_A—U_{G_2K}$变化曲线，数一数曲线的峰谷数，并与同条件下的手控记录情况作比较。

(5) 用 $X—Y$ 函数记录仪描绘 $I_A—U_{G_2K}$曲线(教师集中演示)。

① 不改变示波器观察时的各种条件，把电流输出接到示波器的 Y，同步信号接到示波器的 X。

② 待 $X—Y$ 函数记录仪预热工作后，调节示波器，使示波器上显示出完整的波形。即可在记录纸上描绘出完整的 $I_A—U_{G_2K}$曲线。

③ 用铅笔细心标出各峰值位置，再根据锯齿波幅度，求 U_0值，并与手控分点测量作比较。

注意：在设定各电压值时，必须在给定的量程或范围之内设置，如果超出范围，可能会烧坏仪器。

(6) 数据处理：用逐差法计算第一激发电位 U_0，并算出相对误差。

四、思考题

(1) 能否用氢气代替氩气？为什么？

(2) 为什么 $I—U$ 曲线不是从原点开始？

(3) 为什么 I 不会降到零？

(4) 为什么 I 的下降不是陡然的？

(5) 在弗兰克—赫兹实验中，得到的 $I—U$ 曲线为什么呈周期性变化？

（6）在弗兰克—赫兹管的 I—U 曲线上第一个峰的位置，是否对应于氩原子的第一激发电位？

实验二十七　光栅衍射测光波波长

一、实验目的

观察光栅的衍射光谱，掌握用分光计和透射光栅测光波波长的方法。

二、实验原理

光栅是一种非常好的分光元件，它可以把不同波长的光分开并形成明亮细窄的谱线。

光栅分透射光栅和反射光栅两类，本实验采用透射光栅，它是在一块透明的屏板上刻上大量相互平行等宽而又等间距刻痕的元件，刻痕处不透光，未刻处透光，于是在屏板上就形成了大量等宽而又等间距的狭缝。刻痕和狭缝的宽度之和称为光栅常数，用 d 表示。

由光栅衍射的理论可知，当一束平行光垂直地投射到光栅平面上时，透过每一狭缝的光都会发生单缝衍射，同时透过所有狭缝的光又会彼此产生干涉，光栅衍射光谱的强度由单缝衍射和缝间干涉两因素共同决定。用会聚透镜可将光栅的衍射光谱会聚于透镜的焦平面上。凡衍射角满足以下条件：

$$d\sin\theta = k\lambda \quad (k = 0, \pm 1, \pm 2\cdots) \tag{4-27-1}$$

的衍射光在该衍射角方向将会得到加强而产生明条纹，其他方向的光将全部或部分抵消。式(4-27-1)称为光栅方程。式中，d 为光栅的光栅常数；θ 为衍射角；λ 为光波波长。当 $k=0$ 时，$\theta=0$ 得到零级明纹。当 $k=\pm1,\pm2\cdots$ 时，将得到对称分立在零级条纹两侧的一级，二级……明纹。

实验中若测出第 k 级明纹的衍射角 θ，光栅常数 d 已知，就可用光栅方程计算出待测光波波长 λ。

三、实验仪器

分光计、透射光栅、钠光灯、白炽灯。

四、实验内容与步骤

1. 分光计的调整

分光计的调整方法见实验十。

2. 用光栅衍射测光的波长

(1) 要利用光栅方程(4-27-1)测光波波长,就必须调节光栅平面使其与平行光管和望远镜的光轴垂直。先用钠光灯照亮平行光管的狭缝,使望远镜目镜中的分划板上的中心垂线对准狭缝的像,然后固定望远镜。将装有光栅的光栅支架置于载物台上,使其一端对准调平螺丝 a,一端置于另两个调平螺丝 b、c 的中点,如图 4-27-1 所示,旋转游标盘并调节调平螺丝 b 或 c,当从光栅平面反射回来的"+"字像与分划板上方的+字线重合时,如图 4-27-2 所示,固定游标盘。

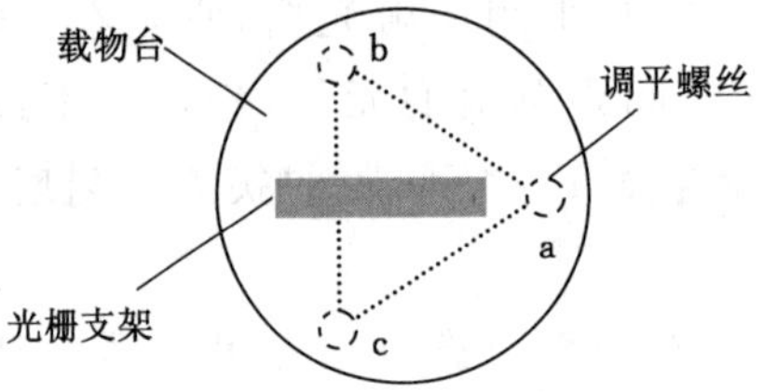

图 4-27-1　光栅支架的位置

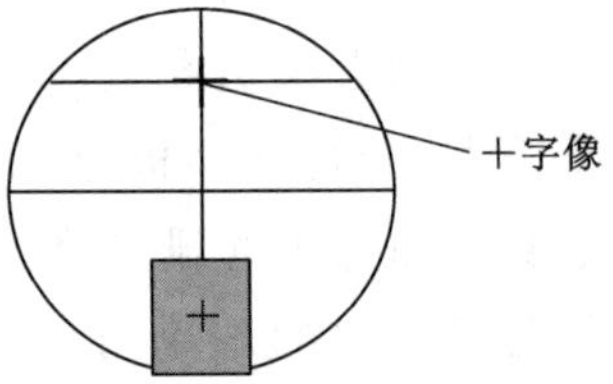

图 4-27-2　分划板

(2) 调节光栅刻痕与转轴平行。用钠光灯照亮狭缝,松开望远镜紧固螺丝,转动望远镜可观察到 0 级光谱两侧的±1、±2 级衍射光谱,调节调平螺丝 a(不得动 b、c)使两侧的光谱线的中点与分划板中央+字线的中心重合,即使两侧的光谱线等高。重复(1)、(2)的调节,直到两个条件均满足为止。

(3) 测钠黄光的波长:

① 转动望远镜,找到零级像并使之与分划板上的中心垂线重合,读出刻度盘上对径方向的两个角度 θ_0 和 $\theta_0{}'$,并记入表 4-27-1。

② 右转望远镜,找到一级像,并使之与分划板上的中心垂线重合,读出刻度盘上对径方向的两个角度 $\theta_{右}$ 和 $\theta_{右}{}'$,并记入表 4-27-1。

③ 左转望远镜,找到另一侧的一级像,并使之与分划板上的中心垂线重合,读出刻度盘上对径方向的两个角度 $\theta_{左}$ 和 $\theta_{左}{}'$,并记入表 4-27-1。

3. 观察光栅的衍射光谱

将光源换成复合光光源(白炽灯),通过望远镜观察光栅的衍射光谱。

转动望远镜前，要松开固定它的螺丝；转动望远镜时，手应持着其支架转动，不能用手持着望远镜转动。

五、数据记录及处理

表 4-27-1　　二级谱线的衍射角

中央亮纹位置		$\theta_0=$	$\theta_0'=$
左转二级像	位置	$\theta_{左}=$	$\theta_{左}'=$
	偏转角	$\lvert\theta_{左}-\theta_0\rvert=$	$\lvert\theta_{左}'-\theta_0'\rvert=$
右转二级像	位置	$\theta_{右}=$	$\theta_{右}'=$
	偏转角	$\lvert\theta_{右}-\theta_0\rvert=$	$\lvert\theta_{右}'-\theta_0'\rvert=$
偏转角平均值		$\bar{\theta}_1=\frac{1}{4}[\lvert\theta_{左}-\theta_0\rvert+\lvert\theta_{左}'-\theta_0'\rvert+\lvert\theta_{右}-\theta_0\rvert+\lvert\theta_{右}'-\theta_0'\rvert]$	

光栅常数 $d=$

钠光的波长 $\lambda_0=589.3\ \text{nm}$

根据式(4-27-1)，$k=2$，则：

$$\lambda=\frac{d\sin\theta}{2}$$

相对误差：

$$E=\frac{\lvert\lambda-\lambda_0\rvert}{\lambda_0}\times100\%=$$

六、注意事项

(1) 分光计的调节十分费时，调节好后，实验时不要随意变动，以免重新调节而影响实验的进行。

(2) 实验用的光栅是由明胶制成的复制光栅，衍射光栅玻璃片上的明胶部位不得用手触摸或纸擦，以免损坏其表面刻痕。

七、思考题

(1) 为什么采用左右两个游标读数？左右游标在安装位置上有何要求？

(2) 测光波长应保证什么条件？实验时这些条件是怎样保证的？

(3) 调节分光计的基本要求是什么？为什么说望远镜的调节是分光计调节中的关键？

（4）调整望远镜时，为什么要将平面镜放在垂直于载物台两螺钉的连线位置？

（5）什么叫视差？怎样判断有无视差存在？本实验中哪几步调节要消除视差？

（6）当平行光管的狭缝很宽时对测量有什么影响？

实验二十八　霍耳位置传感器测弹性模量

一、实验目的

（1）掌握游标卡尺和螺旋测微器的使用、霍耳位置传感器的工作原理。

（2）采用弯曲法测量黄铜的弹性模量。

（3）测黄铜弹性模量的同时，对霍耳位置传感器定标。

（4）用霍耳位置传感器测量可锻铸铁的弹性模量。

二、实验原理

（1）霍耳位置传感器

霍耳元件置于磁感应强度为 B 的磁场中，在垂直于磁场方向通以电流 I，则与这两者相垂直的方向将产生霍耳电势差 U_H：

$$U_H = KIB \tag{4-28-1}$$

式中，K 为元件的霍耳灵敏度。如果保持霍耳元件的电流 I 不变，而使其在一个均匀梯度的磁场中移动时，则输出的霍耳电势差变化量为：

$$\Delta U_H = KI\frac{dB}{dz}\Delta z \tag{4-28-2}$$

式中，Δz 为位移量。此式说明若 $\frac{dB}{dz}$ 为常数时，ΔU_H 与 Δz 呈正比。

为实现均匀梯度的磁场，可以图 4-28-1 所示，将两块相同的磁铁（磁铁截面积及表面磁感应强度相同）相对放置，即 N 极与 N 极相对，两磁铁之间留一等间距间隙，霍耳元件平行于磁铁放在该间隙的中轴上。间隙大小要根据测量范围和测量灵敏度要求而定，间隙越小，磁场梯度就越大，灵敏度就越高。磁铁截面要远大于霍耳元件，以尽可能减小边缘效应影响，提高测量精确度。

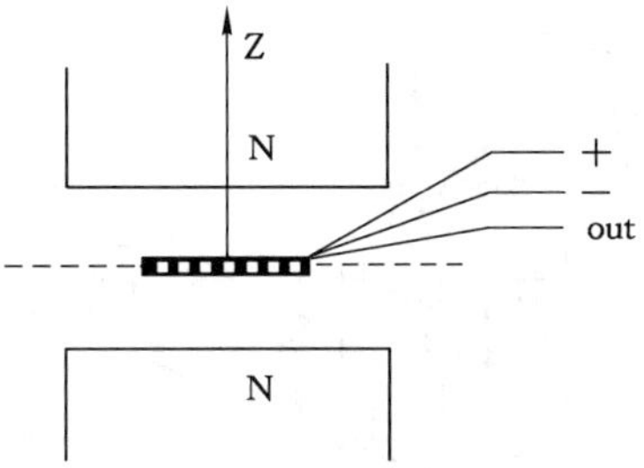

图 4-28-1　均匀梯度磁场的实现方法

若磁铁间隙内中心截面处的磁感应强度为零，霍耳元件处于该处时，输出的霍耳电势差应该为零。当霍耳元件偏离中心沿 z 轴发生位移时，由于磁感应强度不再为零，霍耳元件也就产生相应的电势差输出，其大小可以用数字电压表测量。由此可以将霍耳电势差为零时元件所处的位置作为位移参考零点。

霍耳电势差与位移量之间存在一一对应关系，当位移量较小（<2 mm）时，这一对应关系具有良好的线性。

（2）弹性模量

弹性模量测定仪主体装置如图 4-28-2 所示，在横梁弯曲的情况下，弹性模量 E 可以用下式表示：

$$E = \frac{d^3 mg}{4a^3 b\Delta z} \tag{4-28-3}$$

式中，d 为两刀口之间的距离；m 为所加砝码的质量；a 为梁的厚度；b 为梁的宽度；Δz 为梁中心由于外力作用而下降的距离；g 为重力加速度。

三、技术指标

（1）读数显微镜：

型号：JC—10 型

放大倍数：20

分度值：0.01 mm

测量范围：0～6 mm

（2）砝码：10.0 g、20.0 g

（3）三位半数字面板表：0～200 mV

（4）测量仪放大倍数：3～5 倍

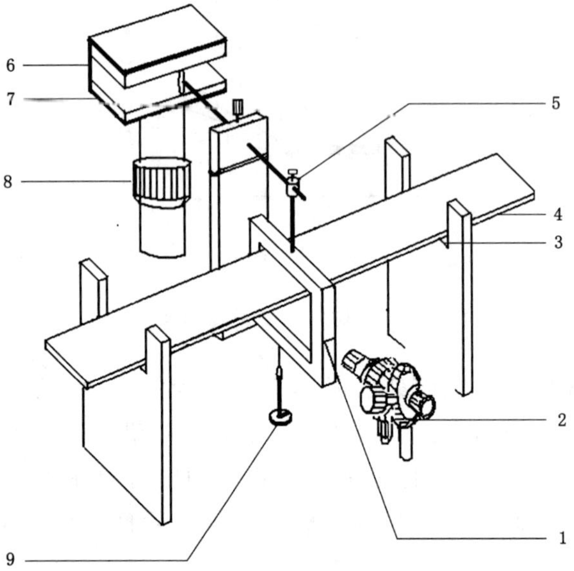

图 4-28-2 弹性模量测定仪主体装置

1——铜刀口上的基线；2——读数显微镜；3——刀口；4——横梁；
5——铜杠杆(顶端装有 95A 型集成霍耳传感器)；6——磁铁盒；
7——磁铁(N 极相对放置)；8——调节架；9——砝码

四、实验内容与步骤

(1) 将水平仪放在实验装置上，然后调节底座箱的水平螺丝，将实验装置调节水平。

(2) 将横梁穿在砝码铜刀口内，安放在两立柱刀口的正中央位置。接着装上铜杠杆，将有传感器一端插入两立柱刀口中间，该杠杆中间的铜刀口放在刀座上。圆柱形拖尖应在砝码刀口的小圆洞内，传感器若不在磁铁中间，可以松弛固定螺丝使磁铁上下移动，或者用调节架上的套筒螺母旋动使磁铁上下微动，再固定之。注意杠杆上霍耳传感器的水平位置(圆柱体有固定螺丝)。

(3) 将铜杠杆上的三眼插座插在立柱的三眼插针上，用仪器电缆一端连接测量仪器，另一端插在立柱另外三眼插针上；接通电源，调节磁铁或仪器上调零电位器使在初始负载的条件下仪器指示处于零值。大约预热 10 min，指示值即可稳定。

(4) 调节读数显微镜目镜，直到眼睛观察镜内的十字线和数字清晰，然后移动读数显微镜使通过其能够清楚看到铜刀口上的基线，再转动读数旋钮使刀口点的基线与读数显微镜内十字刻线吻合。

(5) 用直尺、游标卡尺和螺旋测微器分别测量两刀口的间距、铜梁梁的厚度和宽度。然后记录下数据，填入表 4-28-1。

表 4-28-1　　**数据记录表**

测量次数	1	2	3	4	5	平均值
d/cm						
a/mm						
b/cm						

(6) 放上砝码，调节读数显微镜，使视场中十字线与铜片刀口的基线重合。此时读出鼓轮对应的刻度 z_i，算出横梁的下降量 Δz，同时记录下仪器显示的数值 U_i。填入表 4-28-2。

$z_0 =$

表 4-28-2　　**数据记录表**

m/g										
z_i/mm										
U_i/mV										

(7) 用逐差法对表 4-28-2 的数据算出样品在 $m=10.00$ g 作用下产生的位移量 Δz。

(8) 带入式(4-28-1)求铜的弹性模量，并作 U—z 图得到线性系数$K=\dfrac{\Delta U}{\Delta z}$。

(9) 换上铁梁，重复(5)。

(10) 加砝码，记录仪器显示的电压，应用线性系数 K 得到下降的位移量 Δz。

(11) 计算铁的弹性模量。

五、注意事项

(1) 梁的厚度必须测准确。在用千分尺测量黄铜厚度 a 时，将千分尺旋转时，当将要与金属接触时，必须用微调鼓轮。当听到答答答三声时，停止旋转。有个别学生所做实验误差较大，其原因是千分尺使用不当，将黄铜梁厚度测得偏小。

(2) 读数显微镜的准丝对准铜挂件(有刀口)的标志刻度线时，注意要区别是黄铜梁的边沿，还是标志线。

(3) 霍耳位置传感器定标前，应先将霍耳传感器调整到零输出位置，此时可调节电磁铁盒下的升降杆上的旋钮，达到零输出的目的。另外，应使霍耳位置传感器的探头处于两块磁铁的正中间稍偏下的位置，这样测量数据更可靠一些。

(4) 加砝码时，应该轻拿轻放，尽量减小砝码架的晃动，这样可以使电压值在较短的时间内达到稳定值，可节省实验时间。

(5) 实验开始前，必须检查横梁是否有弯曲，如有，应矫正。

六、思考题

(1) 如果仪器无法调节到零，应怎样调节实验装置？

(2) 霍耳探头如果不在磁铁之间，是否可以测量，为什么？

附录

固体、液体及气体在受外力作用时，形状与体积会发生或大或小的改变，这统称为形变。当外力不太大，因而引起的形变也不太大时，撤掉外力，形变就会消失，这种形变称之为弹性形变。弹性形变分为长变、切变和体变三种。

一段固体棒，在其两端沿轴向施加大小相等、方向相反的外力 F，其长度 l 发生改变 Δl，以 S 表示横截面面积，称$\dfrac{F}{S}$为应力，相对长变$\dfrac{\Delta l}{l}$为应变。在弹性限度内，根据胡克定律有：

$$\frac{F}{S} = E \cdot \frac{\Delta l}{l}$$

E 称为弹性模量，其数值与材料性质有关。

以下具体推导式子：

$$E = \frac{d^3 mg}{4a^3 b\Delta z}$$

在横梁发生微小弯曲时，梁中存在一个中性面，面上部分发生压缩，面下部分发生拉伸，所以整体来说，可以理解横梁发生长变，即可以用弹性模量来描写材料的性质。

如图 4-28-3 所示，虚线表示弯曲梁的中性面，易知其既不拉伸也不压缩，取弯曲梁长为 $\mathrm{d}x$ 的一小段，设其曲率半径为 $R(x)$，所对应的张角为 $\mathrm{d}\theta$，再取中性面上部距离为 y 厚为 $\mathrm{d}y$ 的一层面为研究对象，那么，梁弯曲后其长变为 $[R(x)-y]\mathrm{d}\theta$，所以变化量为：

$$[R(x)-y]\mathrm{d}\theta-\mathrm{d}x$$

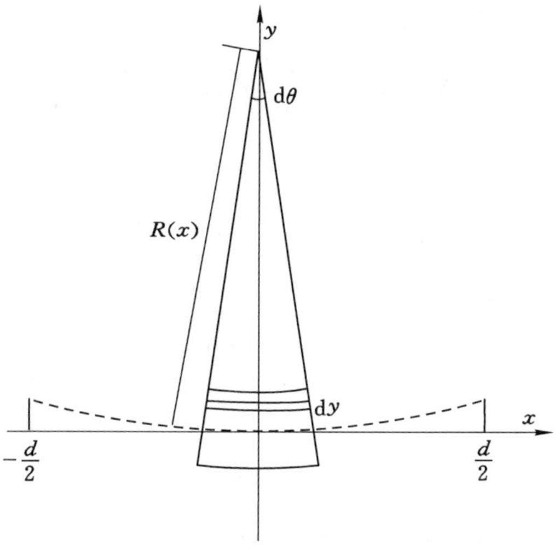

图 4-28-3

又：

$$\mathrm{d}\theta=\frac{\mathrm{d}x}{R(x)}$$

所以：

$$[R(x)-y]\mathrm{d}\theta-\mathrm{d}x=[R(x)-y]\frac{\mathrm{d}x}{R(x)}-\mathrm{d}x=-\frac{y}{R(x)}\mathrm{d}x$$

所以应变为：

$$\varepsilon=-\frac{y}{R(x)}$$

根据胡克定律有：

$$\frac{\mathrm{d}F}{\mathrm{d}S}=-E\frac{y}{R(x)}$$

又：

$$\mathrm{d}S=b\mathrm{d}y$$

所以：

$$\mathrm{d}F(x)=-\frac{Eby}{R(x)}\mathrm{d}y$$

对中性面的转矩为：

$$\mathrm{d}\mu(x)=|\mathrm{d}F|y=\frac{Eb}{R(x)}y^2\mathrm{d}y$$

积分得：

$$\mu(x)=\int_{-\frac{a}{2}}^{\frac{a}{2}}\frac{Eb}{R(x)}y^2\mathrm{d}y=\frac{Eba^3}{12R(x)} \tag{4-28-4}$$

对梁上各点，有：

$$\frac{1}{R(x)}=\frac{y''(x)}{[1+y'(x)^2]^{\frac{3}{2}}}$$

因梁的弯曲微小，有：

$$y'(x)=0$$

所以有：

$$R(x)=\frac{1}{y''(x)} \tag{4-28-5}$$

梁平衡时，梁在 x 处的转矩应与梁右端支撑力$\frac{mg}{2}$对 x 处的力矩平衡，所以有：

$$\mu(x)=\frac{mg}{2}\left(\frac{d}{2}-x\right) \tag{4-28-6}$$

根据式(4-28-4)、式(4-28-5)、式(4-28-6)可以得到：

$$y''(x)=\frac{6mg}{Eba^3}\left(\frac{d}{2}-x\right)$$

据所讨论问题的性质有边界条件：

$$y(0)=0;y'(0)=0$$

解上面的微分方程得到：

$$y(x)=\frac{3mg}{Eba^3}\left(\frac{d}{2}x^2-\frac{1}{3}x^3\right)$$

将 $x=\frac{d}{2}$代入上式，得右端点的 y 值：

$$y=\frac{mgd^3}{4Eba^3}$$

又：

$$y = \Delta z$$

所以弹性模量为：

$$E = \frac{d^3 mg}{4a^3 b\Delta z}$$

实验二十九　电位差计测量温差电动势

热电偶是一种应用十分广泛的温度传感器，它可以测量微小的温度变化，并广泛地应用于非电量的电测。例如，由热电偶制成的热电偶湿度计已广泛应用于农业科学中植物水势的测定和渗透势的测定。因此，了解热电偶十分必要。本实验介绍热电偶的原理与温差电动势的测量方法。

一、实验目的

（1）了解电位差计的工作原理，学会用箱式电位差计测量热电偶的温差电动势。

（2）学会用数字电压表测量热电偶的温差电动势。

（3）了解热电偶的测温原理和方法。

（4）学会使用光点式或数字式检流计。

二、实验仪器

UJ31 型箱式电位差计、热电偶、光点式或数字式检流计、标准电池、直流稳压电源、温度计、电热杯、保温杯。

三、实验原理

1. 热电偶

两种不同金属（如铜和康铜）组成一个闭合回路，如图 4-29-1 所示，当两个接触点温度不同，则在两接触点间将产生电动势，回路中会出现热电流，此现象称为温差电现象，产生的电动势称为塞贝克电动势，也称为温差电动势。这种由两种不同金属焊接并将接触点放在不同温度下的回路称为热电偶，其高温端称为自由端或工作端，低温端称为自由端或冷端。热电偶的温差电动势大小由热端和冷端的温差决定，其极性热端为正极，冷端为负极，其关系式如下：

$$E_t == \alpha(t_1 - t_0) + \frac{1}{2}\beta(t_1 - t_0)^2 \cdots \qquad (4\text{-}29\text{-}1)$$

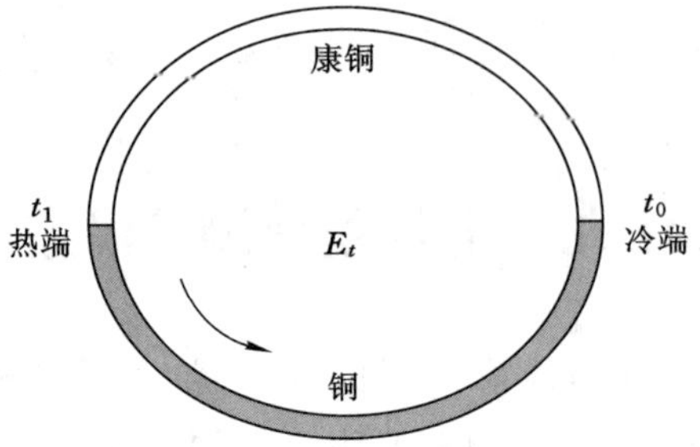

图 4-29-1　热电偶

式中，E_t 为温差电动势；t_1 为热端温度；t_0 为冷端温度；α 和 β 是由构成热电偶的金属材料决定的常数。当冷热端温差不大时，$\alpha \gg \beta$，式(4-29-1)可简化为：

$$E_t = \alpha(t_1 - t_0) \qquad (4\text{-}29\text{-}2)$$

故温差电动势 E_t 与冷热端温差 $t_1 - t_0$ 呈线性关系。比率系数 α 称为温差电偶的温差系数或称热电动势率。

将热电偶、电势差计等其他相关仪器组合在一起便构成热电偶温度计。当已知冷端温度，并测出其温差电动势后，便可求出热端温度：

$$t_1 = \frac{E_t}{\alpha} + t_0 \qquad (4\text{-}29\text{-}3)$$

显然，使用热电偶温度计测量温度时，必须进行定标。所谓定标，是指确定温差电动势的大小与温度差的对应关系，即确定热电偶温差系数 α 的值。实验中，由于热电偶热端温度 t_1 不可能很高，故可通过式(4-29-2)作出 E_t 与 $t_1 - t_0$ 的线性关系曲线，用图解法求出 α。如图 4-29-2 所示，在曲线上取 ΔE_t 与 $\Delta(t_1 - t_0)$，则有：

$$\alpha = \frac{\Delta E_t}{\Delta(t_1 - t_0)} \qquad (4\text{-}29\text{-}4)$$

2. 数字电压表测量温差电动势

由于数字式电压表的精度和准确度都很好，温差电动势的测量也可以采用数字电压表。测量前，需要把数字电压表的两个接线端连接起来，对数字电压表进行调零。把数字电压表的两个接线端接在温差电偶的两个信号输出端，选择合适的电压量程，就可以开始测量。

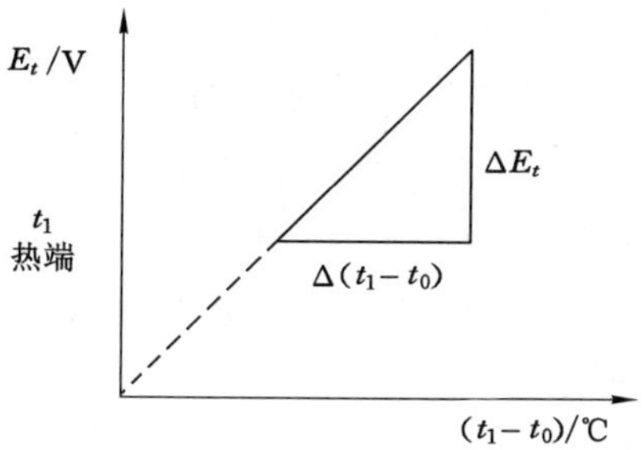

图 4-29-2　E_t 与 t_1-t_0 的线性关系曲线

四、仪器介绍

1. 标准电池

标准电池是一种作电动势标准的原电池，分为饱和式（电解液始终是饱和的）和不饱和式两类。不饱和式标准电池的电动势 E_t 随温度变化很小，一般不必作温度修正，但在恒温下 E_t 仍有变化，不及饱和式的稳定，而且当电流通过不饱和式标准电池后，电解液增浓，长期使用后会失效。

饱和式标准电池的电动势较稳定，但随温度变化比较显著。本实验所用的为饱和式标准电池，该电池在 20 ℃时的电动势为 $E_{20}=1.018\ 60$ V，在偏离20 ℃时的电动势可以下式估算：

$$E_{s(t)}=E_{20}-[39.94(t-20)+0.929(t-20)^2 10^{-5}-0.009\ 0(t-20)^3]10^{-6}\ \text{V}$$

电池的温度可由其上所附的温度计读出。

使用标准电池时需注意正负极不能接错，不能短路，不准用万用表测其端电压，不可摇晃、振荡、倒置，不准超过容许电流。

2. 直流复射式光点检流计（AC15 型）

直流复射式光点检流计是一种测量微弱电流（$10^{-8}\sim10^{-11}$ A）的磁电式检流计，它无指针，靠光标读数，无固定的零点，一般常用来检测有无电流或作为零位测量法的“指零”仪表。直流复射式光点检流计的使用方法如下：

(1) 待检测电流由左下角标示的“＋”、“－”两个接线端接入，一般可不考虑正负。

(2) 电流的大小由投射到刻度尺上的光标来指示。产生光标的电源插口在仪器背面。由于光标电源有 AC 220 V 和 AC 6.3 V、DC 6.3 V 两种，所以要注意光标电源的选择开关应和实际相符。

（3）测量时，应先接通光标电源，见到光标后，将分流器开关由“短路”转到“×0.01”档，观察光标是否指“0”，如果光标不在“0”点，应使用零点调节器和标盘微调器，把光标调在“0”点。如果找不到光标，可以将检流计的分流器开关置于“直接”处，检查仪器内的小灯泡是否发光。

（4）仪器的偏转线圈并联不同的分流电阻，可以得到不同的灵敏度。使用时，应从检流计的最低灵敏度“×0.01”档开始测量，如果偏转不大，再逐步提高灵敏度。本实验要求灵敏度达到“×1”或“×0.1”。

（5）测量中当光标摇动不停时，要转向短路档，使线圈作阻尼振动，较快静止下来。检流计悬丝所能承受的最大拉力只有零点几克，所以使用时注意不能振动、倾斜。当实验结束时，必须将分流器置于短路档，以防止线圈和悬丝受到机械振动而损坏。

3. 数字式灵敏检流计

JRLQJI—2A 型数字式检流计灵敏度较高，达 0.2 nA/μV。接通电源后，同样先用面板右下方的调零旋钮调零。使用时，若有电流通过，便会在显示器上显示出所通过电流的极性“+”或“−”及电流的大小，电流大小由显示器上的示数和面板右上方“×1”、“×10”两指示灯共同决定。如“×100”灯亮，则电流大小为示数值×100，表示此时通过的电流较大，偏离平衡位置较远。

4. UJ31 型箱式电位差计

箱式电势差计与线式电势差计都是利用补偿法原理，但箱式电势差计不仅测量方便而且提高了测量精度，适用于科研和生产。UJ31 型箱式电势差计属于“定流变阻式”电势差计，其简化原理图如图 4-29-3 所示。图中，E 为

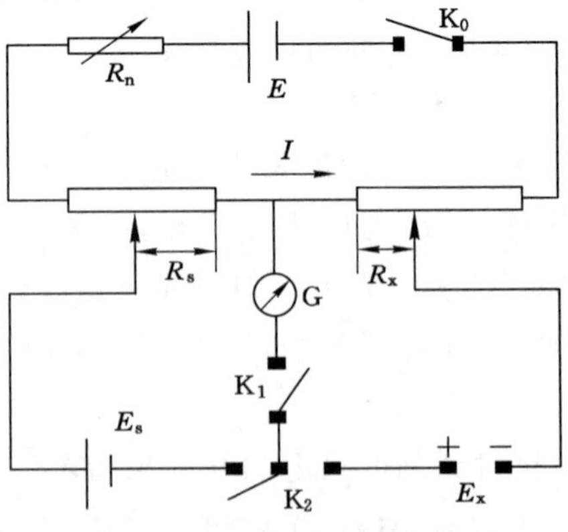

图 4-29-3　箱式电势差计工作原理

工作电源；R_n 为工作回路的限流电阻；E_s 为标准电池；E_x 为待测电动势；R_s 为工作电流调定电阻，提供一个标准电压与标准电池的电动势相互补偿，以确定工作电流；R_x 为测量电阻，提供一个标准电压与未知电动势相互补偿，从而测出待测电动势。

UJ31 型箱式电势差计是一种低电势、双量程的电势差计，其工作电流为 10 mA，需外接 5.7～6.4 V 的工作电源，其面板如图 4-29-4 所示，各旋钮、按键介绍如下：

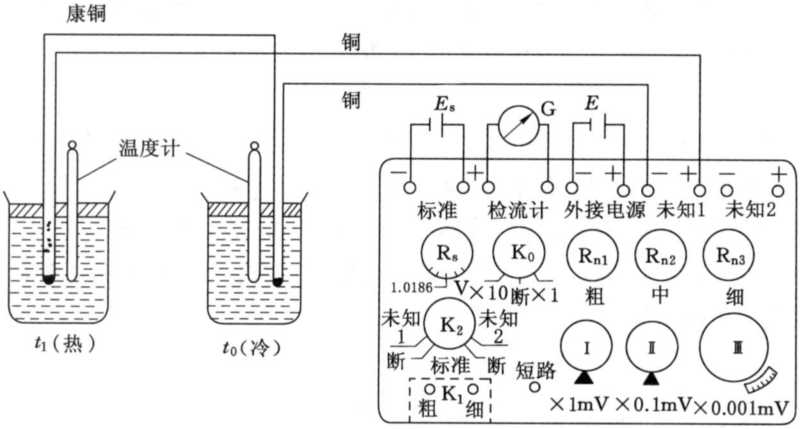

图 4-29-4　UJ31 型电位差计的面板

其面板上各旋钮、按钮介绍如下：

(1) K_0 为量程开关，拨在“×10”档时，测量范围为 0～171 mV；在“×1”档时，测量范围为 0～17.1 mV。

(2) K_2 为工作状态转换开关，可在“标准”、“测量”和“断开”三种状态中切换。

(3) K_1 接通检流计的按钮式开关，有“粗”和“细”两个。

(4) R_s 为标准电池的温度补偿旋钮，它是一个可调电阻，示值已换算成电压，使用时根据标准电池电动势的大小取值。因标准电池的电动势与温度有关，故此旋钮有温度补偿之称。

(5) 调流盘 R_n 分为 R_{n1}（粗）、R_{n2}（中）、R_{n3}（细）三个调节盘，是为进行电流标准化的调节电阻，便于迅速达到补偿。

(6) 测量盘 R_x 分为两个步进式测量旋钮 R_{x1}（Ⅰ）、R_{x2}（Ⅱ）和一个带游标的滑线式转盘 R_{x3}（Ⅲ），以提高读数的精确度。用于调节 R_x 上的电压降与 E_x

达到补偿，并由三盘上示值读出待测电动势。

电位差计的使用方法如下：

(1) 检流计调零．先接好整个实验线路。注意标准电池的正负极、电源的正负极不要接错，未知 1 或 2 的正端接热电偶的热端，不能接错。状态转换开关 K_2 置于“断”的位置，并将“粗”、“细”、“短路”按钮松开。将检流计接上电源，调节“零点调节”旋钮，使检流计指零。

(2) 调节电位差计工作电流。① 使 K_2 置于“标准”位置。② 粗调。按下“粗”钮，依次调节 R_{n1}、R_{n2}，直到检流计粗略指零。③ 细调。松开“粗”钮，按下“细”钮，调节 R_{n2}、R_{n3}，使检流计准确指零，校准完成。校准后，在测量时 R_{n1}、R_{n2}、R_{n3} 不要再动。

(3) 测量。① 在本实验中，测量范围在 0～17.1 mV 之间，故将量程选择开关 K_0 转至“×1”档。② 将状态转换开关“K_2”拨向未知 1(或未知 2)位置。③ 粗调。按下“粗”钮，依次调节读数盘Ⅰ、Ⅱ，使检流计粗略指零。④ 细调。松开“粗”钮，按下“细”钮，调节读数盘Ⅱ、Ⅲ，使检流计准确指零，即可读数。待测电动势之值为：

$$\varepsilon_x = (\text{Ⅰ 盘读数} \times 1 + \text{Ⅱ 盘读数} \times 0.1 + \text{Ⅲ 盘读数} \times 0.001) \times (K_1 \text{ 所示量程})\,\text{mV}$$

五、实验内容与步骤

(1) 合理布置仪器，按图 4-29-4 正确连接线路。接线时需断开所有开关，电势差计上 K_0 应旋至空档位(断开)；K_2 旋至“断”档，并注意工作电源 E、标准电池 E_0 及热电偶热端(＋)、冷端(－)的极性不可接错。

(2) 接通检流计电源，将分流器旋钮旋至“×0.1”档，调光斑“零位”(即机械调零)。

(3) 校准电势差计。

① 接通工作电源，根据室温由表格查出对应温度下标准电池电动势 E_s 的值。将电势差计上 R_s 旋钮转至与 E_s 相应的值。将 K_0 拨至“×1”档，K_2 拨至“标准”。

② E 调到 6 V 左右，点按 K_1 的“粗”按钮，先后调节 R_{n1}(粗)和 R_{n2}(中)，将检流计光斑对准零刻度线(粗校)；按下 K_1 的“细”按钮，调节 R_{n3}(细)再次将检流计光斑对准零刻度线(细校)。此时，工作回路与标准回路达到补偿，电势差计已被校准。

(4) 测试热电偶温差电动势。

① 将电势差计上的 K_2 拨至“未知 1 或 2”，在保温瓶中放入一定量冷水，并将盖子盖好。读出插入瓶中温度计的示值作为冷端温度 t_0。将开水倒入电热杯，盖好盖子，插入其中温度计的示值作为热端温度 t_1。选定一个起始测量温度，先进行粗测：点按 K_1“粗”按钮，调节 R_{x1}（Ⅰ）和 R_{x2}（Ⅱ）使检流计光斑对准零刻度线；然后进行细测，按下 K_1“细”按钮，调节 R_{x2}（Ⅱ）和 R_{x3}（Ⅲ）使检流计光斑再次指零，此时立即记下 t_1，再记下 R_{x1}（Ⅰ）、R_{x2}（Ⅱ）、R_{x3}（Ⅲ）示值之和，即为热电偶在该瞬时温差下的温差电动势 E_t。

② 热端温度采用自然冷却法，要求热端温度 t_1 每下降 3～5 ℃测一次温差电动势，连续测 8 组数据，填入表 4-29-1。

(5) 实验完毕，处理实验用水，整理仪器。

六、数据记录及处理

标准电池温度 t=　　　　　　　　℃

标准电池电动势 $E_{s(t)}$ =　　　　　　V

热电偶冷端温度 t_0 =　　　　　　℃

表 4-29-1　　　　　　　　**数据记录表**

	1	2	3	4	5	6	7	8
热端温度 t_1/℃								
冷端温度 t_0/℃								
$\Delta t=t_1-t_0$/℃								
温差电动势 E_t/mV								

七、注意事项

(1) 各接线端的正负极不能接错。

(2) 使用 UJ31 型电位差计时，Ⅲ刻度盘的 0～100 之间有一小段没有刻度线，这是断开的位置。调整到这一位置时，检流计指零，切不可认为达到了“平衡”。

(3) 如时间允许，最好每次测量前都重新校准工作电流 I_0。

(4) 注意温度计和电偶热端必须与热水接触，且不能碰到杯壁或杯底。

八、思考题

(1) 为什么当两种金属的两个接触点温度不同时会产生温差电动势？它与哪些因素有关？

(2) 温差电动势与温差之间的关系是否是线性关系？在什么情况下是线性关系？

(3) 在对未知电动势进行测量时，为什么不能调节 R_n（粗、中、细）三个旋钮？

(4) 如何确定热电偶的正、负极性？

(5) 为什么电势差计必须经过工作电流标准化后方可进行正确测量？

(6) 能不能用提高电源电压的办法来提高电势差计的测量灵敏度？

(7) 电势差计作为第三种金属接入热电偶两种金属之间，对测量结果有无影响？为什么？

实验三十　液体黏度的测定

一、实验目的

(1) 了解斯托克斯定律。

(2) 掌握用落球法测定液体的黏度（黏滞系数）。

二、实验仪器

盛油玻璃量筒（内置蓖麻油）、螺旋测微计、秒表、水银测温计、小钢球。

三、实验原理

当流体运动时，不同流层之间的速度不同（图 4-30-1），在相邻两层之间因为相对运动而产生切向力。快的一层给慢的一层以拉力，慢的一层给快的一层以阻力，这对力称为内摩擦力或黏滞阻力。流体的这种性质称为黏滞性。

实验表明，流体内部相邻两层流体之间的内摩擦力 f，除了正比于两层之间的接触面积 ΔS，还正比于该处的速度梯度 $\frac{dv}{dy}$（即沿垂直于速度方向，每单

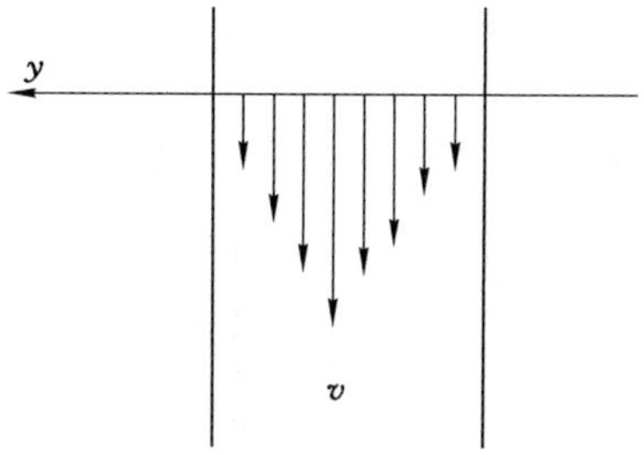

图 4-30-1 不同流体速度示意图

位长度上的速度增量)：

$$f = \eta \frac{\mathrm{d}v}{\mathrm{d}y} \Delta S \tag{4-30-1}$$

比例系数 η 称为黏度,只与流体本身的性质有关。

流体的黏度 η 与温度有关。对流体来说,黏度随温度升高而减小;对气体则相反,黏度随温度升高而增大。在温度不变时,压强不特别大(如几百个大气压)的情况下,压强对液体的黏度影响极小。

超流动性:液氦在温度低于 2.16 K 时,具有无摩擦地在毛细管内流动的特性,其黏度几乎为零,这种性质称为超流动性。

测量液体黏度的方法很多,本实验用斯托克斯公式测量给定液体的黏度。当小球在无限大的液体中运动,且速度 v_0 不大,同时又没有涡流产生时,小球所受的黏滞阻力为：

$$f = 6\pi\eta v_0 r \text{（}r\text{ 为小球半径）}$$

上式即为斯托克斯定律。

实验采用近似的斯托克斯定律条件,采用有限的液体,即盛放在量筒中的蓖麻油作为待测液体。小球在液体中自由下落时,受到三个力的作用:重力 G、浮力 F 和黏滞阻力 f,三个力都在竖直方向,重力向下、浮力和黏滞阻力向上,如图 4-30-2 所示。阻力随小球的速度增加而增加。以静止开始下落的小球,先作加速运动,当下落速度达到一定值时,小球所受三力平衡,开始匀速下落,此时：

$$G - F - f = 0$$

其中：

$$G = \frac{4}{3}\pi r^3 \rho_0 g \quad (\rho_0 = 7.8 \times 10^3\ \mathrm{kg/m^3}\text{，是钢制小球的密度})$$

$$F=\frac{4}{3}\pi r^3\rho g$$ （ρ 为蓖麻油的密度，用密度计测量）

$$f=6\pi\eta v_0 r$$ （v_0 为小球匀速运动时的速度）

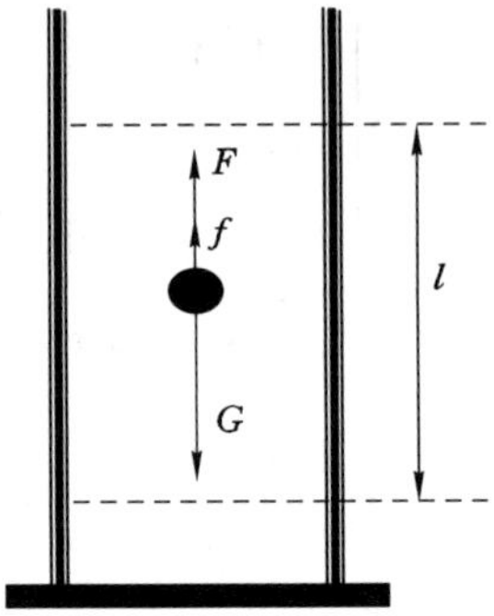

图 4-30-2 实验装置图

求得液体的黏度为：

$$\eta=\frac{2}{9}\frac{(\rho-\rho_0)r^2 g}{v_0} \tag{4-30-2}$$

v_0 可通过如下方法测量：$v_0=\frac{l}{t}$（l 采用米尺测量，t 采用秒表测量）。由于在实际测量时液体是盛放在有限的容器中的，不满足无限宽广的条件，此时实际测得的速度 v 和上述理想条件下的速度 v_0 之间存在如下关系：

$$v_0=v(1+2.4\frac{r}{R})(1+3.3\frac{r}{H}) \tag{4-30-3}$$

因此，液体的黏度应修正为：

$$\eta=\frac{2}{9}\frac{(\rho-\rho_0)r^2 g}{v(1+2.4\frac{r}{R})(1+3.3\frac{r}{H})} \tag{4-30-4}$$

式中，R 为量筒的内半径；H 为液体的深度。

由于斯托克斯公式是在无涡流的理想状态下导出的，而实际小球下落时并不是这样的理想状态，因此还要进行修正，黏滞阻力取一级近似为：

$$f=6\pi\eta vr(1+\frac{3}{16}Re) \tag{4-30-5}$$

式中，雷诺数 $Re=2\rho_0 vr/\eta$，则修正后的黏度为：

$$\eta=\frac{2}{9}\frac{(\rho-\rho_0)r^2 g}{v(1+2.4\frac{r}{R})(1+3.3\frac{r}{H})}-\frac{3}{8}\rho vr \tag{4-30-6}$$

四、实验内容与步骤

(1) 使盛有待测液体(蓖麻油)的量筒的中心轴处于铅直方向;选取标线 N_1、N_2。

(2) 用米尺测量液体深度 H 及标线间距离 h,用游标卡尺测量量筒内径 D。

(3) 用螺旋测微器选择 10 个小球,使它们的半径在误差允许范围内可认为相同。分别测量每个小球的半径。

(4) 用镊子将小球放置在液体表面,使其沿中心轴线下落,用秒表分别测出每个小球通过标线 N_1、N_2所用的时间 t,取平均值,则 $v=h/t$。

(5) 利用公式计算 η 值并求出标准不确定度。

五、思考题

(1) 实验中,为什么不从小球落入液面时就开始计时?为何要取标线 N_1、N_2?

(2) 如果投入的小球偏离中心轴线,将会有什么影响?

(3) 如果用实验的方法求补正项$\left(1+2.4\dfrac{r}{R}\right)$的系数 2.4,应如何进行?

(4) 试推导 η 的单位是"Pa·s"。

实验三十一　液体表面张力系数的测定

液体的表面张力是表征液体性质的一个重要参数。测量液体的表面张力系数有多种方法,拉脱法是测量液体表面张力系数常用的方法之一。该方法的特点是,用称量仪器直接测量液体的表面张力,测量方法直观,概念清楚。用拉脱法测量液体表面张力,对测量力的仪器要求较高,由于用拉脱法测量液体表面的张力在 $1\times10^{-3}\sim1\times10^{-2}$ N 之间,需要有一种量程范围较小,灵敏度高,且稳定性好的测量力的仪器。近年来,新发展的硅压阻式力敏传感器张力测定仪正好能满足测量液体表面张力的需要,它比传统的焦利秤、扭秤等灵敏度高,稳定性好,且可数字信号显示,利于计算机实时测量。为了能对各类液体的表面张力系数的不同有深刻的理解,在对水进行测量以后,再对不同浓度的酒精溶液进行测量,这样可以明显观察到表面张力系数随液体浓度的变化而变化的现象，从而对这个概念加深理解。

一、实验目的

(1) 用拉脱法测量室温下液体的表面张力系数。

(2) 学习力敏传感器的定标方法。

二、相关知识

1. 液体表面

指液体与气体、液体与固体以及各种不相混合的液体之间的界面。

2. 表面张力

液体的表面，由于表面层(其厚度等于分子的作用半径，约 10^{-8} cm)内分子的作用，存在着一定的张力，称为表面张力。

3. 浸润与不浸润现象

当液体和固体接触时，若固体和液体分子间的吸引力大于液体分子间的吸引力，液体就会沿固体表面扩张，形成薄膜附着在固体上，这种现象称为浸润；反之，为不浸润现象。如图 4-31-1 所示。

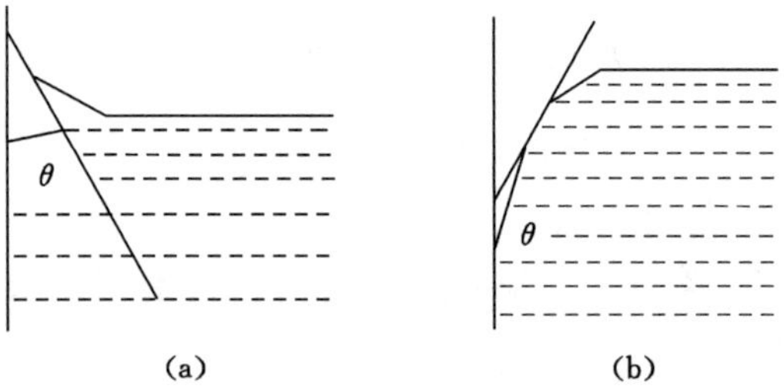

图 4-31-1 浸润和不浸润现象

(a) 浸润；(b) 不浸润

4. 表面张力系数

想象在液面上划一条直线，表面张力就表现为直线两旁的液膜以一定的拉力相互作用。拉力 f 存在于表面层，方向恒与直线垂直，大小与直线的长度 L 成正比，即：

$$f = \alpha L \tag{4-31-1}$$

式中，α 称为表面张力系数，它等于沿液面作用在分界线单位长度上的表面张力，其单位为 N/m。它的大小与液体的成分、纯度、浓度以及温度有关。

三、实验仪器

1. 实验装置

图 4-31-2 为实验装置图，其中，液体表面张力测定仪包括硅扩散电阻非平衡电桥的电源和测量电桥失去平衡时输出电压大小的数字电压表，其他装置包括铁架台、微调升降台、装有力敏传感器的固定杆、盛液体的玻璃皿和圆环形吊片。实验证明，当环的直径在 3 cm 附近而液体和金属环接触的接触角近似为零时，运用式(4-31-1)测量各种液体的表面张力系数的结果较为正确。

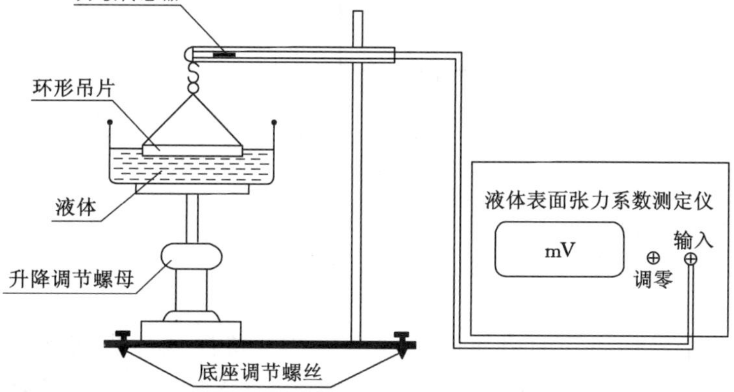

图 4-31-2　液体表面张力测定装置

2. 硅压阻式力敏传感器的结构及原理

(1) 传感器

传感器是指将感受的物理量、化学量等信息，按一定的规律转换成便于测量和传输的信号的装置。电信号易于处理，所以大多数传感器是将物理量等信号转换成电信号输出的。

(2) 结构简图

如图 4-31-3 所示。

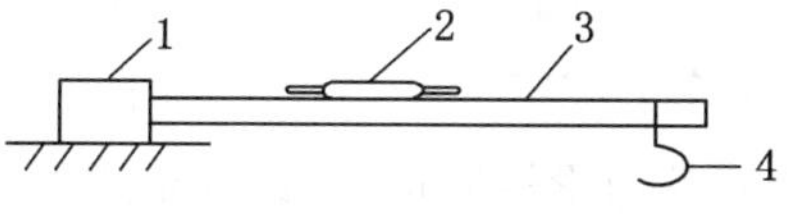

图 4-31-3　传感器结构图

1——力臂固定点；2——硅力敏传感芯片；3——弹性梁；4——挂钩

(3) 原理

灵敏度：是指传感器输出量增量与相应输入量增量之比，单位为 mV/N。它表示每增加 1 N 的力，力敏传感器的电压改变量为 B mV。

$$\Delta U = B\Delta F$$

式中，ΔF 是外力的增量；B 为传感器的灵敏度；ΔU 为相应的电压改变量。

原理图如图 4-31-4 所示。

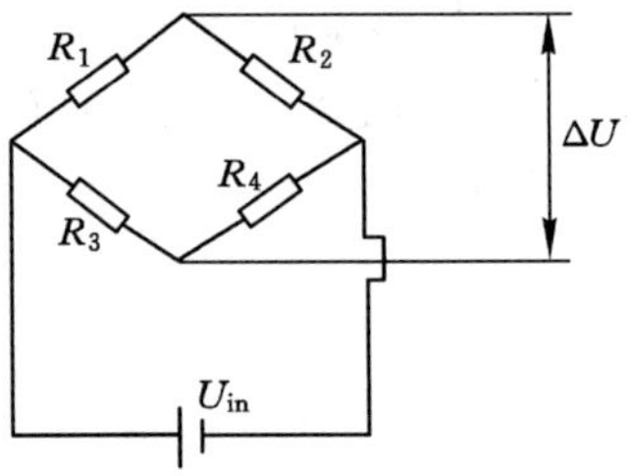

图 4-31-4　传感器原理图

四、实验原理

1. 拉脱法

测量一个已知周长的金属圆环或金属片从待测液体表面脱离时所需的拉力，从而求得该液体表面张力系数的方法称为拉脱法。所需的拉力由液体表面张力、环的内外径及液体材质、纯度等因素决定。

2. 吊环法和吊片法比较

(1) 吊环法：使用金属细线制成吊环时，在液膜被拉破的瞬间接触角不接近于零，此时所测得的力是表面张力向下的分量，因而所得表面张力系数误差较大，必须用修正公式对测量结果进行修正。

(2) 吊片法：虽然液膜被拉破的瞬间接触角趋近于零，但在具体测量时，由于吊片在拉脱过程中容易发生倾斜，实验时吊片的长度上限为 3～4 cm，而在测量力时，则希望力大一点，有利于提高测量精确度。

(3) 片状吊环：新设计有一定厚度的片状吊环，经过对不同直径吊环的多次试验，发现当调换直径等于或略大于 3.3 cm 时，在液膜被拉破的瞬间液体与金属环之间的接触角接近于零，此时接触面总周长约为 20 cm。在保持接触角为零时，能得到一个较大的待测力。

3. 实验原理

若金属片为环状吊片时，考虑一级近似，可以认为脱离力为表面张力系数乘以脱离表面的周长，即：

$$F=\alpha\pi(D_1+D_2) \tag{4-31-2}$$

式中，F 为脱离力；D_1，D_2 分别为圆环的外径和内径；α 为液体的表面张力系数。

片状吊环在液膜拉破前瞬间有：

$$F_1=mg+f_1+f_2$$

此时传感器受到的拉力 F_1 和输出电压 U_1 呈正比，有：

$$U_1=BF_1$$

片状吊环在液膜拉破后瞬间有：

$$F_2=mg$$

同样有：

$$U_2=BF_2$$

片状吊环在液膜拉破前后电压的变化值可表示为：

$$U_1-U_2=\Delta U=B\Delta F=B(F_1-F_2)=B\alpha\pi(D_1+D_2)$$

由上式可以得到液体的表面张力系数为：

$$\alpha=\frac{U_1-U_2}{B\pi(D_1+D_2)}=\frac{\Delta U}{B\pi(D_1+D_2)}$$

式中，U_1 为液膜拉断前瞬间电压表的读数；U_2 为液膜拉断后瞬间电压表的计数。

五、实验内容与步骤

1. 力敏传感器的定标

每个力敏传感器的灵敏度都有所不同，在实验前，应先将其定标，步骤如下：(1) 打开仪器的电源开关，将仪器预热。(2) 在传感器梁端头小钩中，挂上砝码盘，调节电子组合仪上的补偿电压旋钮，使数字电压表显示为零。(3) 在砝码盘上分别加 0.5 g、1.0 g、1.5 g、2.0 g、2.5 g、3.0 g 等质量的砝码，记录相应这些砝码力 F 作用下，数字电压表的读数值 U。(4) 用最小二乘法作直线拟合，求出传感器灵敏度 B 和相关系数 r。

2. 环的测量与清洁

(1) 用游标卡尺测量金属圆环的外径 D_1 和内径 D_2。

(2) 环的表面状况与测量结果有很大的关系，实验前应将金属环状吊片在酒精中浸泡 20～30 s，然后用净水洗净。

3. 液体的表面张力系数测定

(1) 将金属环状吊片挂在传感器的小钩上，调节升降台，将液体升至靠近环状吊片的下沿，观察环状吊片下沿与待测液面是否平行，如果不平行，将金属环状吊片取下后，调节吊片上的细丝，使吊片与待测液面平行。

(2) 调节容器下的升降台，使其渐渐上升，将环状吊片的下沿部分全部浸没于待测液体，然后反向调节升降台，使液面逐渐下降，此时，金属环状吊片和液面间形成一环形液膜，继续下降液面，测出环形液膜即将拉断前一瞬间数字电压表读数值 U_1 和液膜拉断后一瞬间数字电压表读数值 U_2。

$$\Delta U = U_1 - U_2$$

(3) 将实验数据代入公式，求出液体的表面张力系数，并与标准值进行比较。

六、数据记录

(1) 传感器灵敏度的测量

表 4-31-1 数据记录表

m/g	0.5	1.0	1.5	2.0	2.5	3.0
U/mV						

经最小二乘法拟合得 $B=$________ mV/N

拟合的线性相关系数 $r=$________

(2) 水的表面张力系数的测量

金属环外径 $D_1=$________ cm，内径 $D_2=$________ cm

水的温度 $t=$________℃

表 4-31-2 数据记录表

编号	U_1/mV	U_2/mV	ΔU/mV	F/N	α/(N/m)
1					
2					
3					
4					
5					

平均值:$\bar{\alpha}$=__________ N/m

附:水的表面张力系数的标准值(表 4-31-3)。

表 4-31-3　　水的表面张力系数标准值

α/(N/m)	0.074 22	0.073 22	0.072 75	0.071 97	0.071 18
水的温度 t/℃	10	15	20	25	30

铝合金吊环参考值:外径 3.496 cm、内径 3.310 cm、高 0.85 cm。

七、注意事项

(1) 吊环水平须调节好。注意:偏差 1°,测量结果引入误差为 0.5%;偏差 2°,则误差 1.6%。

(2) 仪器开机需预热 15 min。

(3) 在旋转升降台时,尽量使液体的波动要小。

(4) 实验室风力不宜较大,以免吊环摆动致使零点波动,导致所测系数不正确。

(5) 若液体为纯净水,在使用过程中应防止灰尘和油污及其他杂质污染。特别注意手指不要接触被测液体。

(6) 力敏传感器使用时用力不宜大于 0.098 N。拉力过大,传感器容易损坏。

(7) 实验结束后必须将吊环用清洁纸擦干,用清洁纸包好,放入干燥缸内。

八、思考题

(1) 实验中如果指标镜与玻璃管接触会有摩擦,对测量结果有何影响?如何解决。

(2) 如果"┌┐"形丝与水平面不平行,提拉之后,水膜是过早破裂还是过晚破裂,α 是变小还是变大?

(3) 为什么随室温的升高,水的表面张力系数呈下降趋势?

实验三十二　磁阻效应实验

一、实验目的

（1）测量锑化铟传感器的电阻和磁感应强度的关系。

（2）作出锑化铟传感器的电阻变化与磁感应强度的关系曲线。

（3）对此关系曲线的非线性区域和线性区域进行曲线和直线拟合。

二、实验仪器

FD—MR—Ⅱ型磁阻效应实验仪，电阻箱，导线若干。

三、实验原理

一定条件下，导电材料的电阻值 R 随磁感应强度 B 的变化规律称为磁阻效应。当半导体处于磁场中时，半导体的载流子将受洛伦兹力的作用发生偏转，在两端产生积聚电荷并产生霍耳电场。如果霍耳电场作用和某一速度的载流子的洛伦兹力作用刚好抵消，那么小于或大于该速度的载流子将发生偏转，因而沿外加电场方向运动的载流子数量将减小，电阻增大，表现出横向磁阻效应。通常以电阻率的相对改变量来表示磁阻的大小，即用 $\Delta\rho/\rho(0)$ 表示。其中，$\rho(0)$ 为零磁场时的电阻率。设磁电阻电阻值在磁感应强度为 B 的磁场中电阻率为 $\rho(B)$，则 $\Delta\rho=\rho(B)-\rho(0)$。由于磁阻传感器电阻的相对变化率 $\Delta R/R(0)$ 正比于 $\Delta\rho/\rho(0)$，这里 $\Delta R=R(B)-R(0)$，也可以用磁阻传感器的电阻相对改变量 $\Delta R/R(0)$ 来表示磁阻效应的大小。测量磁电阻值 R 与磁感应强度的关系实验装置如图 4-32-1 所示。

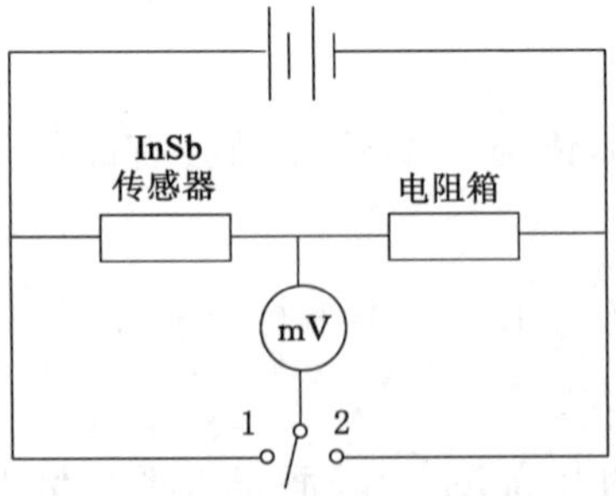

图 4-32-1　实验电路图

实验证明：当金属或半导体处于较弱磁场中时，一般磁阻传感器电阻相对变化率 $\Delta R/R(0)$ 正比于磁感应强度 B 的二次方；而在强磁场中，$\Delta R/R(0)$ 与磁感应强度 B 呈线性函数关系。

四、实验内容与步骤

在锑化铟传感器的电流保持不变的条件下，测量锑化铟传感器电阻和磁感应强度的关系，作出 $\Delta R/R(0)$ 与感应强度 B 的关系曲线，并进行曲线拟合。

按实验装置图(图 4-32-2)连接导线，连接时注意要自备电阻箱和注意电压正负极；调节电磁铁直流电流源，使电流 I_M 为零，调节毫特计调零旋钮，使示数为零。将单刀双掷开关拨向 2 端，调节电阻箱示数使取样电阻为 200 Ω，调节 InSb 传感器的电流，使得数字电压表示数为 50 mV，则取样电流为 50 mV/200 Ω=0.25 mA。将单刀双掷开关拨向 1 端，记录数字毫伏表的示数，则在磁场为 0 时 InSb 传感器的零场电阻为该示数除以取样电流；调节电

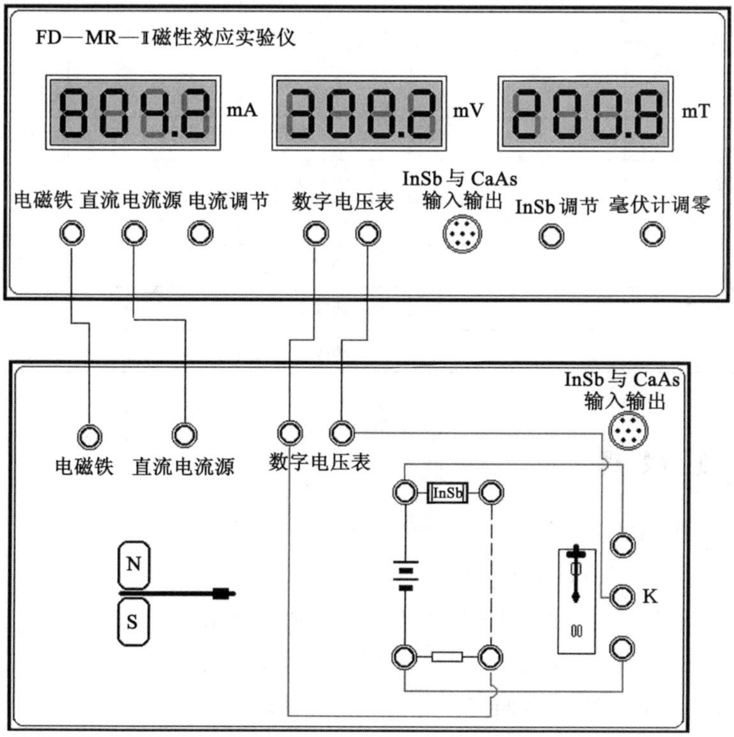

图 4-32-2 实验装置图

磁铁直流电流源，使毫特表示数分别为 10.0，20.0，30.0 mT 等如表 4-32-1 所示数值，分别记录数字毫伏表读数。

表 4-32-1 数据记录表

电磁铁电流	InSb 电压值	$\Delta R/R(0)$—B 的对应关系		
I_M/mA	U_R/mV	B/mT	R/Ω	$\Delta R/R(0)$
		0.0		
		10.0		
		20.0		
		30.0		
		40.0		
		50.0		
		60.0		
		70.0		
		100.0		
		150.0		
		200.0		
		250.0		
		300.0		
		350.0		
		400.0		
		450.0		
		500.0		

五、数据处理

取样电阻 $R=200\ \Omega$，电压 $U=50$ mV

取样电流 $I=0.25$ mA

$B<0.06$ T 时，对 $\Delta R/R(0)$ 作出拟合曲线，结果 $r=$__________

$B>0.12$ T 时，对 $\Delta R/R(0)$ 作出拟合曲线，结果 $r=$__________

$\Delta R/R(0)$ 与 B 的关系曲线

六、注意事项

操作本实验时一定注意取样电阻阻值取好之后再打开仪器电源，在操作过程中不能调节电阻箱的阻值，否则容易损坏仪器。

七、思考题

（1）什么叫磁阻效应？霍耳传感器为何有磁阻效应？

（2）InSb 磁阻传感器在弱磁场和强磁场时的电阻值与磁感应强度关系有什么不同？

附　录

附录一　实验报告范例

实验名称:规则物体的密度测定

实验时间:　　　　　　同实验者:

一、实验目的

(1) ……

(2) ……

(3) ……

二、实验原理(应简明扼要,用自己语言概括写出,忌抄讲义)

1. 游标原理

主尺一格长度 a:

游标分度数 n:

n 格总长度:

$$l = (Pn - 1)a \quad P = 1,2,3\cdots$$

游标一格长度:

$$b = \frac{l}{n} = (Pn - 1)\frac{a}{n}$$

游标一格的读数值:

$$\delta = Pa - b = \frac{a}{n}$$

2. 测微器原理

利用测微螺杆和螺母套管的精密配合,化测微螺杆的角位移为线位移,由于螺距为 0.50 mm,螺杆一周有 50 个分度,所以当螺杆转过一个分度时,它前进或后退 0.010 mm。

3. 物理天平原理

利用力矩平衡的原理进行称量。

4. 测量密度原理

$$\rho=\frac{m}{V}=\frac{4m}{\pi d^2 h}$$

式中，ρ 为物体密度；m 为物体质量；V 为物体体积；d 为圆柱体直径；h 为圆柱体高度。

三、实验仪器（根据所用的实际仪器，写出主要仪器的名称、精度、规格或型号等）

（1）游标卡尺（量程 200 mm，游标读数值 0.05 mm）

（2）螺旋测微计（量程 25 mm，分度值 0.010 mm）

（3）物理天平（称量 1 kg，分度值 0.10 g）

（4）黄铜圆柱体

四、实验内容与步骤

……

五、实验数据（原始数据必须列表记录并且要有老师签字）

（1）质量　$m=244.52$ g　$\Delta m=0.05$ g

（2）高度　游标卡尺零点读数 $L_0=0.000$ cm

附表 1-1　　**数据记录表**

测量次数 i	1	2	3	4	5	平均
卡尺读数 L_i/cm	7.508	7.506	7.502	7.506	7.504	
高度 $h_i=L_i-L_0$/cm	7.508	7.506	7.502	7.506	7.504	7.505
u_h/cm	0.002					

$h=7.505\pm0.002$(cm)

（3）直径螺旋测微计零点读数　$l_0=-0.000\ 3$ cm

附表 1-2 **数据记录表**

测量次数 i	1	2	3	4	5	6	7	8	9	平均
测微器读数 l_i/cm	2.221 8	2.214 6	2.220 3	2.216 7	2.218 3	2.218 9	2.217 1	2.215 1	2.220 8	
直径 $d_i=l_i-l_0$/cm	2.222 1	2.214 9	2.220 6	2.217 0	2.218 6	2.219 2	2.217 4	2.215 4	2.221 1	2.218 5
u_d/cm	0.002 4									

$d=2.219\pm0.002(\text{cm})$

六、计算(忽略仪器的不确定度)(要求写出间接测量的计算过程:[物理量]=[计算公式]=[代入数据]=[值])

$$\rho=\frac{4m}{\pi d^2 h}=4\times\frac{244.52}{3.141\,59\times2.218\,5^2\times7.505}=8.429(\text{g/cm}^3)$$

$$E_\rho=\sqrt{E_m^2+(2E_d)^2+E_h^2}$$

$$=\sqrt{\left(\frac{0.05}{244}\right)^2+\left(2\times\frac{0.002\,4}{2.22}\right)^2+\left(\frac{0.002}{7.51}\right)^2}$$

$$=0.22\%$$

$$u_\rho=\rho E_\rho=8.429\times0.22\%=0.019\ (\text{g/cm}^3)$$

实验结果:

$$\rho=8.43\pm0.02\ \text{g/cm}^3\qquad E_\rho=0.22\%$$

七、误差分析(分析产生误差的主要原因)

本次测量是在工件不同方位进行多次测量,由于被测工件的制造精度有一定范围要求,造成各横断面直径大小不一,横断面不圆和两底面平行度不够,引起直径和高度各次测量值不同,产生了测量误差。

次要原因:读数时估读偶然误差和卡物体时操作不当(尺放置不平和用力不等)造成的偶然误差。

八、实验讨论(对实验现象、结果加以讨论,并可写建议和心得体会)

现象讨论:

在不同方位测 5 次长度,其数值相同,并非说明两底面绝对平行和不存在偶然误差，它只是反映了测量仪器（游标卡尺）的精度不够，还不足以反映出较小的系统误差和偶然误差，当仪器精度足够时（如用较大量程的螺旋测微计），必然能反映出平行度的不足和测量的偶然误差。

九、思考题(略)

附录二　物理常量表

附表 2-1　　基本物理常量

物理常量名称	符　号	数　值	单　位
真空中光速	c	$2.997\,924\,58\times10^{8}$	m/s
电子电荷	e	$1.602\,177\,33\times10^{-19}$	C
普朗克常数	h	$6.626\,075\,5\times10^{-34}$	J·s
阿伏伽德罗常数	N_A	$6.022\,14\times10^{23}$	mol^{-1}
原子质量单位	u	$1.660\,540\,2\times10^{-27}$	kg
电子的静止质量	m_e	$9.109\,389\,7\times10^{-31}$	kg
电子的荷质比	e/m_e	$1.758\,819\,6\times10^{11}$	C/kg
法拉第常数	F	$9.648\,533\,99\times10^{4}$	C/mol
氢原子的里德伯常量	R_∞	$1.097\,373\,156\,9\times10^{7}$	m^{-1}
摩尔气体常数	R	8.314 41	J/(mol·K)
玻耳兹曼常量	k	$1.380\,66\times10^{-23}$	J/K
万有引力常量	G	$6.672\,59\times10^{-11}$	$m^3/(kg\cdot s^2)$
标准大气压	p_0	101 325	Pa
冰点的绝对温度	T_0	273.15	K
标准状态下声音在空气中的速度	$v_{声}$	331.46	m/s
标准状态下干燥空气的密度	$\rho_{空气}$	1.293	kg/m^3
标准状态下水银的密度	$\rho_{水银}$	13 595.04	kg/m^3
标准状态下理想气体的摩尔体积	V_m	$22.413\,83\times10^{-3}$	m^3/mol
真空电容率	ε_0	$8.854\,188\times10^{-12}$	F/m
真空磁导率	μ_0	$12.566\,371\times10^{-7}$	H/m
精细结构常数	α	$7.297\,20\times10^{-3}$	
维思位移常量	b	$2.897\,8\times10^{-3}$	m·K

附表 2-2　　20 ℃时常用固体和液体密度 ρ　　kg/m^3

物质	密度	物质	密度	物质	密度
铝	2 698.9	锡	7 298	乙醇(20 ℃)	789.4
铜	8 960	水银(20 ℃)	13 546.2	乙醚(20 ℃)	714
铁	7 871	钢	7 600～7 900	汽车用汽油	710～720
银	10 500	石英	2 500～2 800	氟利昂-12(氟氯烷-12)	1 329
金	19 320	水晶玻璃	2 900～3 000		
钨	19 300	窗玻璃	2 400～2 700	变压器油	840～890
铂	21 450	冰(0 ℃)	880～920	甘油	1 260
铅	11 350	甲醇	792	蜂蜜	1 435

附表 2-3　　不同温度下与空气接触的水表面张力系数

温度/℃	σ/(×10^{-3} N/m)	温度/℃	σ/(×10^{-3} N/m)	温度/℃	σ/(×10^{-3} N/m)
0	75.62	16	73.34	30	71.15
5	74.90	17	73.20	40	69.55
6	74.76	18	73.05	50	67.90
8	74.48	19	72.89	60	66.17
10	74.20	20	72.75	70	64.41
11	74.07	21	72.60	80	62.60
12	73.92	22	72.44	90	60.74
13	73.78	23	72.28	100	58.84
14	73.64	24	72.12		
15	73.48	25	71.96		

附表 2-4　　海平面上不同纬度处的重力加速度

纬度 φ/(°)	g/(m/s²)	纬度 φ/(°)	g/(m/s²)	纬度 φ/(°)	g/(m/s²)
0	9.780 49	35	9.797 46	70	9.826 14
5	9.780 88	40	9.801 80	75	9.828 73
10	9.782 04	45	9.806 29	80	9.830 65
15	9.783 94	50	9.810 79	85	9.831 82
20	9.786 52	55	9.815 15	90	9.832 21
25	9.789 69	60	9.819 24		
30	9.783 38	65	9.822 94		

附表 2-5　　某些金属或合金与铂(化学纯)构成热电偶的热电动势
(热端在 100 ℃,冷端在 0 ℃时)

金属或合金名称	热电动势/mV	连续使用最高温度/℃	短暂使用最高温度/℃
镍铝(95%Ni+5%Al,Si,Mn)	−1.38	1 000	1 250
钨	+0.79	2 000	2 500
铁	+1.87	600	800
康铜(60%Cu+40%Ni)	−3.50	600	800
康铜(56%Cu+44%Ni)	−4.0	600	800
铜	+0.75	350	500
镍	−1.5	1 000	1 100
银	+0.72	600	780
镍铬(80%Ni+20%Cr)	+2.5	1 000	1 100
镍铬(90%Ni+10%Cr)	+2.71	1 000	1 250
铂铱(90%Pt+10%Ir)	+1.3	1 000	1 200
铂铑(90%Pt+10%Rh)	+0.64	1 300	1 600

附表 2-6　　某些液体的黏度 η　　10^{-3} Pa·s

液体	温度/℃	黏度	液体	温度/℃	黏度
汽油	0	1.788	甘油	−20	134×10^{3}
	18	0.530		0	121×10^{2}
甲醇	0	0.817		20	1 499
	20	0.584		100	12.945
乙醇	−20	2.780	蜂蜜	20	6 500
	0	1.780		80	100
	20	1.190	鱼肝油	20	45.600
乙醚	0	0.296		80	4.600
	20	0.243	水银	−20	1.855
变压器油	20	19.800		0	1.685
蓖麻油	10	2 420		20	1.554
葵花籽油	20	50.000		100	1.224

附表 2-7　　20 ℃时某些金属的弹性模量 E　　GPa

金属	弹性模量 E	金属	弹性模量 E
铝	69～70	铁	190～210
金	77	镍	201
银	69～84	碳钢	200～210
锌	78	合金钢	210～220
铜	103～127	钨	407
康铜	160		

附表 2-8　　部分固体的线膨胀系数　　10^{-6} ℃$^{-1}$

物质	温度/℃	线膨胀系数	物质	温度/℃	线膨胀系数
金	20	14.2	不锈钢	20～100	16.0
银	20	19.0	镍铬合金	100	13.0
铜	20	16.7	石英玻璃	25～100	0.4
铁	20	11.8	玻璃	0～300	8～10
锡	20	21	大理石	25～100	5～16
铅	20	28.7	花岗岩	20	8.3

续附表 2-8

物质	温度/℃	线膨胀系数	物质	温度/℃	线膨胀系数
铝	20	23.0	混凝土	−13～21	6.8～12.7
镍	20	12.8	木材（平行纤维）		3～5
黄铜	20	18～19	木材（垂直纤维）		35～60
殷钢	−250～100	−1.5～2.0	电木板		21～33
锰铜	20～100	18.1	橡胶	16.7～25.3	77
磷青铜		17	硬橡胶		50～80
镍钢(Ni10)		13	冰	0	52.7
碳素钢		约 11	冰	−50	45.6
石蜡	16～38	130.3	冰	−100	33.9
聚乙烯		180			

附表 2-9　　部分物质的比热容 c　　J/(kg·℃)

物质	温度/℃	比热容/$\times 10^2$	物质	温度/℃	比热容/$\times 10^2$
铝	25	9.04	水	20	41.82
银	25	2.37	乙醇	20	24.70
金	25	1.28	石英玻璃	20～100	7.78
石墨	25	7.07	黄铜	0	3.70
铜	25	3.850	康铜	18	4.00
铁	25	4.48	石棉	0～100	3.95
镍	25	4.39	玻璃	20	5.85～9.20
铅	25	1.28	云母	20	4.20
铂	25	1.363	橡胶	15～100	11.30～20.00
硅	25	7.125	石蜡	0～20	29.10
锡	25	2.22	木材	20	约 12.50
锌	25	3.89	陶瓷	20～200	7.10～8.80

附表 2-10　　部分物质的导热系数 λ　　10^2 W/(m·K)

物质	温度/K	导热系数 λ	物质	温度/K	导热系数 λ
银	273	4.28	锰铜	273	0.22
铝	273	2.35	康铜	273	0.22
金	273	3.18	不锈钢	273	0.14
金刚石	273	6.60	镍铬合金	273	0.11
石墨⊥c	273	2.50	硼硅酸玻璃	300	0.011
钙	273	0.98	软木	300	0.000 42
铜	273	4.01	耐火砖	500	0.002 1
铁	273	0.835	混凝土	273	0.008 4
镍	273	0.91	玻璃布	300	0.000 34
铅	273	0.35	云母(黑)	373	0.005 4
铂	273	0.73	花岗岩	300	0.016
锡	273	1.70	赛璐各	303	0.000 2
锌	273	0.67	橡胶	298	0.001 5
水晶(∥c)	273	0.12	杉木	293	0.001 13
水晶(⊥c)	273	0.068	棉布	313	0.000 8
石英玻璃	273	0.014	呢绒	303	0.000 43
黄铜	273	1.20			

附表 2-11　　部分金属或合金的电阻率及温度系数

金属或合金	电阻率/(μΩ/m)	温度系数/$℃^{-1}$
铝	0.028	42×10^{-4}
铜	0.017 2	43×10^{-4}
银	0.016	40×10^{-4}
金	0.024	40×10^{-4}
铁	0.098	60×10^{-4}
铅	0.205	37×10^{-4}
铂	0.105	39×10^{-4}

续附表 2-11

金属或合金	电阻率/(μΩ/m)	温度系数/℃$^{-1}$
钨	0.055	48×10^{-4}
锌	0.059	42×10^{-4}
锡	0.12	44×10^{-4}
水银	0.958	10×10^{-4}
伍德合金	0.52	37×10^{-4}
钢(碳 0.10%～0.15%)	0.10～0.14	6×10^{-3}
康铜	0.47～0.51	$(-0.4\sim0.1)\times10^{-4}$
铜锰镍合金	0.34～1.00	$(-0.3\sim0.2)\times10^{-4}$
镍铬合金	0.98～1.10	$(0.3\sim4)\times10^{-4}$

注:电阻率与金属中杂质有关,表列数据为 20 ℃时的平均值。

附表 2-12　　常温下某些物质相对于空气的光的折射率

物质＼波长	H_α线/656.3 nm	D线/589.3 nm	H_β线/486.1 nm
水(18 ℃)	1.331 4	1.333 2	1.337 3
乙醇(18 ℃)	1.360 9	1.362 5	1.366 5
二硫化碳(18 ℃)	1.619 9	1.629 1	1.654 1
冕玻璃(轻)	1.512 7	1.515 3	1.521 4
冕玻璃(重)	1.612 6	1.615 2	1.621 3
燧石玻璃(轻)	1.603 8	1.608 5	1.620 0
燧石玻璃(重)	1.743 4	1.751 5	1.772 3
方解石(寻常光)	1.654 5	1.658 5	1.667 9
方解石(非常光)	1.484 6	1.486 4	1.490 8
水晶(寻常光)	1.541 8	1.544 2	1.549 0
水晶(非常光)	1.550 9	1.553 3	1.558 9

参 考 文 献

〔1〕程守洙,江之水.普通物理学[M].北京:人民教育出版社,1982.
〔2〕陈小兵,杜微.大学物理实验[M].镇江:江苏大学出版社,2013.
〔3〕丁慎训,张连芳.物理实验教程[M].北京:清华大学出版社,2002.
〔4〕丁红旗,张清,王爱群.大学物理实验[M].北京:清华大学出版社,2010.
〔5〕赵丽华,倪涌舟.新编大学物理实验[M].杭州:浙江大学出版社,2007.
〔6〕仲志强.大学物理实验[M].南京:南京大学出版社,2009.